專案管理計分卡

評估專案管理
解決方案的
最佳策略工具

The Project Management Scorecard:
Measuring the Success of Project
Management Solutions

Jack J. Phillips,
Timothy W. Bothell,
G. Lynne Snead 著

劉孟華 譯

專案管理計分卡

作　　　者　Jack J. Phillips, Ph. D., Timothy W. Bothell, Ph. D., G. Lynne Snead
譯　　　者　劉孟華
副 總 編　劉麗真
主　　編　陳逸瑛
責 任 編 輯　金薇華
特 約 編 輯　陳錦輝

發 行 人　蘇拾平
出　　版　臉譜出版
　　　　　台北市中正區信義路二段213號11樓
　　　　　電話：886-2-2356-0933　傳真：886-2-2341-9100
發　　行　英屬蓋曼群島商家庭傳媒股份有限公司城邦文化分公司
　　　　　台北市中山區民生東路二段141號2樓
　　　　　讀者服務專線：0800-020-299（週一至週五 9：30~12：00；13：30~17：30）
　　　　　24小時傳真服務：886-2-2517-0999
　　　　　郵撥帳號：19833503
　　　　　戶名：英屬蓋曼群島商家庭傳媒股份有限公司城邦分公司
　　　　　城邦網址：http:// www.cite.com.tw
　　　　　臉譜推理星空網址：http:// www.faces.com.tw
　　　　　讀者服務信箱：cs@cite.com.tw
香 港 發 行 所　城邦（香港）出版集團有限公司
　　　　　香港灣仔軒尼詩道235號3樓
　　　　　電話：852-25086231　852-25086217　傳真：852-25789337
馬 新 發 行 所　城邦（馬新）出版集團 Cité(M) Sdn. Bhd. (458372 U)
　　　　　11, Jalan 30D／146, Desa Tasik, Sungai Besi, 57000 Kuala Lumpur, Malaysia
　　　　　電話：603-90563833　傳真：603-90562833
初 版 一 刷　2004年3月10日

版權所有‧翻印必究（Printed in Taiwan）
ISBN 986-7335-24-4

定價：450元
（本書如有缺頁、破損、倒裝、請寄回更換）

前言　　　　　　　　　　　　　　　　　　　　9

第一篇　準備就緒

第1章　專案管理的課題與挑戰　　　　　　21

專案管理不善或失敗的原因／專案管理不善或失敗的代價有
多高？／成功的因素／策略規畫金字塔／結語／參考書目

第2章　專案管理流程　　　　　　　　　　33

流程總覽／依流程行事／結語／參考書目／延伸閱讀

第3章　專案管理解決方案　　　　　　　　59

專案管理解決方案的過去與未來／有效執行專案管理三階段
／改變企業文化：為專案管理解決方案做好準備／三種解決
方案：流程、工具及培訓／為專案管理成效四層面擬訂解決
方案／成功祕訣：同時由內而外和由外而內／專案管理辦公
室／結語／參考書目

第4章　專案管理計分卡　　　　　　　　79

少了計分卡會怎樣？／建立專案管理計分卡的步驟／初步評
估資訊／評估規畫／投資報酬率分析計畫／結語／參考書目

第二篇　七大衡量指標

第5章　如何衡量反應與滿意度　109

資料來源／蒐集資料的方法／反應與滿意度資料的運用／衡量反應與滿意度的捷徑／結語／延伸閱讀

第6章　在專案期間衡量技能與知識的改變　133

利用正式測驗衡量學習／利用模擬方式衡量學習／利用結構鬆散的活動衡量學習／執行方面的議題／學習資料的運用／結語／延伸閱讀

第7章　如何衡量執行、應用與進度　147

為何要衡量應用與執行？／關鍵議題／利用問卷衡量應用與執行／利用訪談與焦點團體以衡量執行與應用／觀察成員的工作情況以衡量執行與應用／利用行動計畫和後續追蹤任務衡量執行與應用／利用績效合約衡量執行與應用／衡量應用與執行的捷徑／結語／延伸閱讀

第8章　如何獲取業務影響資料　181

為什麼要衡量業務影響？／資料的種類／監測企業經營績效的資料／利用行動計畫建立業務影響資料／利用問卷蒐集業務影響衡量指標／投資報酬率分析／為每個層次選擇適當的方法／影響資料可信度的可能因素／獲取業務影響資料的捷徑／結語／延伸閱讀

第9章　如何計算和詮釋投資報酬率　213

基本議題／本益比／投資報酬率公式／其他的投資報酬率衡量指標／計分卡的議題／結語／延伸閱讀

第10章　找出專案管理
解決方案的無形衡量指標　229

為何要找出無形的衡量指標？／衡量員工的滿意度／衡量職業疲勞／衡量顧客服務／衡量團隊的效能／結語／延伸閱讀

第11章　監測專案解決方案的實際成本　241

為何要監測專案解決方案的成本？／如何計算成本？／成本追蹤的議題／主要的成本類別／成本的累計與估算／結語／參考書目／延伸閱讀

第三篇　衡量指標的關鍵議題

第12章　把專案管理解決方案的影響分離出來 263

為何這個議題至關重要？／基本議題／控制組的運用／趨勢線分析／預測的方法／專案團隊成員對影響的估計／經理人對影響的估計／顧客就專案管理解決方案的影響提供意見／專家對專案解決方案影響的估計／計算其他因素的影響／技術的運用／把專案管理解決方案影響分離出來的捷徑／結語／參考書目／延伸閱讀

第13章　把業務衡量指標換算成金額　　283

為何要把資料換算成金額？／把資料換算成金額的五個重要步驟／五個步驟如何運作？／把資料換算成金額的技術／產出資料的換算／計算品質的標準成本／利用薪酬把員工的時間換算成金額／採用記錄中的歷史成本／採用內部與外部專家的意見／採用外部資料庫的數值／與其他的衡量指標連結／採用專案團隊成員的估計／採用管理團隊的估計／技術的選擇與完成數值的計算／把資料換算成金額的捷徑／結語／參考書目／延伸閱讀

第四篇　挑戰

第14章　預測投資報酬率：為專案
管理解決方案建立業務企畫案　　309

為何要預測投資報酬率？／預測的取捨／專案前的投資報酬
率預測／利用試驗性計畫進行預測／利用反應資料預測投資
報酬率／結語／延伸閱讀

第15章　向顧客提供專案回饋並溝通結果　　333

為何溝通結果如此重要？／溝通結果的原則／溝通結果的模
式／分析溝通的需要／溝通的規畫／選擇溝通的受眾／資訊
的發展：影響研究／選擇溝通媒體／資訊的溝通／就溝通的
反應進行分析／向利害關係人提供回饋及溝通的捷徑／結語
／延伸閱讀

第16章　克服阻力與障礙　　369

克服阻力為何值得關切？／克服阻力的方法／制訂角色與職
責／設定目標與計畫／修訂／制訂政策與準則／讓管理團隊
準備就緒／推動計分卡專案／讓管理團隊準備就緒／移除障
礙／監測進度／尋求讓計分卡流程順利運作的捷徑／結語／
延伸閱讀

附錄　建立有效的專案管理文化　　389

階段一：認知／階段二：接受／階段三：成效／有效的專案
管理方法與最佳實務典範／總結

前言

在平衡計分卡的實行越來越普遍的今天，人力績效的從業人員以及許多行業的專家，都需要許多特定領域及活動方面的計分卡範例。其中最迫切需要應用到計分卡流程的，就屬專案管理這個領域了。

幾乎在每個產業中，從事各種不同工作的員工都必須管理一至多個專案。今天，如何安排工作的優先順序、關鍵的截止日期、繁重的工作負荷以及意外的干擾，幾乎是職場上每個員工都避免不了的。現今，「專案」二字的意義變得相當廣泛。事實上，絕大多數的員工在工作上都必須同時處理許多的優先事項，與專案經理沒什麼兩樣。這是為什麼許多組織會投入大量的時間與金錢改善專案的管理，也是為什麼許多組織會採用一組被認為是考慮到專案效能各方面且平衡的衡量指標，來證明為了改善專案管理所投入的努力與資源都是值得的。因此，組織真正需要的是「專案管理計分卡」。

專案管理是一個評估與衡量的理想流程。理由如下：

□專案的焦點是鎖定在目標與成果上。

□專案中包含許多流程（而且大多是可以衡量的）。

□許多專案想要的最終結果，大多與銷售、生產或組織的整體獲利有直接的關聯。

□專案中的各個任務，基本上都是明確、可衡量，而且是以時間為基礎的。

□對於專案經理而言，由於絕大多數的專案都已訂定出預算，因此他們的績效責任也越來越重。

為了有效地管理及衡量專案，經理人必須仰賴種種有效的流程、技術與方法，做為工作上的導引。本書將提供讀者一個step-by-step的方法，以衡量專案的成敗及建立一套專案管理計分卡。對忙到沒有時間成為衡量方面的專家的專業人士而言，更可以很快地在他們步調快速且具有高度成本意識的組織中，找到用來管理以及衡量專案的各種工具。

對計分卡衡量指標的重視

所謂的計分卡，是指許多種用來評估組織、組織的各個部門、企畫、專案或是多個專案效能的關鍵衡量指標。計分卡衡量指標已然成為績效改進領域中，最具挑戰性以及最引起興趣的議題之一。其中一個稱之為投資報酬率（return on investment, ROI）的關鍵衡量指標，是1990年代之所以對於關鍵衡量指標開始重視的部分原因。幾乎所有的會議都會出現這個話題，有關投資報酬率的文章也定期出現在從業人員及研究期刊中，以此為主題的書籍也有好幾本，而專攻這個關鍵重要議題的諮詢公司也如雨後春

筍般冒出。然而，投資報酬率只是計分卡眾多關鍵衡量指標中的一個。通常，計分卡包括顧客滿意度衡量指標、營運效率衡量指標、收益衡量指標、員工滿意度衡量指標，以及做為達成其他目標之基礎的目標里程碑衡量指標。基本上，許多計分卡都有這些衡量指標，而且這些衡量指標對大多數的組織而言，也越來越具有策略上的重要性。

好幾個議題導致計分卡流程越來越受到重視及應用。譬如客戶與高階主管要求顯現訓練上的投資報酬的壓力，就是一個具有影響力的驅動因素。而競爭激烈的經濟壓力也造成對所有的支出——包括專案成本——進行嚴格審查。全面品質管理、再造及持續流程改善，更讓衡量與評估——包括專案管理的效能衡量——重新受到關注。而所有支援小組都必須負起績效責任的普遍趨勢，也讓某些經理人開始關注自身對組織盈利的貢獻。這些因素再加上其他的，已使投資報酬率計分卡流程的全面應用，成為一股前所未有的潮流。

需求：一個有效的專案管理計分卡

專案管理計分卡面臨的挑戰，在於它的性質及其發展的精確度。由於其流程充斥各種模式、公式及統計數字，整個流程往往顯得非常混亂，即使是最有能力的從業人員也往往望而卻步。除了這個疑慮，還有對計分卡的誤解，也就是對於整個流程的不了解，以及某些組織對於這些衡量技術的嚴重濫用。有時候，這些問題會造成從業人員對評估與衡量感到厭惡。

不幸的是，今天，對於專案經理而言，具有績效責任的計分卡是不容忽視的。若是向客戶和高階主管坦承無法衡量管理專案

的影響，等於是承認自己的所學無法為組織增添價值，或是認為專案管理不應隸屬於績效責任的流程，或是所有專案在管理上都一樣，所得的結果也都差不多。實際上，專案管理計分卡是改善專案成果的絕佳工具。絕大多數的組織都必須對計分卡加以探討，給予關注，最重要的是要去執行。

　　組織需要的是在現有的預算限制及資源下，找出一個合理、合邏輯而且容易執行的方法。本書呈現的給讀者的，是一個經過將近二十年的發展與精進後證明很有用的計分卡流程。這是一個具有悠久傳統、一再改進、幾乎可以滿足所有專案經理需求的流程。

　　本書介紹的專案管理計分卡可以滿足三個非常重要的團體需求。第一是專案經理，他們在組織中一直都採用評估模式，並實行投資報酬率或計分卡的各項流程，以呈報對整個流程的滿意度及達到的成果。本書介紹的計分卡流程不但容易使用，易於了解，而且一再證明具有高度價值。第二個重要的團體就是必須核准專案預算的客戶和高階主管，他們想要的是可以衡量的結果，而且最好是以投資報酬率表示。對這兩個團體而言，計分卡中的投資報酬率流程相當好用。從高階主管的角度看，該流程不但可信、合理、務實，而且容易了解。更重要的是，他們相信該流程是他們未來很重要的助力。

　　第三個重要的團體則是致力於發展、探討及分析各種新流程與技術的評估研究人員。舉凡參加過兩天或一星期的計分卡研討會的研究人員，無不給予這套流程很高的評價。他們一致贊同，這套專案管理計分卡對其行業是一大貢獻。

為什麼在此時出版此書？

目前坊間還沒有一本全面探討專案管理計分卡實用性——也就是前面提到的採用符合三大團體需求的流程——的書籍。大多數計分卡流程的模式和著述，都忽略或鮮少針對發展計分卡必要的兩個關鍵元素提供精闢的見解：把專案管理解決方案的影響分離出來，以及把資料換算成金額。由於體認到還有許多其他因素會影響到產出的結果，因此本書提供的把專案管理解決方案影響分離出來的各種策略，是其他以此為主題的著述望塵莫及的。至於把從優質的專案管理中所獲得的利益換算成金額的這個議題，其所受到的關注則是永遠都不嫌多。本書將為讀者介紹各種把資料換算成金額的策略。

本書的目標受眾

所有致力於專案管理解決方案、衡量與評估和績效改進等相關事務的人士，以及正在管理某一項或多項專案的人士，都應該會對本書感興趣。專案經理或專案管理培訓師則是本書的首要讀者。而想要針對專案管理尋找一些應用投資報酬率流程範例的評估人員，也應該會對本書感興趣。此外，幾乎各行各業的員工都可以從本書中，找到與專案管理有關的精闢見解。

本書架構

本書的主旨是提供讀者一個專案管理流程的簡介，以及發展

專案管理計分卡所需的整個流程的總覽。其中各章將就專案管理計分卡的每個步驟所需的方法進行解說。對於如何將流程中的每個步驟應用在評估專案管理上，本書將提供詳細的說明，並提供讀者各種工具，以展開專案管理評估工作。

各章重點

第一章：專案管理的課題與挑戰

本章討論今日組織因為專案管理的技巧不佳，所面臨的種種課題與挑戰，並以實例詳細說明專案失敗的代價。

第二章：專案管理流程

本章為讀者介紹一些有效的專案管理流程，對處理多個優先事項，以及從開始到完成組織多個專案都很有用的方法進行討論。本章根據專案管理流程四步驟安排。內容包括：

☐確定種種的期望（步驟一——視覺化）。
☐闡明專案的願景（步驟一——視覺化）。
☐擬訂計畫（步驟二——計畫）。
☐執行計畫（步驟三——執行）。
☐監測專案的進度（步驟三——執行）。
☐評估專案的成敗（步驟四——結案）。

同時，本章將簡短地介紹專案管理流程中，每個步驟都可以運用的衡量實務規畫。

第三章：專案管理解決方案

本章將討論各種可能改進專案管理的解決方案。我們發現，許多管理良善的專案都具有共同的成功因素。優質的專案必須具備一個統一的流程、一組有效的工具、適當的訓練、清楚的角色與責任歸屬以及其他因素。本章將就這些重要因素進行討論。

第四章：專案管理計分卡

第四章的重點放在專案管理計分卡，以及組織如何處理此一重要的議題。其中對一些最佳實例的簡短介紹，正是本書的重點所在。本章談到的各種投資報酬率的標準與需求，則為其餘各章的基礎。本章也首次就流程中採用的種種模式進行簡短的摘要說明。

第五章到第十章：衡量的要件

第五到第十章則是就如何衡量專案管理計分卡的每個要件提綱挈領，並說明各種方法與工具，提供讀者在使用計分卡時一個step-by-step的流程。

第十一章：監測專案解決方案的實際成本

第十一章特別針對專案成本公式中應包括哪些成本類別進行詳細探討。為了替每一個專案計分卡發展出總體成本的剖面圖，本章將就各種的成本類別與分類進行探討。

第十二章：把專案管理解決方案的影響分離出來

本章可能是計分卡流程中最重要的一個面向。討論的範圍從

控制組的安排到直接從參與專案的人身上獲得估計，並介紹各種可以確定有多少改進與專案管理有直接關聯的策略。本章的前提是，影響企業經營績效衡量指標的因素有很多，專案管理只是其中一個，因此會就把專案管理的影響分離出來的最恰當的方法做詳盡的討論。

第十三章：把業務衡量指標換算成金額

第十三章要介紹的是，一個從專案管理發展出經濟效益的必要步驟。討論的範圍從確定一個增加的產出之利潤貢獻，到利用專家的意見，為資料設定一個數值，並介紹各種把硬性和軟性的資料換算成金額的策略，以及一些相關的專案管理範例。

第十四章：預測投資報酬率：
　　　　　為專案管理解決方案建立企畫案

許多專案之所以停留在規畫階段，自有相當的理由。然而，有些專案卻是因為與業務的相關性不夠，始終未脫離發想的階段。所有的專案都可以經過一個簡單的預測過程，以決定是否應該從發想階段進展到計畫階段，進而採取行動。本章將提供讀者一個決定能否把構想發展成為專案的方法。

第十五章：回饋顧客，溝通結果

第十五章講述的是各種報告議題。要有效實行專案管理計分卡，就必須有一個如何運用資料的計畫。本章將確認種種必須處理的重要議題，讓計分卡流程成為一個富成效、有用且持久的過程，以期能夠獲得持續地改善。

第十六章：克服專案管理解決方案的阻力與障礙

　　第十六章講述各種執行議題。要有效執行計分卡流程，就必須遵循合理的步驟，並克服諸多的障礙。本章將就種種的執行議題進行討論。

第一篇

準備就緒

第 一 章

專案管理的課題與挑戰

　　每年美國企業和政府機關在失敗及不良的專案管理上耗費的
成本高達一千四百五十億美元（Field, 1997），估計全美1999年在
失敗的專案上耗費的成本，是所有培訓及提升績效經費六百二十
五億美元的兩倍以上（*Training Magazine*, 1999）；這六百二十五
億美元中，估計大約只有17%用在專案管理的培訓上（*Training
& Development Magazine*, Jan. 2000）。也就是說，全美的組織平
均僅以近一百億美元的經費解決每年一千四百五十億美元的問
題。為何如此龐大的問題卻只引起如此少的關注呢？

　　有些員工會覺得自己並非專案經理，專案管理失敗的問題與
他們根本沒有關係。然而，其實所有的員工都是專案經理，只不
過有些人的涉獵程度較其他人深。

　　失敗的專案例子不計其數，而有些專業領域失敗的次數又比
其他的多。譬如，在資訊科技的領域中，估計有40%的IT應用發
展專案在完成前就取消了（Field, 1997）。

　　今天，競爭激烈的全球市場已造成專案必須以更好、更快及

更符合成本效益的方法完成。然而，仍有許多組織沒有正式的流程或方法以有效地挑選及管理專案。在過去，專案管理就像「摸著石頭過河」，或是依靠組織中少數幾個管理專案的天生好手；如今，這樣的做法是不被接受的。由於專案失敗的成本太高，因此讓個人或團隊「摸著石頭過河」並期待他們有卓越的成績，是不太高明的做法。

在提升專案管理需求的背後，存在著許多的驅動因素。加州諾瓦托（Novato）專案顧問集團（Project Consulting Group）的創始人暨總裁羅伯・哈比（Robert Happy）對某些驅動因素做過如下的說明：

> 當世界經濟的發展以及全球化已成為全人類的一種生活方式時，以更積極及前所未有的速度來因應市場和顧客的需求，就成了組織龐大的壓力。雖然客製化解決方案的需求與日俱增，但上市的時間以及縮短產品開發的生命週期，卻是奪取和維持市場佔有率的關鍵。加上管理上事半功倍的要求，難怪專案管理會成長快速。

事半功倍的要求讓許多從事專案管理的人受到很大的壓力。專案的定義是「一系列複雜非例行的任務，目的在達成某一特定的目標。」（Franklin Covey, 1999）

即使員工的職銜並不是專案經理，然而本質上，組織中的每個人都是專案經理，就算他管理的只是某一項大型專案中的一小部分。因此現在，有更多的員工需要比以往更好的專案管理技能。湯姆・彼得斯（Tom Peters）在他的《發燒創意50招》（*Reinventing Work: The Project 50*，中譯本時報文化出版）中指出，專案對大多數員工而言，已成為工作中很重要的一部分，而且他

們應該建立起他所謂的「WOW專案計畫」（WOW project）——專案不僅重要，而且參與專案的人要對結果充滿熱情。（Peters, 1999）

工作上日復一日的職責通常一成不變而且可以預期，這在二十年前是相當普遍的現象。如今，每天都可能是截然不同的。員工的日常職責中，有很大一部分是由一連串非例行性的特殊任務組成的，而這些任務就叫做「專案」。在這樣的趨勢下，每個組織都應該好好思考圖1-1列舉的問題。

圖1-1的計分：選A得一分，選B得二分，選C得三分，選D得四分，選E得五分。然後把每一題所得的分數加總，看看你的總分落在需要改進連續光譜的哪個地方。

專案管理不善或失敗的原因

組織中專案失敗的原因何在？以下是各行各業的大多數人認為專案失敗的主要原因：

☐缺乏一個明確或共同的願景或目標。

☐在專案進行期間改變方向。

☐優先事項彼此互相衝突。

☐不實際的期望。

☐種種的資源不足（時間、金錢、設備、知識或專業技術）。

☐溝通不良。

☐無法達成顧客的期望。

☐規畫不完善或根本沒有規畫。

☐沒有明確的方法。

專案管理的課題與挑戰

請圈選出你認為是最貼切的答案。

	A	B	C	D	E
●組織中做為策略行動方案的專案佔了多大的比例？	A 1-20%	B 21-40%	C 41-60%	D 61-80%	E 81-100%
●組織對於資源的運用是否高明？	A 不曾	B 很少	C 有時	D 經常	E 總是
●組織對工作負荷量是否了解，而且做有效的管理？	A 不曾	B 很少	C 有時	D 經常	E 總是
●組織對於（內部和／或外部）顧客的需求和期望是否了解？	A 不曾	B 很少	C 有時	D 經常	E 總是
●組織是否已建立一套常用的有效專案管理流程？	A 不曾	B 很少	C 有時	D 經常	E 總是
●你個人是否有一些常用的有效專案管理工具？	A 不曾	B 很少	C 有時	D 經常	E 總是
●你個人在日常工作的管理（即多個優先事項）上是否有效率？	A 不曾	B 很少	C 有時	D 經常	E 總是
●在你完成之前就被取消或變更的專案佔多大的比例？	A 1-20%	B 21-40%	C 41-60%	D 61-80%	E 81-100%
●你是否能明確地達成內部和／或外部顧客的需求和期望？	A 不曾	B 很少	C 有時	D 經常	E 總是
●你是否能夠有效地管理專案？	A 不曾	B 很少	C 有時	D 經常	E 總是
●你專案失敗的比例有多高？	A 1-20%	B 21-40%	C 41-60%	D 61-80%	E 81-100%
●你是否知道這些專案失敗的成本有多高？	A 不曾	B 很少	C 有時	D 經常	E 總是
●你是否知道一年浪費在管理不善或失敗的專案上的金額？	A 不曾	B 很少	C 有時	D 經常	E 總是
●你是否清楚自己在組織中的角色和職責？	A 不曾	B 很少	C 有時	D 經常	E 總是
●你是否了解自己要對哪些決策負責？	A 不曾	B 很少	C 有時	D 經常	E 總是

專案管理需要改進的連續光譜

←——————————————————————————→

需要大量改進 17-35	需要一些改進 36-65	·　需要稍微改進 66-85

圖1-1　專案管理的需求評估

計分卡

□不清楚該做哪些事（由誰做、何時開始及經費多少等等）。

□範疇有所變更。

□主要的利害關係人不認同和支持。

□缺乏領導能力。

專案並不會因為技術導向的專案管理程序行不通而失敗。幾乎沒有工作人員會說：「我們失敗，是因為我們所做的PERT（program evaluation and review technique，計畫評核術）圖不正確。」專案的失敗大都肇因於一些所謂的「軟性」議題；然而，失敗的專案所付出的代價可一點都不「軟性」。

專案管理不善或失敗的代價有多高？

這個問題相當重要，卻很少有明確的答案。然而，回答這個問題的代價可能會非常高，從以下引用的一些例子就可以看出端倪：

□一家大型連鎖餐廳進行一項例行的專案管理：更換它在全美數百家餐廳的菜單。由於一開始專案的定義就不清楚，缺乏清楚的工作細分，錯過了好多次的期限，加上不了解在最後一分鐘才做更改所產生的衝擊，使原本成本只要五十萬美元經費的專案，結果超過了二百萬（為了尊重客戶的意願，故不具名）。

□一家元件製造商以十五萬美元標得某項專案，結果卻花了四十五萬才得以完成。由於沒有任何的變更文件，該製造商必須支付價差。客戶表示，假如一開始就很清楚該專案的實際成本，他們很樂意支付製造商提出的成本（尊重客戶的意

願，不具名）。

□一家由萬豪酒店集團（Marriot Corp）、希爾頓酒店（Hilton Hotels Corp.）、預算租車（Budget Rent a Car）以及AMR資訊服務公司（AMR Information Services, AMRIS）共同投資的事業，準備開始建立一套叫做Confirm的電腦系統。四年後，在經過對產品定義、錯過期限、不計其數的變更、專案管理的技能不足，以及溝通不良的種種抱怨後，AMRIS註銷了與該專案相關的二億一千三百萬美元的花費，然後開始對簿公堂。AMRIS提出要求萬豪、希爾頓及預算租車賠償七千萬美元，而希爾頓反過來提出要求該公司賠償一億七千五百萬，萬豪提出六千五百萬的賠償，而預算租車的賠償要求則超過五億。最後當事人達成庭外和解（Flowers, 1996）。

不論其他組織的管理不善或失敗的專案所付出的代價是否與以上的幾個例子一樣，相對效應都是一樣的。

失敗的專案除了直接成本之外，可能還有一些隱藏成本或由於專案失敗造成的機會成本，以及僅因為沒有把專案做好所產生的後果。可能包括：

□資源的過度使用。
□無法達成顧客的需求。
□員工士氣低落。
□員工流動率攀高。
□上市時間拖得更長。
□一年中應該可以成功的專案越來越少。

通常這些隱藏成本或機會成本可能很難精確地指出，但是這

計分卡

些直接或間接的成本一直存在著。因為專案管理不善導致失敗的例子有：

☐欠缺創造力及建立願景的技巧。

☐欠缺溝通技巧。

☐欠缺訪談的技巧。

☐欠缺規畫的技巧。

☐資源的過度分配。

☐工作細分不清楚。

☐無效能的工作負荷管理技巧。

☐指派任務和貫徹執行的實踐力很差。

☐欠缺追蹤、監督及管理的技巧。

☐沒有共通的流程或方法。

成功的因素

雖然管理專案看起來像是「軟性技巧」（soft skill），但是當這些所謂的「軟性」技巧無法有效實踐時，可能會一直出現差勁或失敗的專案。事實上，若是無法有效地運用各種專案管理的技能，可能會導致專案的成本暴增一倍，甚至兩三倍。妥善管理專案可以節省些什麼呢？可能還真不少。

決定組織是否能適時執行適合的專案，正是成功的一個關鍵因素。下面的問題或許可以幫助你決定是不是適時地執行適合的專案：

☐組織中的資源是否都浪費在次要的專案執行上？

☐是否在構想尚未定義清楚之前，就貿然指派給本身工作已經

專案管理的課題與挑戰

很繁重的人員？

□正在進行的專案是否並沒有支持組織的使命、願景、價值觀及策略行動方案？

□組織實施的優先順序排列技術，是不是所謂的「最近的就是最為優先／真正優先的」？

□如果正在進行的專案當初根本不應該展開，組織是否能夠承受取消該專案的後果？

浪費資源，構想的定義不清，專案與策略不一致，以及搞錯了優先順序，都足以使組織的資源能力受阻，造成壓力大、士氣低以及專案績效不彰的現象。

策略規畫金字塔

不清楚組織的各項優先事項，是大多數組織的共同問題。確保決策與活動都能集中在這些優先事項上的操作程序，是專案成功的關鍵。任何組織都可以運用一種叫做「策略規畫金字塔」（Strategic Planning Pyramid™）的模式，以釐清和溝通各個優先事項，協助決策的形成，並且把活動集中在優先事項上（Franklin Covey, 1999）。

正如圖1-2顯示的，策略規畫金字塔是從一個清楚易懂的組織使命、願景和價值觀開始發展的（這對組織而言也是最重要的）。接著是就長程目標和（或）策略行動方案加以釐清，詳細說明專案需要達成哪些目標和行動方案，並把各種活動集中在專案要達成的結果。

這個模式的基礎是建立在清楚的聲明——也就是對於組織而

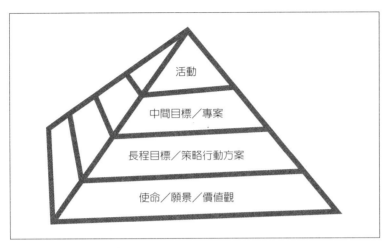

圖1-2　策略規畫金字塔

言最重要的事項——之上。雖然每個組織所用的語言可能不盡相同，但基本的用詞應包括：

☐使命：一份組織由誰或為何組成的聲明——組織創立的宗旨。

☐願景：一份組織未來方向的聲明。

☐價值觀：引導組織的決策、行為及營運的種種原則和品質。

　　這個模式中的第二個層次是闡明長程目標，目的是為了幫助大家了解使命、願景及價值觀的真正意義。有些組織把這個層次稱為策略行動方案。長程目標和策略行動方案這兩個名詞在本書中是可交替使用的。重點在於，這個層次對各種目標及行動方案的了解，通常都是以大方向、長程和「大架構」為導向的。要完成這個層次的工作，往往還需要把目標清楚地細分成更小、更特定、可以管理的中間目標。

專案管理的課題與挑戰

中間目標正是這個模式接下來的一個層次，指的是一些特定的專案。而專案則是指一系列非例行的複雜任務，直接目的是為了達成某個特定目標。可能需要好幾個專案才能完成某個長程目標或策略行動方案。

　　這個模式的最上層描述的，則是專案中的各項活動流程，而且必須依賴組織中的員工執行日常活動才能完成。專案必須清楚界定需要完成的事項、由誰完成以及何時完成。切記，通常某個特定的專案管理並不是一件難事，難的是同時應付多個專案。組織中的每個人，都必須能夠回答兩個關鍵問題：「我做的事情如何才能與組織最重要的事務相配合？」以及「我今天該做些什麼？」這就是位於金字塔最頂端的所謂工作負荷管理（workload management）。

　　策略規畫金字塔成為整個組織的願景、溝通、規畫及決策的一個模式。任何一個專案都要回過頭來用這個模式檢驗，以確定該專案支持組織的使命、願景、價值觀、目標和策略；任何不符合該模式的專案，都要果斷地說「不」。

　　下一章討論到另一種模式時，會談到一個與策略規畫金字塔一起運用的專案管理流程：「專案管理流程四步驟」（Four-Step Project Management Process™），這套模式將提供一個step-by-step的方法，幫助專案順利完成（Franklin Covey, 1999）。這套流程將提供整個組織一套共通的語言，以及一些關鍵的「做／不做」（go/no-go）決策點，以確保組織能夠適時進行適合的專案。

結語

　　每年管理不善及失敗的專案，都讓許多公司和政府機構耗費

計分卡

數十億美元，然而許多的組織並未能建立有效的選擇和管理專案的正式流程。要克服專案管理不善導致的失敗問題，以及損失利潤、濫用資源、無法達成客戶的需求和員工士氣低落等後果，組織就必須檢視專案無法成功的原因。同時，組織也必須體認到，就某種程度而言，組織中的每個人都等同於一個專案經理。要清楚知道組織的各種優先事項，並將這些事項放在操作實務中應有的位置，以確保各項決策和活動都能集中在這些優先事項上，這才是專案成功的關鍵。任何組織都可以利用這套策略規畫金字塔幫忙。

參考書目

Field, Tom. "When Bad Things Happen to Good Projects." *CIO Magazine*, October 15, 1997, as reported by the Standish Group International Inc.

Flowers, Stephen. *Software Failure: Management Failure.* University of Brighton, UK. John Wiley & Sons, 1996, 31–41.

Franklin Covey Project Management – An In Depth Approach. 1999. A two-day seminar. Salt Lake City: Copyright Franklin Covey Co., 1999.

"Industry Report 1999," *Training Magazine*, October 1999, p. 40.

Peters Tom. *Reinventing Work. The Project 50: Fifty Ways to Transform Every Task into a Project that Matters.* New York, NY: Alfred A. Knopf, Inc., 1999, 3–20.

"1999 State of the Industry Report," *Training & Development Magazine*, Supplement, January 2000, p. 10. Adapted from Figure 5: "Course Type as Percentage of Training Expenditures."

第 二 章

專案管理流程

　　不管是什麼樣的組織、管理哪種專案,都可以利用專案管理流程四步驟提供的這套方法。這套流程的好處在於它的一致性,組織中的每個人都可以學習、分享和重複。要成為一個流程專家比專案專家來得容易,根據定義,專案是以目標為導向,是獨特且暫時的;也就是說,沒有所謂的「上次我們做這種……」這檔子事。另外,就心態而言,流程優於專案的地方,在於這套step-by-step的流程建構的解決方案,正好可以避免導致專案失敗最普遍的一些原因。

　　雖然整個專案管理的流程一直維持著一種可重複的公式,用來幫助專案管理的工具卻不盡相同。這些工具的差異極大,而且可依據可取得性、需要、風格及偏好量身訂製。然而,專案管理的工具取決於管理專案的流程。本章討論的重點不在於可以取得的工具,在於引領專案順利完成的流程,一個可以選擇使用任何工具的流程。探討特定的方法已超出本書的範圍。

流程總覽

專案管理流程有四個步驟：**視覺化**（Visualize）、**計畫**（Plan）、**執行**（Implement）以及**結案**（Close）（請參見圖2-1）。**視覺化**階段的最重要原則是以終為始，重點是放在創造一個共同的願景聲明，而且是依據專案的主要利害關係人提出的看法（雖然這聽起來是個理所當然的起點，但別忘了，大多數的專案都是從執行階段開始的）。

計畫階段等同於流程的「how-to」階段。專案要如何完成？在這個階段會檢視專案的限制、潛在的熱點（hot spots），以及一個清楚的工作細分，以界定需要做的事、由誰做、何時完成和要花多少成本。

第三個階段**執行**，就是把計畫付諸實施。這個階段涉及工作負荷的管理、溝通的議題、指派任務和貫徹的各種技巧、專案的監督與控制，以及進行各種的變更與調整。

流程的最後一個階段是**結案**，從專案的順利完成、專案文件的完成，到評估專案的投資報酬率，都一一詳細檢視。

整個流程中有兩個查核點，目的在於確保專案的方向正確（依據組織的使命、願景、價值觀、目標、策略及可資利用的資

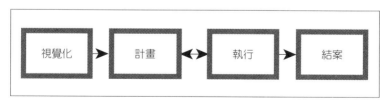

圖2-1 專案管理流程

計分卡

源而定）。在這兩個查核點，都需要審慎決定專案是繼續進行或就此打住。圖2-2顯示的就是這兩個查核點。

一旦完成**視覺化**階段，對專案就有個大致上的了解。這是第一次決定專案是否應繼續進行的機會（以下會詳加討論）。第一個「做／不做」的決策點只是初步的決定。此時若決定「否」，表示該專案並不適合而且時機不對，而且這個「否」含有絕對「不做」或「現在不做」兩層含義。若是屬於後者，該專案可能日後還有機會進行。若決定為「是」，則表示一些重要的標準都

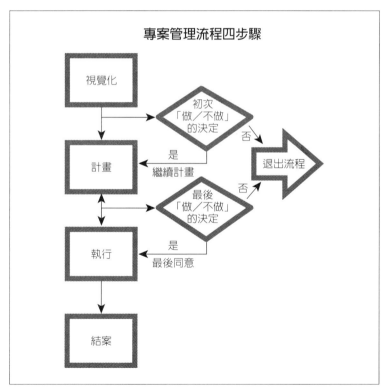

圖2-2　專案管理流程中的查核點

已符合，值得繼續進入**計畫**階段。

　　計畫階段是在下專案「做／不做」最後決定時，用來釐清所需的其他重要資訊的機會。在這個階段，詳細的專案計畫將明確地說明要做哪些工作、需要哪些資源，以及完成專案所需的時間。之所以要如此詳細，是為了做出是否繼續進入**執行**階段的最後決定。

　　決策查核點的目的在於確保一個專案的構想能夠：

□有個公平的機會在執行前得以經過創意地探討和闡明。

□當專案不應該繼續進行時，最好盡早停止，以免到執行階段才胎死腹中，導致成本過高（以及業務普通）。

　　任何能夠有效執行兩個決策查核點的專案，投資報酬率都會因此增加。道理在於，對專案的全貌越了解，專案管理就越完善，通常也就因此獲得較高的投資報酬率。同樣的，若能在專案管理流程中早一點終止，通常會為組織節省不少的時間、金錢及資源，也等於提高了組織專案管理流程的投資報酬率。

依流程行事

視覺化

　　美國專案管理學會（Project Management Institute）在《專案管理知識體系導讀指南》（*Guide to the Project Management Body of Knowledge*）一書中明白指出，所謂的專案管理就是「為了達成或超出利害關係人的需求和期望，把種種知識、技能、工具及技術應用在專案活動上……，並且必定涉及到互相競爭的範疇、

時間、成本和品質，以及利害關係人各種不同的需求和期望之間的平衡……」（Project Management Institute, 1996）。

儘管以上的引述點出了專案管理的精髓，但仍有許多的挑戰要面對。我們都聽過顧客或上司抱怨：「那不是我要的。」而對於期望的最終結果有各種不同的想法，正是專案失敗的主因之一；責怪也常常隨之而來。我們感到疑惑：「他們當初為什麼沒有告訴我？」然而，這只是一個對問題看法的反應而已。

有一則漫畫是這樣的：一群程式設計師正在忙著弄他們的電腦時，組長轉身離開房間對他們說了一句話。漫畫的說明文字是：「你們全都給我開始寫程式碼，我會去問顧客他們要的是什麼。」我們的工作環境往往已變成技術導向，不再那麼熱中於顧客導向了。假如我們了解這類問題的本質所在，就可以用積極的方法防患於未然。然而，想像專案的最終結果，不僅僅需要了解想達成哪些需求和期望，還要明瞭如何權衡時間、成本、範疇和品質之間的優先順序。

要想像專案的最終結果，必須對專案的成果及有效管理專案這兩者會改善哪些重要的業務或組織結果，有更詳盡的了解。了解專案對組織結果的影響，有助於專案經理視覺化在整個專案期間應該進行的評估。

好消息

正如馬漢・哈爾薩（Mahan Khalsa）在《要就來真的，要不就別玩》（*Let's Get Real or Let's Not Play: The Demise of Dysfunctional Selling and the Advent of Helping Clients Succeed*）一書中所說的，好消息是，如果「我們要的是同樣的東西，我們要的都是一個真正能夠達成客戶需求的解決方案。」一切都將順理

成章。我們需要學習如何與客戶互相探討，分享解決方案的成果（Khalsa, 1999）。哈爾薩的書專攻學習如何幫助客戶成功，以及知道如何提問正確的問題。身為專案經理，若能了解主要的利害關係人就等於是我們的客戶，而幫助客戶成功是我們的使命，就會反過來幫助我們了解大家在整個過程中是夥伴關係。在這種情況下，我們可以與客戶共同合作（專案的業主、贊助人甚至上司，都是我們的客戶），找出一個真正能夠達成他們需求的解決方案，進而創造雙贏的局面。

假如一開始時，主要的利害關係人對專案應有的最終結果無法提供明確的資訊，原因很可能是：

☐他們並不知道。
☐他們並沒有接收到正確的問題。
☐他們害怕沒有人會聽他們的話。
☐他們對於整個組織、精確結算額及專案成果這些方面的最終結果並不了解。

專業的訪談是專案經理必須具備的一項重要技巧。他們必須知道如何提出正確的問題。事實上，會問問題之所以如此重要，是因為這能夠讓我們從主要利害關係人身上引出連他們自己都不曾想到的資訊。以下步驟將提供一個積極的做法，以釐清所需的資訊。勤於練習，就可以避免再次聽到「那不是我想要的」；也就是說，願景聲明所描述的專案最終結果，是我們與主要利害關係人共同創造的。

視覺化流程的第一個步驟，就是確認哪些人是專案的主要利害關係人。所謂的利害關係人是指會受到專案影響的人，但主要的利害關係人卻是指最後能決定專案成敗的人，通常包括顧客、

上司、專案贊助人或業主，以及專案經理和專案團隊中的主要成員。假如這個團體的成員（即我們的客戶）對於最終結果的看法不一致，那麼該專案在還沒開始之前就埋下注定失敗的種子。

為確保整個團體對最終結果有一致的看法，必須在一開始就花時間，擬訂一個讓所有的主要利害關係人都能接受並且支持的願景聲明。許多專案經理都不願意在專案一開始時在這上面多花些時間，寧願立刻投身於工作中。然而，少了這樣的投資，結果是可想而知的。能成為高手的專案經理，是那些願意在這個流程花時間、花力氣在必須做的事上面的人。事實上，假如能把流程的此一階段做好，就算接下來的三個階段無法做得盡善盡美，專案還是會成功。然而，假如未能做好這個階段，不管接下來的三個階段做得再好，專案仍注定會失敗。

一旦確定哪些人是主要的利害關係人，就該是發掘他們心中對於專案的看法的時候了。問「你想從中得到些什麼？」或「這個專案該是什麼樣子？」這類語意不清的問題，往往只會引導這些人說出一些語意模糊的答案。相對的，你應該問他們能夠且願意回答的問題。你要把每一位主要的利害關係人都當成客戶，而你自己正在進行客戶訪談。

主要利害關係人／客戶訪談

在訪談主要的利害關係人（客戶）時，有五個問題一定要提出來；不過，經驗告訴我們，成功的訪談有兩大關鍵：

□對基本的營運原理必須非常了解。你很難滿足一個你並不了解的需求。

□問的問題必須順耳，令人自在，而且千萬不要問一些連自己

都記不得的問題。請把要問的問題記下來，然後反覆練習。

要問的五個問題是：

1. （客戶大名）請告訴我，想到這項專案的成功與否時，有哪些事對你而言是最重要的？
2. 還有沒有其他的事？
3. 這些事情的優先順序呢？
4. 假如你描述的成功因素都做到了，你認為有哪些基本的組織結果（像是降低流動率、增加產量、提高銷售量、降低營運成本等）會獲得最大的改善？
5. 若能成功地管理專案，有哪些成本可因而避免？

第一個問題之所以有用，是因為它開門見山地詢問客戶，他對於該項專案「到底」知道些什麼。問了第一個問題之後，進一步釐清其中可能有的模糊不清的術語是很重要的。譬如，「『資料管理系統』這個名詞對不同的人代表不同的意義。請進一步告訴我，在你提到這個名詞時真正的意思是什麼。」或是「請告訴我更多有關資料管理系統能夠達成哪些事。」

第二個問題則是訪談能否成功的真正關鍵。這個問題會促使利害關係人做更深入的探討。你等於是在幫助客戶進行更周密的思考。這通常是客戶第一次審慎地思考這個問題。這個問題不要只問一兩次就放棄追問，往往是在你不斷委婉地追問之下，才可能得到一個攸關成功的關鍵因素。不斷地追問，直到對方表示「沒了，沒有其他事了。」

第三個問題有助於把所有討論做個摘要，然後按照優先順序列出一份清單。這對了解客戶的需求而言非常重要：你等於是和

計分卡

客戶共同創造一個清楚明確的願景，以及達成對專案應完成事項的共識。

第四個問題，則是給利害關係人思考專案順利完成會有多少投資報酬率的機會。對專案進行到查核點或在下「做／不做」決策的階段時，這個資訊可能非常重要。投資報酬率則是一個順利完成專案和專案成本的財務利益之比。如果順利完成專案會增加10%的銷售，而增加的10%利益又大於專案的成本，則投資報酬率的預測是正的。許多利害關係人或許並不習慣以這類的角度作思考，為了預測專案結果的投資報酬率，可能需要給他們一些指導。

第五個問題，則是利害關係人對他冀望的投資報酬率做出回應，前提是專案能夠做到完善管理。每一次耽誤期限，都會增加專案在薪資和時間方面的成本。

最好是對多個主要利害關係人進行多次訪談，然後把從每個人身上獲得的資訊，彙整成為一份願景聲明。接著，把願景聲明編寫成文件，簡潔說明該專案的性質，以及一份欲達成之結果的優先順序清單。這份文件應該要符合SMART的準則：明確的（Specific）、可衡量的（Measurable）、可達成的（Achievable）、相關的（Relevant），以及有時間性的（Time-Dimensioned）。任何超出這份文件中欲達成之結果清單範圍的事，就等於超出專案的範疇。

一份好的願景聲明文件應包括以下的項目：

☐專案名稱。
☐起始日期。
☐結案日期。

□專案經理的名字。

□專案說明（要做什麼、何地，以及何時完成）。

□欲達成之結果的優先順序清單（可交付成果、結果，以及要完成的事項）。

□一份詳細說明該專案如何達成組織的策略行動方案，並概略敘述哪些組織結果會因為該專案的成果而獲得最大改善的聲明。

□主要利害關係人的名單。

假如利害關係人之間有衝突，整個流程中此時是最適於發現並解決衝突的階段，遠勝於在專案的後期階段才發現。為了順利進行流程的下一個階段，這份願景聲明文件需要獲得每位利害關係人的認可。這次的認可，正是兩個「做／不做」決策點中的第一個。

在**視覺化**階段會碰到一些挑戰，一開始要花些時間找尋資訊就是其一；不觸及任務的細節——像是需要做哪些工作、由誰做等——也是一項挑戰。這個階段並不是要確認需要做哪些工作，那屬於**計畫**階段的範圍。**視覺化**階段只需以終為始即可：專案何時完成，整個專案的樣貌，該完成哪些事情，以及我們怎麼知道專案是否成功，組織的實際精算結果會有多少改進？

第一個「做／不做」的查核點

在整個流程視覺化的最後階段，專案會根據以下的中心標準加以評估：

□專案會交付利害關係人想要的結果嗎？

□專案的願景聲明是否符合SMART的標準（明確、可衡量、

計分卡

可達成、相關、有時間性）？

□專案是否支持組織和個人的使命、願景及價值觀？

□專案是否能改進主要的組織結果？

□專案預測的投資報酬率是否為正數？

這就是第一個查核點。在這裡若選擇「是」，表示基本上該專案值得繼續進行。不過，其他為了做最後決定所需的資訊，將會影響到計畫階段的結果。

計畫

計畫階段指的是專案「how-to」的階段，其中包含七個步驟。計畫流程的好處是，它提供一個可以學習、分享及重複的共通方法。

步驟一到步驟四必須依序進行，步驟五到步驟七則可依所使用的工具任意進行。譬如，你可以選擇書面的甘特式圖表、試算表或專案軟體。

步驟一：和主要利害關係人討論

每個專案都會受到三種不同的績效規範的影響：

1. 品質／範疇。
2. 時間。
3. 成本（相對於預估的財務收益而言）。

這三大約束可能只是一個模糊的概念，對計畫流程早期的了解與管理卻非常重要。如何規畫、管理專案，端視我們對這些限制的了解，而且其優先順序個別專案有所不同。

專案管理流程

品質與範疇是密不可分的。品質是指投注於專案的卓越程度，範疇則是指專案的規模與特性。時間的限制則指明專案要花多久的時間才能完成。成本的限制是在闡明專案所需的資源，以及會耗費多少成本；為了了解這些成本是否有彈性，可以把它們與產生的收益做比較。

　　這三大約束彼此之間的關係是交互損益的，也就是說，當其中某個績效因素為最優先時，可能就得犧牲另一個約束。一般而言，一個專案會有一到二個固定的約束，其他的一或兩項限制就必須保持彈性。假設第一個約束是固定的，為了完成這個最優先的約束，第二和第三個約束就必須保持彈性。假如前兩個約束都是固定的，為了達成這兩個，第三個約束必須保持彈性。譬如，當專案必須盡速完成，還要顧及高品質／範疇時，成本通常都會偏高。若專案的預算很緊，但是品質／範疇也同樣重要，就會需要更多的時間完成。碰到時間很趕、預算又有限的專案，則專案的某些特性（譬如範疇）或是績效規範（譬如品質）就必須有所取捨。

　　基本上，最佳的組合就是這三種專案約束能取得一個平衡。此外，假如我們能從過去的經驗中學習，不斷改進專案，則未來的專案典範可能是：「比以往更好、更快而且更便宜。」

步驟二：探索並管理可能的熱點

　　讓團隊成員參與腦力激盪的過程，找出專案可能的熱點，是專案成功的必要條件。所謂的熱點是指可能會引發困難或導致專案失敗的因素。讓整個團隊參與這類的活動，目的是為了充分利用團隊成員的專業技術和知識。這正是三個臭皮匠勝過一個諸葛亮。這種集思廣益的活動可以為計畫階段提供深刻的見解，有助

於避免和／或管理這些可能的熱點。

一旦團隊找出可能的熱點，就該依風險程度評定等級。在過程中可運用下面簡單的五點衡量標準幫忙：

1. 導致微幅的調整。
2. 犧牲最低優先的績效因素。
3. 犧牲中等優先的績效因素。
4. 犧牲最優先的績效因素。
5. 導致全盤失敗。

對於排在3、4或5項的熱點，可以藉由團隊腦力激盪想辦法避免可能的熱點，假如真的發生，也可以設法管理。若是碰到風險極高的潛在熱點，可能就需要擬訂詳細的行動計畫。對於接下來的第二個「做／不做」的決策點而言，這套風險衡量標準提供更進一步的深刻見解。一項高風險的專案，在接下來第二個決策點的答案極可能是「否」。

步驟三：把專案工作細分成可管理的項目

為什麼這一點很重要？因為許多專案在一開始的任務層次時，對需要做的工作並不是很清楚，導致得一邊進行專案，一邊為了「下一步怎麼做」而大傷腦筋。結果，生命週期越長的專案，越可能發生資源衝突、溝通不良及責任歸屬不清的問題。若能做好工作細分結構（work breakdown structure），表示在專案一開始就很清楚該做哪些工作、何時完成、由誰負責，以及需要哪些資源。

所謂的工作細分，就是依據工作的類別作安排。最大部分的工作類別稱為主項目（major pieces），另一個普遍的說法是相位

（phase）。子類別則稱為子項目（minor pieces），只有當某個主要類別的規模大到需要進一步分類時，才需要劃分成子類別。不管是主項目或子項目，都可以進一步劃分成任務細目（task detail）。這些任務都是需要做的行動步驟，因此應該以動詞表示。專案細目必須劃分到責任歸屬很清楚的地步。

譬如，一個想開發出一套全新的培訓課程的專案，可能就得從主項目的基本架構著手：

☐需求評估。
☐界定出願景、範疇及各項主要目標。
☐課程發展。
☐教材研發。
☐檢測／修訂。
☐教師培訓。
☐課程的推出（開始上課）。
☐預算／資源。

而課程發展的主項目，可能還得再劃分成三個子項目（即子類別）：

1.課程內容。
2.練習。
3.事前評估及事後評估。

每個子項目，又可以再發展成完成該工作所需行動步驟的任務表單。

一個房屋改建的專案，可以從以下幾個主項目著手：

專案團隊的任務

專案名稱： 起始日： 團隊成員→ 項目／任務摘要	專案經理： 欲完成的目標： 到期日	時數	✔	到期日	時數	✔	到期日	時數	✔	實際完成： 到期日	時數	✔
			☐			☐			☐			☐
			☐			☐			☐			☐
			☐			☐			☐			☐
			☐			☐			☐			☐
			☐			☐			☐			☐
			☐			☐			☐			☐
			☐			☐			☐			☐
			☐			☐			☐			☐
			☐			☐			☐			☐
			☐			☐			☐			☐
			☐			☐			☐			☐
			☐			☐			☐			☐
			☐			☐			☐			☐
			☐			☐			☐			☐
			☐			☐			☐			☐
			☐			☐			☐			☐
			☐			☐			☐			☐
			☐			☐			☐			☐

圖2-3　工作細分（© 1999 Franklin Covey Co. Used with permission.）

□承包商。

□設計。

□建材。

□建造。

□預算／資源。

選擇承包商的步驟，又可以進一步劃分成一些子項目：

□推薦。

□面談。

□介紹信／調查。

□決選。

所有的專案任務都應該是專案某個主項目或子項目的子集。唯有屬於子項目的所有任務都已完成，該子項目才算完成；也唯有屬於主項目的所有子項目都已完成，該主項目才算完成。

規畫、排程、追蹤和溝通工具

此時需要一個可以協助專案計畫其他事項的工具。（依照順序和時序排列的）甘特式圖表就非常有用，因為只要使用得宜，就能以圖示法提供專案相關的重要資料。這類的資料展示對專案的規畫和溝通非常重要。若幾個專案加起來超過上百個任務，那麼專案軟體就非常有用了。若專案的任務有好幾百個或是好幾千個，就非得用專案軟體不可。

雖然軟體的使用可能有些複雜，甚至有點難，但是只要掌握以下的幾個重點，運用起來就會得心應手：

□建立並使用一個清楚的流程，就可以在資料登入的階段先幫

計分卡

忙界定資料。

☐在一開始資料登入時，就能有效地整理好資料。

☐運用這個工具時，一次只登入一個欄位的資料，千萬不要一次從左到右登入一整列。

☐釐清任務的工期及任務的各種關係，然後讓軟體計算適當的日期，而不是把資料登入在起始日和結案日的欄位中（除非是一個指定的日期）。如此一來，當事情有所改變時，軟體就可以做出必要的調整。

步驟四：組織項目及任務，進行排程

在將任何資料登入某個書面或軟體排程工具之前，先把各個項目和任務依序排列，是有效使用這類工具的關鍵。依序排列的意思是依照各個項目和任務必須完成的順序一一排列。把主項目排在最前面。這個階段可能很主觀，因為有可能是多個項目同時進行。然而，若是項目順序很明顯，就按照順序排列。接著，把每個主項目下的各子項目也依序排列。通常，在主項目中的各個事件順序是比較清楚的。然後，把子項目之下的各個任務也依序排列。

一旦項目和任務依序排列好，就應該把各主項目下的子項目稍微縮排，再把子項目下的任務也縮排。概略地描述資料，可使專案事件的整個流程更一目了然。此時，各個項目和任務都整理得井井有條，下一步就是釐清每個任務的工期。

步驟五：決定任務的工期

在使用這類工具時，一次只登入一個欄位，可以讓我們清楚地一次專心於一個主題。依照清單上的順序，一一估算完成每個

任務所需的時間。在這個階段，不需要登入主項目和子項目的資料。到最後，會把每個相關任務的時段再加總計算。

步驟六：釐清任務之間的關係

　　這個步驟在書面的形式上，會在一個名為「前置任務」（Predecessors）的欄位中進行，在軟體中則是以一個連接相關活動的方式進行。所謂任務之間的關係有好幾種，並行或同時發生的任務意味著可以同時進行。任務之間的相依關係有好幾種，在這裡我們只討論「完成—開始」（finish-to-start）的關係。這些相依的任務，必須是在完成其他的任務之後才能開始。

　　除了在表格的「前置任務」欄位中登入的每個任務之外，只需再列出必須先完成的任務表單即可。若是使用專案軟體，則要根據套裝軟體的各項指示，把必須先完成的各項任務連接起來。

　　此時，由於資料已經根據各個主項目和子項目依序登入並整理過，因此按照彼此之間的關係來連接，就變得比較容易了。如此一來，各項活動即建立起一個合乎邏輯的流程，而且比一份未經過這樣整理、組織的任務表單更容易執行。許多人沒有經過有效整理資料的過程，在一開始即按下軟體的「根據日期分類」（Sort by Date）鍵，結果是大失所望，有時甚至是慘痛的經驗，因為整個按照整理好的資料所建立的合理流程全都毀了。

步驟七：確定資源與預算

　　這個步驟可以在專案軟體或另一張試算表上進行。到最後一個步驟才釐清資源和預算的最大好處是，此時所根據的資料已經在前面的幾個步驟中確定了，而且應該是根據專案如何執行，在什麼樣的時間之內，以及有什麼資源等資料估計的。

計分卡

專案時間表

使用專案管理軟體，如Microsoft Project或On Target來完成你的專案時程表。根據你的時程表填寫為以下資料。

項目 #	✓ ABC	專案任務	資源名稱	前置任務	工期	開始日期	應達成目標	實際完成	計畫摘要	估計成本	實際成本
□											
□											
□											
□											
□											
□											
□											
□											
□											
□											
□											
□											
□											
□											
□											
□											
□											

圖 2-4 專案時間表或甘特圖

這樣的技術遠比隨機估計預算來得有效，那些隨機估算通常都是在專案任務指派好時就開始估計的。這些一開始就估計的預算，除非是根據過去類似專案的經驗所得的還不錯的資料，否則往往是毫無資料根據，粗略猜測出來的。

第二個「做／不做」的查核點

在這個階段，應該完成的是蒐集好用來做最後「做／不做」的決定所需的資料。此時蒐集到的專案資料，不但應該讓我們對專案的性質及從視覺化階段開始該完成什麼有清楚的了解，對於工作細分、需要執行的工作、由誰做、何時完成，以及與預測的財務收益相比該以什麼樣的成本完成，也有清楚的了解。

在第二個查核點時該提出的問題有：

1. 該專案是否能達成已經過優先順序排列的績效因素？
2. 熱點上的風險程度是否可以接受和管理？
3. 資源的取得是否沒有問題，時間表是否合乎實際？
4. 預測的財務收益是否比預測的成本大？

以上都是決定是繼續進行**執行**階段還是退出整個流程，應該考量的問題。任何通過這個查核點的專案，成功的可能性都很大。若是能在整個流程的早期就淘汰不合乎期望的專案，在**視覺化**和**計畫**階段所做的投資就能獲得極大的回報。此時，那些繼續進行到**執行**階段的都是最優先的、投資報酬率高的專案，成功率也是最高的。

早早說「不」

充分了解並支持明確說「不」的流程，對組織文化是非常重

要的。成功來自於有足夠明確的「不」，以期能夠為湯姆‧彼得斯所謂的「WOW」專案儲備資源和能量，也就是與企業的使命、願景、價值觀、目標及策略最為攸關且是最優先、投資報酬率最高的專案。創建一個明快說「不」的企業文化，是值得頌揚，而非失敗的象徵。

執行

執行是到達策略規畫金字塔頂端的關鍵。若無法把專案轉化為清楚的工作任務分派和日常工作負荷管理，再好的工作細分也不具任何價值。對大多數人而言，今日職場面臨的一項重要挑戰，來自他們必須在專案工作及其他與專案無關的日常任務之間取得平衡。這已經成為工作負荷管理流程的一部分，也就是說，每個人都有責任把各個任務、活動及資訊加以統整，排定時程（Snead, 1997）。

不論是使用哪種日常規畫系統，成功管理專案的關鍵在於有效地管理時間、資訊及各項任務（即工作負荷管理）。假如個人使用的系統和工具對工作負荷管理毫無助益，就別想有效地完成專案工作。

執行包含兩大主要功能：

1. 執行計畫中擬訂的工作。
2. 專案與溝通的管理和控制，包括對專案進行必要的變更及必須的調整。

工作負荷管理——實際執行工作

有效的工作負荷管理，需要一套具備三項功能的每日規畫系

統：具有追蹤每天的各項優先任務、時程及資訊的功能。

「待辦工作」表與每日優先任務表的差異

「待辦工作」表（"TO Do" List）是一份動態的該做事項表單，而且是一些無法事先規畫及優先安排在特定日子處理的事情。而每日優先任務表（Prioritized Daily Task List）則是一份註明日期的任務表單。每天都可以事先規畫好，而且每天的優先順序都可以不同。由於專案的任務繁多，時程又很重要，加上專案的任務需要與其他的日常任務協調，因此這一點與專案的成敗息息相關。

按時啓動

利用一個稱為按時啟動（Time Activation）的技術遵照計畫進行，並排定工作負荷的時程。按時啟動回答了以下的三個問題：

1. 要完成哪些事情？
2. 該在何時採取行動？
3. 蒐集到的資料儲存在哪裡？

如何執行

選擇一個你負責的任務，然後從該項專案的計畫開始著手，把按時啟動的參考資料登入每日規畫系統中準備開始這項專案的第一天。按時啟動的參考資料應包括：

☐ 一套記名式的專案參考資料。

☐ 一個顯示所需資料存放位置的標示（通常是一個檔案名稱）。

計分卡

□在完成當天的工作後，一個能提醒你把按時啟動的參考資料
往前挪到專案所需的下一個工作天的提示。這叫做時間啟動
前移（Time Activate Forward, TAF）。譬如 Client Project
(ClientProj.mpp)/TAF，其中的「mpp」是指在專案管理軟體
程式中的一個電腦檔案。

另一個例子則是：Remodel Project (PT3)/TAF，其中的
「PT3」是指在專案筆記本中的第三個專案插頁。一旦把該專案輸
入某一天的任務中，下一步就是決定當天需要花多少時間在該專
案。接著，在規畫系統中預約排程的部分，畫出從事該專案的那
段時間。之所以行得通，是因為工作細分結構做得夠詳細。若是
這樣的流程遭到反對，那麼一整天的時間往往會花在與專案無關
的任務上，而專案人員就得利用私人時間從事專案工作。

專案的溝通、管理及控制

在專案進行的期間，要做好溝通、管理及控制的最好方法，
就是定期舉行進度檢討會議。許多組織的標準作業往往是在發生
問題時才聚在一起開會，這是固有的危機管理模式。定期舉行進
度檢討會則是一個讓團隊的核心成員聚在一起，共同檢視、更新
和修改進度，以及與整個團隊溝通清楚的機會。

之所以行得通，原因在於：

□整個團隊有一個清楚明確的願景。
□整個工作細分讓工作細節、責任歸屬及時間表都一清二楚。
□檢討會議是個實際狀況的檢查。可讓以下的問題得到解答：
　完成了什麼？
　還有哪些工作待完成？

還有哪些議題、問題或變化依然存在？有問題都可以立即處理，而不是等到危機出現才處理。

□即使是在電子傳播的時代，面對面的會議仍是無可取代的。

如此一來，就可以定期進行計畫的修正，而變更的效應也能在一般的基礎上與團隊溝通。這是在專案進行期間持續管理、控制及溝通的方法。一位同事最近講了一則故事：一家大公司居然有些人還一直在做一個老早就被取消的專案，從來就沒有人通知他們。不要小看這個技術，在確保能取得最新的資訊和絕佳的溝通機會上，這個方法非常有用。

管理變更

在整個執行階段的另一個關鍵性控制點，就是一個有效的變更管理流程。許多組織曾經只因為沒有適當的正式變更方法，而經歷過失控的專案環境。這個方法只有在一開始的**視覺化**階段主要利害關係人就參與，才會產生效果。由於變更通常是因為主要利害關係人在一開始時對於專案的考慮不夠周詳，因此**視覺化**階段可以大幅減少需要變更的次數。這套流程正可以解決這樣的問題，進而減少需要變更的次數。

對那些少數的必要變更，這套流程應該要求記錄提案變更的原因，以及對品質／範疇、時間和成本的影響，並且由主要利害關係人共同簽署。一旦充分地了解這對專案的影響有多大，單是減少變更的次數就足以令人驚訝不已。

結案與評估

後面的章節將針對如何評估專案管理系統的成敗──包括投

計分卡

資報酬率——做提綱挈領地探討，並詳細討論如何以專案管理計分卡做到。不過，這裡先談一下其中的幾個概念。

在專案的這個階段中，主要活動是為了完成專案、做好記錄和評估，並且把所學的應用於未來。事實上，一個專案都應該是一個學習經驗。

由於在願景聲明中已具備各種可衡量的要件，因此要評估的第一個部分就很清楚了。評估的基礎很簡單：專案是否順利達成預期的結果。不過除此之外，整套流程中的每個階段也都應該考慮到此。

可以用1到5分的衡量標準評估專案管理流程四步驟中，每個階段特定作業的績效，包括**視覺化**、**計畫**、**執行**及**結案**。評估過程中也應徵求團隊中每位重要成員的意見，而不只是由專案經理評估。廣徵不同的看法是很重要的。

對某些特定範圍的問題，可與整個團隊進行腦力激盪，集思廣益，找出解決之道。這麼做，不但可以把提供出來的寶貴資料存放在該專案的檔案中，將來碰到類似的專案時也可利用。

長期下來，這些資料不但提供可以衡量追蹤的基礎，並能做為比較的標準；這對於採用專案管理辦公室（project management office）的組織尤具價值（以下會詳加討論）。專案管理流程其中的一個好處是，它可以持續不斷地改進。

結語

專案管理流程的四個步驟**視覺化**、**計畫**、**執行**及**結案**，提供一套任何組織都可以運用的方法。這套流程提供一個持續、可不斷重複的公式，它所建構的解決方案，可以避免最常造成專案失

敗的原因。在整個流程中，有兩個「做／不做」的查核點，提供
一個決定該專案是否繼續的機會。為了確保專案成功，團隊應該
根據主要利害關係人的意見，彙編成一個共同願景聲明。這份願
景聲明可以讓組織的人員對主要業務或組織結果有詳盡的了解，
而專案的成果又會不斷地改進主要業務或組織結果。

參考書目

Covey, Stephen R. *The Seven Habits of Highly Effective People*. New York: Simon & Schuster, 1989.

A Guide to the Project Management Body of Knowledge. Project Management Institute Standards Committee, The Project Management Institute, 1996, 6.

Khalsa, Mahan. *Let's Get Real or Let's Not Play*. Salt Lake City, Utah: Franklin Covey Co., 1999.

Snead, G. Lynne. *To Do, Doing, Done: A Creative Approach to Managing Projects & Effectively Finishing What Matters Most*. New York: Simon & Schuster, 1997.

延伸閱讀

Buttrick, Robert. *The Interactive Project Workout*, 2nd ed. London: Financial Times Prentice-Hall, 2000.

Cohen, Dennis J. and Robert J. Graham. *The Project Manager's MBA: How to Translate Project Decision into Business Success*. San Francisco: Jossey-Bass, 2001.

Frame, J. Davidson. *Managing Projects in Organizations: How to Make the Best Use of Time, Techniques, and People*. San Francisco: Jossey-Bass, 1987.

Greer, Michael. *The Project Manager's Partner: A Step-by-Step Guide to Project Management*. HRD Press, Inc. and ISPI, 1996.

Russell, Lou. *Project Management for Trainers: Stop "Winging It" and Get Control of Your Training Projects*. Alexandria, VA: American Society for Training and Development, 2000.

第 三 章

專案管理解決方案

專案管理計分卡衡量的是，改進專案管理流程的解決方案所造成的影響。不論什麼樣的解決方案，專案管理計分卡都可以把它的影響隔開，抓出六種資料，讓成功在望。本章將檢視一些解決方案，像是已證明對解決專案管理難題很有用的特定軟體、訓練或網路等工具。同時也將探討在組織內建立一個有效的專案管理文化的課題。這些解決方案應該以健全的原則為基礎，來支持一套健全的專案管理流程，並以這套流程的執行為輔。若解決方案是用在一套不健全的流程中，再加上無法有效地運用工具，基本上是不會成功的。

解決方案成為整個流程和投資的焦點，是許多組織中的普遍現象。在科技丕變的今天，各種工具的改變非常快，不論組織現在的標準是什麼，都會很快地過時。在執行長期而有效的專案管理解決方案時，需要運用各種相互關聯的工具，而且這些解決方案還必須經得起時間的考驗。

在探討及構思解決專案管理難題的方案時，有兩件要事：一

是知道能夠取得何種類型的解決方案，二是了解各種專案管理解決方案都會影響四個層面的成效（Four Levels of Effect™）中的一個或多個，這四個層面包括：個人的、人際的、管理的及組織的（稍後會做進一步說明）。很多組織就是因為對不同層面的成效缺乏了解，又忽略其中的一或多個層面，導致執行涉及整個文化的專案管理解決方案時很不順利。

本章將檢視專案管理解決方案想達成什麼，解決專案管理各個階段的挑戰，這些解決方案的準備狀況，以及針對各個層面的成效所擬訂的專屬解決方案的類型。

專案管理解決方案的過去與未來

大多數組織，不論規模多大，都是從企業家的形態開始的，與專案管理幾乎扯不上關係。每個人和每個部門對專案管理的態度更是大不相同，有些人有這方面的長才，也有許多人不擅於此道。隨著組織成長，可以運用的資源越來越有限，加上激烈的競爭，這種分散且有限的專案管理努力效果更是不彰。另一方面，有些組織在執行專案管理時，已經運用到頗為複雜，而且只有少數幾個受過嚴格訓練的專業人士才懂的方法。由於這些方法過度複雜，通常無法讓整個組織有效地運用。不論專案失敗的原因為何，在我們的經濟逐漸地變成一個世界性的經濟體，而且全球化的現象造成競爭更加激烈之際，需要有更好的專案管理績效是毋庸置疑的。

根據最近的統計顯示，有30%的組織專案在完成之前就被取消，超過一半以上的專案超出原訂預算的190%，還有許多專案完成的時間都比預估的晚（*PM Network Magazine*, January

2001）。許多組織已經無法接受這麼高的專案失敗率。

種種專案的難題造成的結果，可以總結為以下「四大害」：

☐成本超出。
☐時間超過。
☐顧客不滿意。
☐人員流動率高且士氣低落。

目前，有效的專案管理解決方案，重點都放在以下幾項預期結果和成效上：

☐提升整個組織專案管理實務的成效。
☐建立有效的計分卡系統及投資報酬率實務。
☐為整個組織提供一個共通的實務和方法（語言），並在實務中建立主要的查核點。
☐確保專案與組織的各項策略和行動方案緊密結合。
☐建立一個不但願意而且能夠依據專案與組織策略的相關性，明智地決定該繼續或該放棄的管理文化。
☐對專案的有效執行及工作負荷管理實務精益求精。
☐提供各種工具強化及輔助一個有效流程的應用。
☐建立一種能在有限的資源中發揮效用且實際可行的管理文化。

有效執行專案管理三階段

專案管理的成本過高，都是肇因於缺乏或不良的專案管理實務。一旦專案經理意識到這個課題，就會採取解決措施。位於加

州諾瓦托，身兼專案顧問集團創辦人和顧問的羅伯·哈比，十多年來一直致力於協助各個組織執行專案管理解決方案。羅伯的有效專案管理（Effective PM™）流程，是將重點放在各個階段的發展上，也就是組織試圖解決關鍵議題的整個過程。羅伯把這個流程的三個階段稱之為「爬、走、跑」的方式。這個方式讓我們了解到，長遠的專案管理解決方案是無法在一個單一步驟的專案解決方案中執行的。這三個階段是：

□階段一——認知。
□階段二——接受。
□階段三——成效。

　　階段一的認知是指體認到組織需要採取行動。此種體認往往是這樣引發的：當某個小組人員或某人負責執行解決方案時，管理階層卻還不認為它是一個重要的策略行動方案。典型的解決方案可能是一種救急式的，譬如，或許是只讓幾個人接受軟體的訓練，或購買新的專案管理軟體但只零星的安裝在幾部電腦上。這個階段的典型結果是，在缺乏整合或大力支持下，只有零星的成功個案，而且往往因為工具太過複雜與整個組織在使用上缺乏一致性，造成很大的挫折感。

　　階段二的接受反映的是，除了「打代跑」方式之外（即階段一：認知），願意在發展更多的專案管理解決方案上下功夫。在這個階段，有些努力是成功的，但通常仍缺乏大力的支持及資金的挹注。典型的解決方案可能是找出一些內部的資源，並投注一點時間在流程和工具的開發上。基本上，結果是帶來一些好處，但仍只有幾個零星式的個人或團體成功。各部門之間仍然有很大的不一致，整個組織也仍有許多地方反對這套流程的存在。

計分卡

階段三是成效，此時已初步獲得高階管理階層的支持，組織也撥款推動這項行動方案，並投入專屬的內部資源。相關的知識已從外部的顧問轉移到內部的職員身上，並且展開訓練，員工的行為也因此有了大轉變。此階段的典型解決方案是，設立專案管理辦公室或是卓越中心（Centers for Excellence），組織的各項標準、流程及量身訂做的工具也在此時施行。基本上，這些小組成了專案尋求協助的「地方」，整個組織也開始普遍的接受。慣性反應開始建立；換言之，「……這就是我們這裡管理專案的方式」可能成為耳熟能詳的句子。

改變企業文化：
為專案管理解決方案做好準備

在考慮建立專案管理的文化時，有幾個很重要的策略問題：

☐ 有夠多的需要足以支持繼續地投入此項工作嗎？

☐ 所得的利益會大於付出的成本嗎？

☐ 誰會關心文化上的改變——不僅僅是這個月，而是在未來的一年、三年，甚至五年持續地關心？

☐ 會對組織造成什麼樣的長遠影響？

☐ 假如組織還沒有準備好，該如何準備好？

警語：心軟的人不適合！

早期的努力如果能夠成功，就可以獲得立即且豐碩的投資報酬率。即使是在專案管理問題極為嚴重的環境中，早期的成功仍有可能，而且若能持續地把焦點放在長遠的解決方案上，並努力

不懈，則投資報酬率將隨著時間而增加。

在企圖建立企業整體的專案管理成效的過程中，失敗的最大原因往往是來自於單純的抵制。越能了解抵制的原因，就越能把專案當成組織變革的行動方案，並成功的管理。

有些抵制來自於對改變的恐懼。組織中有許多人害怕會計責任，而且無法適應種種的流程和結構，一開始時或許會覺得他們的自由和創意受到限制。由於他們害怕專案管理會增加工作負荷，因此對支持專案管理成效往往猶豫不決；又或是因為資源有限，而不願意支持行動方案。

在大多數組織中，無法成功建立企業整體的專案管理成效的另一個因素是，其中存在著有效專案管理實務的最大敵人：經理人搞不清楚構想和專案有何不同。這些經理人或許因為沒有過濾系統，無法把重要的構想排在優先次序很低的專案構想之前，因此在無法清楚地闡明專案願景的情況之下，導致指派員工任務時含糊不清。此外，有些經理人可能會迫使專案從一開始就進入執行的階段，卻不知道專案需要什麼樣的資助，也不知道要花多少成本，以及相較於成本又會有多少的專案收益。他們也可能不知道目前有多少進行中的專案在爭奪有限的資源，而且在專案執行的階段可能會不斷改變構想和願景。更糟的是，他們可能以為只要不斷督促，就可以驅使員工及時地順利完成他鍾意的專案。這類的經理人會把組織搞得烏煙瘴氣，他一個人就可能浪費掉數百萬美元的寶貴資源，並氣走優秀的人才。一個容忍這類經理人作為的環境，並不適合這類的文化變革，而且永遠無法成功地採行有效的專案管理實務。

創造對適當及有效的專案管理實務的支持，本身就是一個專案。對組織內部的主要利害關係人提出問題，讓他們徹底了解專

案管理要面對的挑戰及關鍵議題，是為有效專案管理尋求支持的過程的第一步。接著，讓這些「客戶」共同參與擬訂建立一個更好環境的願景。因為有參與，才會接受。

不論規畫出來的解決方案是什麼，其成效取決於執行這些解決方案的人員；正所謂事在人為。假如解決方案對工作人員毫無助益，他們是不會採用的。假如工具很難懂、很難用，他們也不會採用。假使你能夠和組織的主要利害關係人建立夥伴關係，共同解決這些「熱點」的難題，成功就指日可待了。

有效的專案管理需要主要利害關係人的支持方能成效卓著，以下就是個好例子：某一組織在為專案管理的進行培訓工作之前，先為參與者做線上專案管理健康評估。蒐集有關目前專案管理碰到的各種挑戰的資料，這些資料對描繪組織內部目前環境的樣貌有極大的幫助，包括參與者對難以有效執行工作的沮喪感。每個專案管理課程都是由策略規畫執行副總裁拉開序幕，他開宗明義的說，建立一個成功的專案管理環境，可以為組織未來的三到五年增加三到七億美元的價值。這一宣布對於每個課程的參與者都會產生極大的衝擊，激起超乎尋常的興趣、投入及接受。其中的寓意是：為讓專案管理的培訓產生效果，這種「鼓舞士氣的談話」應該在所有的專案管理培訓課程中一再重複。

成功的專案經理人都明白，專案管理不善將導致高成本。他們非常清楚因專案管理不善所增加的成本是無法接受的，也知道一旦問題得以解決所獲得的潛在投資報酬率。他們明瞭有效專案管理流程的目的並非限制創意，而是要限制貿然的執行。他們欣然接受改變，而且會在整個專案進行期間遵照有效的專案管理流程來管理變更，並且運用「爬、走、跑」的方式，隨著專案的進行讓大家都能漸漸接受並持續改進。

專案管理解決方案

三種解決方案：流程、工具及培訓

曾經嘗試執行整體專案管理解決方案的組織，往往會因為過度專注於某種解決方案而宣告失敗。有些組織在建立流程時，並沒有準備好讓員工有效使用流程所必備的培訓和工具；有些組織則是準備好工具之後，就以為員工會自行搞清楚該如何使用；另外還有些組織提供了培訓課程，但整個組織對這些教材缺乏該有的了解以及支持。之所以要制訂出牽涉到三種不同類別的專案管理解決方案（即流程、工具和培訓），全是為了達成一個全面的解決方案。

流程解決方案

在某些組織中，每個小組、部門或個人，管理專案的做法都大不相同。有些組織建立的流程非常複雜，只有少數的專業人士才能有效運用。成功的關鍵在於，了解一個有效的專案管理方法是有效的解決方案必備的。所謂有效的專案管理方法指的是一個流程，不論(1)專案的範疇和規模，(2)專案使用的工具，以及(3)執行專案的人員，都能順利成功。一個一致性的流程提供的是可以重複使用的共通語言和方法，因而可以避免陷入一個常見的陷阱中：把每個新專案都當成從未做過的事。這套方法可以讓工作人員對於要完成的工作有清楚的認識，而且提供許多很清楚的查核點，就如同第二章提到的那套流程。

對於已經完成專案管理培訓課程的團員，要務之一就是確認他們在流程中的位置。而不偏離流程的最好方法之一是，有一份確認專案管理流程中每個步驟和項目的檢核表，以願景聲明為開

計分卡

始，以溝通流程結果的結論為結束。後面的章節中會討論到這類的檢核表。

軟體與科技工具

用於專案的各式工具差異性很大，從紙筆到精密複雜且昂貴的軟硬體都有。工具可以依據文化和環境、個人的工作方式和偏愛及成本，彈性的使用。工具存在的目的是為了幫助流程的執行，可以是很基本、很簡單的一般專案管理工具，也可以是針對某種業務上的需要量身訂製的精密複雜工具。

各種的軟體和科技工具差異性相當大，從供個人使用的專案管理軟體，到供整個產業使用的軟硬體，不但可同時針對多個專案的時間表及資源進行追蹤和管理，還可以讓主要的人員隨時從世界各個角落，利用網際網路的存取來查核專案的進度。軟體與科技工具的優點如下：

☐ 改善專案的規畫和溝通。
☐ 加快分析和報告方面的速度。
☐ 改進變革和更新計畫的能力。
☐ 提供「如果……，怎麼辦」情境沙盤推演的機會。
☐ 彙整資料，供整個組織查閱和分享。

這類工具的缺點是：

☐ 可能非常昂貴。
☐ 需要費力的學習曲線。
☐ 假如過於艱深，則沒有人會使用。
☐ 若使用者認為這類的工具對他們沒有任何的幫助，就不會有

專案管理解決方案

人願意使用。

□可能很快就過時。

假如工具產生的資訊無法化為員工每天的實際工作，即使是最精密複雜、最昂貴的科技工具都發揮不了效用。大多數員工通常都要同時面對多個專案的挑戰，與這些專案相關的資訊必須有效地運用在個人的規畫系統，否則，工作將永遠無法順利轉化成負責者的個人日常工作負荷。事實上，假如每個人連自己的時間和資訊都無法妥善管理，要成功的管理好專案根本是癡人說夢。

培訓解決方案

如果對如何應用流程和使用工具一無所知，也沒有經過訓練，則流程與工具可說是無用武之地。許多專案經理在歷經千辛萬苦後才學到這一點。拿那些以為只要有專案管理軟體，專案管理問題就可迎刃而解的專案經理來說，往往是他們購買了軟體，並安裝在每個人的電腦上後，就以為問題即解決了，而故事也就到此為止。

即使經過訓練，大多數人仍然會發現自己不太會使用軟體和其他的工具，原因在於培訓課程只專注於工具本身，課程沒有涵蓋一個健全的專案管理實務或流程。有效的培訓要能建立各種技能的方法，偶一為之並無法達成。

最有效的培訓方法是一種三合一法，包括事前準備、訓練及後續支援。事前準備可以幫助學生做好學習的準備；這類的培訓會依據學習者的需要及學習類型做設計；而後續的工作則是強化學習者在工作上表現出預期的行為。

為培訓做好準備

參與培訓的人需要知道訓練為什麼重要？對他們有什麼好處？對組織有什麼幫助？還記得先前提到有位客戶在每次課程一開始就會闡明，經過三到五年，專案管理的成功與否可能會造成三到七億美元的價值差異？這屬於事前評估流程的一部分，同時也在告訴這些參與培訓的人即將面對的挑戰。這類資訊可以讓受訓者以正確的方向迎接這些挑戰。不過，培訓的成效往往因人而異，好學者渴望學習，會學以致用；反之，不得不參加的人，則像個囚犯似的困坐愁城。

閱讀專案管理的輔助教材是很好的事前準備工作，像是何謂專案管理，如何完成以達成哪些成效，這些對培訓有很大的助益。這麼做不但可以引起學習興趣，還可以刺激受訓者在接受實際的培訓之前，思考這次培訓的重要性。事前的準備工作，可能也包括為參與培訓者準備好在整個培訓期間要做的個人專案功課。這些動作等於是在為精良的訓練做好準備。

培訓本身

培訓活動需要與受訓者的知識程度、工作環境及目前碰到的挑戰有關，而且應該考慮到各種學習方式，提供好的教材、適當的實例和實際的練習。

後續支援

要讓培訓造成行為上的改變，就必須在完成訓練後採取有效的後續行動。沒有後續行動，培訓中獲得的利益往往隨著時間而消失，這正是大多數培訓行動方案失敗的原因。員工已經慣於看

到各種行動方案來來去去。他們或許只會說「又一個？」練習與指導是必不可少的，而且要一直持續到受訓者的技能與知識臻於完美為止。目的是為了讓這些新的技能和工具，隨著時間深埋在腦中，並深入整個組織以獲得支持。換言之：「這就是我們管理專案的方式；不但應該這麼做到，而這也是我們的行事風格。」

最近我們造訪了一個組織，看到需要這類支援的活生生見證。在該組織中，有位女性工作人員對培訓課程中學到的技能特別興奮。課程結束後，她花了一整個週末的時間為某個專案繪製一份甘特圖，這原本是他的主管負責的。到星期一早上，她把圖表拿給主管看，結果該主管只瞄了一眼，就把它擱在辦公桌的角落。這不單是因為該主管看不懂甘特圖，他更把任何詳細說明任務職責，並附上他人的名字和日期之事，全當成一種威脅。不用說，她想繼續運用從培訓中學到的工具的滿腔熱情，被狠狠地潑了一頭冷水。

與這個故事相反的一個例子則是，有家公司設置一個「專案管理創新中心」，員工可以到那裡找受過訓練的指導者尋求專案方面的協助，而且可以個人或整個專案團隊的身分，安排一個量身打造的研習會。這個特別的組織還出版一份刊物，詳細刊載從真實的案例中獲得的啟發，並詳細刊載投資報酬高達數百萬美元的專案。該組織就這麼從爬行開始學習，歷經行走的階段，如今已是在學習跑步的歷程中！

要不斷的給予專案管理支持，有些關鍵的問題是有必要提出的，譬如：

☐有誰支持這套流程？
☐在組織中有哪些地方已經把優異的專案管理當成整體目標和

期望的一部分？有哪些地方可以讓個人在嘗試新技能、新工具和新知識時尋求支援和指導？

☐是否有現場指導的可能？

☐是否設有電話指導的機制？

☐督導者的行為舉止是否足以擔當良師和行為的模範？

☐督導者是否受過額外的訓練？

有許多時候的情況是，指導他人的督導者受訓的程度和屬下一樣，因此更進一步的專案管理訓練是必要的，而接受指導方面的技能訓練也是大有幫助的。其他的問題包括：

☐組織是否在內部設置一個「專案管理辦公室」，以提供協助？

☐是否具備網路支援？

☐對正負責某項專案任務的團隊，是否能夠提供及時的訓練，以協助他們將所學應用在實際的專案上？

對以上大多數問題回答「是」的組織，才是在推動有效專案管理的組織，其投資報酬率也將因此而提升。我們會在附錄中，詳細介紹亞培藥廠（Abbott Laboratories）實施有效專案管理文化的案例研究。

為專案管理成效四層面擬訂解決方案

另一個成功的關鍵是，要了解專案管理的成效是在四個層面發生的，即個人、人際、管理及組織，如圖3-1所示。

雖然解決方案可以在四個層面中的任何一個各自處理特定的

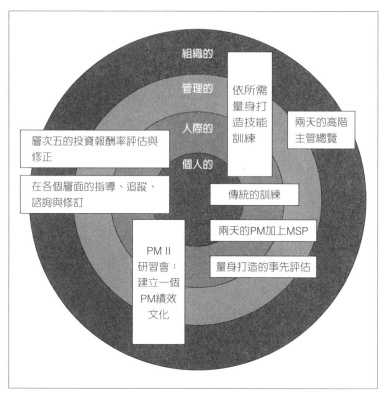

圖3-1 專案管理成效四層面（© 1999 Franklin Covey Co. Used with permission.）

問題，但是為了在整體文化中提供長遠的解決方案，因此解決方案必須能夠同時適用於四個層面。假如焦點是放在組織的變革行動方案上，關鍵就在於不能忽略其他形式的變革。忽略任何一個層面，很可能造成其他層面完成的工作功虧一匱。

還記得那個不懂甘特圖因而裹足不前的經理的故事嗎？其原因就出在這四個層面中有一個被忽略了。

計分卡

成功祕訣：同時由內而外和由外而內

由內而外

　　由內而外的訓練要從個人層面做起，目的在發展個人的技能、改變個人的行為。這類的訓練包括學習與使用某種的專案管理方法，各種的專案管理技能以及工具。可能也包括其他必要的技能，像是時間管理或溝通技巧。

　　接下來的層面是人際方面的技巧。影響這個層面的是個人在與他人共事，開始學以致用時。假如在同一個環境中的其他人，並沒有受過了解並支持所需的流程、技能及工具這些方面的訓練，那麼成效要超越個人層面就很困難了。在這個層面，可能比較有用的額外訓練是溝通、團隊的建立、建立信任感，或是協商談判。

　　然後是管理層面。當一些人學會所需的技能，並且能彼此支援時，這一群人就能夠在管理的層面影響其他人。然而在這個層面，除非能夠進行進一步的訓練，否則很難設定管理上的期望，指導他人，以及支持新技能、新工具和新流程的運用。進一步的訓練可能包括更高深的專案管理、會議管理，以及團隊和領導統御技能的訓練。這正是由外而內的方法極端重要的原因。

由外而內

　　這種方法是由組織層面開始。這需要得到高層主管的支持，因此他們必須了解當專案管理碰到挑戰時所需的成本，並承諾傾組織之力建立一個有效的專案管理文化。否則，即使個人和人際

的層面已有成效，並無法在整個的管理和組織層面造成顯著的改變。

就組織層面而言，最重要的是驅動專案管理流程的使命、願景及主要的價值觀。這可確保專案管理流程與組織策略一致，並選擇出適當的專案管理解決方案。同時，組織層面也是建立組織系統、結構及流程的地方，簡言之，也就是建立各式解決方案的環境。在這裡要問一個關鍵問題：組織內的系統、結構和流程是否支持組織想要的結果？

藉由這種由外而內支持整個管理層面的方法，可以立即建立起一個有效的專案管理環境。再加上更進一步的訓練，今日的經理人更有機會對流程設定明確的期望，具備各種可供使用的工具和報告程序，並且能夠提供指導和良師般的支援。而經理人在給予教授和指導的同時，也同樣獲得回報。經理人的責任是讓專案與策略一致，並把資源適度地分配給各個專案團隊。

專案管理辦公室

在組織層面上，也可以建立一個專案管理辦公室（Project Management Office, PMO）做為輔助，透過訓練指導及對專案和資源的仔細挑選與排程，以支援這樣的環境。專案管理辦公室對於建立學習型組織大有幫助，它能隨著時間的演進，持續地發展和改進該組織的專案管理文化。專案管理辦公室的存在與否，往往代表了那些隨著時間的演進成功地建立專案管理環境的組織，與那些只有小規模、有時甚至只是暫時成功個案的組織之間的差異。

專案管理辦公室的類型繁多，從提供少數服務的一人辦公

室，到發展完善能提供整個公司所有專案管理服務的專案管理辦公室（Block and Frame, 1998）。許多專案管理辦公室都運作得很有效率，並提供組織寶貴的服務。至於運作不良的專案管理辦公室，就只能當做組織內專案的守門人。

專案管理辦公室的目的，是透過有效地執行「適合」的專案，以支持組織的使命、願景、價值觀及策略行動方案。

一個有效的專案管理辦公室可以提供以下的服務：

☐監督專案的流程和方法。
☐訓練。
☐行政上的支援。
☐專案的排程。
☐資源管理。
☐一個能夠具體代表專案的辦公室。
☐專案檢討會議的協調。
☐專案文件。
☐協助投資報酬率的評估。

專案管理辦公室也可以提供：

☐指導、建議和訓練。
☐協助擬訂有效的願景聲明。
☐鼓勵追求高投資報酬率的專案。
☐協助專案計畫的擬訂。
☐協助多個專案之間的資源協調。
☐協助排程以及資源的取得。
☐對專案成本進行控制。

專案管理解決方案

專案管理辦公室成功的故事

亞利桑那CIGNA醫療中心的專案管理辦公室，協助員工把饒富創意的構想發展成獲得核准的專案。該專案管理辦公室以專案管理為主軸，定期協助員工對專案做出「做／不做」的決定。其責任是確保專案與CIGNA的策略目標一致：把專案管理和報告作業標準化，針對管理專案的複雜性提供一個行為準則，並且實施一種依照每個業務案來決定和監督專案的淨利益的方法。

這個專案管理辦公室體認到，能創造出成功專案的最佳構想往往來自於第一線員工。第一線員工的看法和想法與有權核准專案的高階管理階層通常並不一致。由於這類知識差異的影響，該專案管理辦公室為了幫助員工的專案構想受到管理階層的重視並獲得核准，特別發展出一套流程，包括構想的激發、專案管理辦公室的參與以協助業務案的發展、向中層和高層的管理階層提案以爭取核准，以及在整個努力的過程中全力支援。

專案管理辦公室的優點

只要組織內部能遵照一套清楚明確的專案管理流程，則即使一開始辦公室不夠完善，職員人數不多，依然有可能充分利用專案管理辦公室的功能。就某種程度而言，只要管理階層和員工都能依照這套方法和流程實務行事，就能夠達成。關鍵在於要有實施這套方法的共通語言、工具和訓練，尤其是在評估專案管理工作的成敗時特別重要。我們將在後面的章節中，對於做為有效評估之用的語言、種種的工具及方法做提綱挈領的概述，並計算專案管理改進工作的投資報酬率。

結語

　　本章檢視了用來解決專案管理挑戰的種種方法，也討論到在組織中建立一個有效的專案管理文化的課題。有效的專案管理牽涉到三種不同的解決方案：流程、工具和培訓。這三種解決方案都攸關成敗。而這些解決方案都應該提供整個組織一個共通的方法，確保專案與組織策略一致，提供工具和訓練以協助流程的運用，以及專注於有效的投資報酬率實務上。

　　另一個成功的關鍵是，了解專案管理的成效只發生在四個層面上：個人、人際、管理及組織。若要提供整個組織文化長遠的解決方案，專案管理流程就必須在這四個層面都得到支持。

　　許多的組織都因為設置了專案管理辦公室而受益匪淺，它的任務是透過有效地執行「適合」的專案，以支持組織的使命、願景、價值觀和策略行動方案。

參考書目

Block, Thomas R. and J. Davidson Frame. *The Project Office*. Crisp Publications, Inc. 1998.

第四章

專案管理計分卡

　　設有專案經理這個職位的組織越來越多，尤其是高科技業。高科技業之所以需要越來越多的專案經理，或許是因為科技常常需要許多擁有專業技術知識的人共同合作，也就是需要集合眾人之力完成共同的目標，單靠一個天才是不足以成事的。這種以團隊為基礎來管理科技的方式，往往必須有個專案經理負責。

　　然而，高科技業不是唯一需要更多高度技能的專案經理的產業。一般而言，管理專案需要許多跨產業的專業人士共同合作，儘管專案管理並非他們主要的工作職責。對所有的專案經理而言，不論負責的專案是重建、系統執行、協助員工發展、變更程序、購買新公司或開發新產品和服務，責任都是要提高成效。許多公司急欲尋找的專案經理人才，是具備可同時負責多項任務、達成結果並提升業務能力的人。不幸的是，客戶往往因為專案無法達到預期結果而感到失望，使客戶和該公司的專案經理雙方對專案的成果都感到沮喪。

　　雖然有人認為專案管理的專業人士是相當令人欽羨的職業，

但也有些認為這一行代表無數次的專案失敗。雖然專案經理面對的問題會隨著不同的產業和專案類型而不同，但總括來說，不出以下幾個類型：

- □績效責任不明。
- □形象不佳。
- □成本過高。
- □流程缺乏一貫性。
- □缺乏共通的工具組。
- □訓練不足。
- □角色與責任定義模糊。

以上每個問題都讓專案管理這個產業蒙上陰影，使得有些人對專案顧問的貢獻產生質疑。要解決這類的質疑，必須在一開始就針對目標做出明確的定義，並在整個執行階段進行可衡量的檢核，以確保專案的確以主要的結果為重心。以下例子說明專案管理流程在一開始就需要加以衡量的必要性。

一位德高望重的專案經理被要求接下某個軟體程式開發案的管理一職，該程式的開發將有助於該組織競爭力的增強。中階經理都把該專案經理的「上市時間」列為該專案的最優先事項——該軟體必須迅速開發出來。品質成為次要，而成本更「不是問題」。在擬訂好專案的願景聲明，規畫好整個專案之後，該專案經理提出預算估計。儘管多位中階經理通過這筆預算，組織的高層主管卻因為該專案提出的成本過高，而否決這筆預算，並且取消整個專案計畫。

計分卡

以上的例子浮現的問題之一是，該專案從一開始就缺乏明確的定義與著重的特定目標。雖然許多專案一開始時確實是建立了明確的定義，卻往往忽略用來處理關鍵問題、攸關成敗評估的可衡量目標。由於沒有把重心放在結果，往往使得專案連起步的機會都沒有。

在這個例子中，若能在最後與管理階層面談時做些預測評估，以確定可能的成功機會，或許能免於被主管階層否決的命運。事實上，不管是管理任何專案，都可以在幾個重要階段進行衡量與評估，以幫助專案不致於偏離目標。這正是專案管理計分卡的目的。在專案管理流程中，專案管理計分卡必須在某些關鍵時刻辨識出一些重要的衡量指標。一般而言，計分卡的衡量指標應該是在專案管理流程四步驟每個步驟結束時再開始。

本書所提到的各種工具和流程必須(1)能夠利用專案管理計分卡來實施，(2)確保專案解決方案能有正確的開始（也就是所謂的以終為始）；以及(3)務必強調結果，包括各種確保專案不致偏離軌道的回饋機制。一旦開始執行，計分卡將確保專案管理解決方案不但能夠達成結果，且結果都具有顯著的意義，並符合利害關係人的需要。

少了計分卡會怎樣？

專案管理績效責任制若有缺點，就可能出現以下的後果：

☐ **浪費資源**。當系統出現問題時，最嚴重的後果可能是寶貴的資金浪費在專案解決方案上。專案解決方案通常相當昂貴，尤其在規模較大的組織中，挹注專案的金額可能很龐大，而

且經常在沒有績效責任的狀況下一直增加。

☐ **浪費時間**。專案會吞噬員工的時間，需要數十名，有時甚至數百名的員工投入專案任務中，為專案解決方案提供資訊。之所以發生這樣的情況，是因為大都以為既有的員工可以用較低的成本提供所需的資訊。假如專案偏離目標，沒有產生結果，則所得只是浪費內部大量時間——那些原本可以用在許多重要且獲利活動上的時間——的經驗而已。

☐ **員工士氣低落**。專案對員工造成的這方面影響，與浪費時間是息息相關的。一個失敗的專案解決方案，可能會為專案團隊帶來士氣方面的問題。

☐ **前途受挫**。眾所皆知，對於那些擁護或支持問題叢生的專案的人而言，專案任務會導致他們前途黯淡。當管理階層發現相較於花出去的錢，公司回收的利益少得可憐時，參與該案的專案經理或團隊成員往往會失去他們的光環（有時甚至連差事都不保）。同樣的，在一個高度政治的環境中，那些抵制專案任務的人，往往也飽受對其前途的焦慮和失望之苦。

若能採取適當的措施，在流程一開始就讓專案經理負起重責大任，並且一直負責到底，那麼以上有關無效的專案管理引發的後果，有許多是可以避免的。這也正是專案管理計分卡扮演的角色。

建立專案管理計分卡的步驟

現在，關鍵問題來了：客戶如何確定專案經理確實是把重心放在結果上？事實上，客戶是坐在駕駛座上。客戶對於結果可以

要求、請求、指定，也可以期待。但這如何做到？以實際的基礎看，可藉由專注在幾個課題上來達成，包括以下幾個課題：

☐以前做過的專案中已經證明過的各項結果。

☐該專案保證會達成的各項結果。

☐特別指定的專案要件。

☐一開始就明顯把重點放在其上的各項結果。

☐需要詳細評估的議題，包括業務影響與工作績效的需求。

☐該專案的預測投資報酬率。

☐多層面專案目標的設定。

☐擬訂一個全面性評估計畫。

☐讓所有利害關係人對種種期望都清楚的了解。

☐在整個流程中提供回饋的方法。

☐發展專案管理計分卡的能力。

☐確定能把專案解決方案的影響分離出來的方法。

☐監督該專案長期影響的計畫。

以上的所有課題或許並不適合某個特定的專案解決方案，卻代表了從為專案做準備到正確的發展和適當的結構，以及達成所需與承諾的結果，所要考慮到的重要範疇。表4-1的檢核表可以幫助客戶決定專案專注的結果要達到何種程度。

讓專案經理擔負責任的訣竅

要遵照前面討論的種種步驟行事，這個流程可能就會變得很長，之所以如此，純粹是為了涵蓋多種專案狀況。小型專案所需的流程簡單許多，如此繁複的步驟可能會變成過度分析。當時間緊迫、資金不多或專案規模不大時，可考慮以下較簡化的步驟：

表4-1 如何確定你的專案經理專注於結果

	是	否
1. 你的專案經理是否可以拿出其他專案的成績?	☐	☐
2. 專案經理是否同意對結果做出保證?	☐	☐
3. 專案經理是否已仔細說明該專案的種種要求?	☐	☐
4. 從開始提案到早期的討論中,對結果是否有清楚的焦點?	☐	☐
5. 對該專案特有的業務影響和工作績效需求是否已進行仔細的分析和需求評估?	☐	☐
6. 是否有可能預測該專案實際的投資報酬率?	☐	☐
7. 是否已經為該專案設定好多層面的目標?	☐	☐
8. 是否已擬訂好一個評估計畫?	☐	☐
9. 是否已知道所有利害關係人的期望?	☐	☐
10. 是否有辦法定期提供回饋,以做為調整之用?	☐	☐
11. 專案經理是否能夠發展出專案管理計分卡?	☐	☐
12. 該專案經理是否能夠把專案解決方案對關鍵結果產生的影響分離出來?	☐	☐
13. 是否擬好了監督專案長期影響的計畫?	☐	☐

☐ 就業務衡量指標的期望角度(如產出、品質、成本和時間等)討論一些特定的結果,以及執行上的要求。

☐ 詳細說明所有當事人要求的特定需求、期望及最終成果。

☐ 就保證的概念或專案失敗的後果進行討論,以富創意的方式處理這個議題。

☐ 提供一個簡單的回饋機制給適當的人選(如主要的利害關係人),以便在專案執行和發展結果的期間做必要的調整。

☐ 如果無法建立一個完整的專案管理計分卡,就盡可能以執行、影響與投資報酬的角度衡量專案的成敗。這麼做可以為將來的專案提供絕佳的資訊。

雖然這些簡捷步驟所產生的專案相關資料相當有限，但是當範圍更廣泛的方式不可行時，它們也確實提供相當重要的資訊。

初步評估資訊

正如圖4-1所示，專案管理計分卡的模式提供一套系統化方法，評估及計算專案解決方案的投資報酬率。一種step-by-step的方法，讓流程變得可以管理，如此一來，使用者就可以一次處理一個問題。這套模式也特別強調這是個合乎邏輯、系統化的流程，必須按部就班。同時，要了解軟性資料（即難以量化的資料）和硬性資料（即容易量化的資料），這兩者對於專案管理計分卡都十分重要。雖然有些人比較喜歡從客戶或顧客身上直接獲取資料，有些人則比較喜歡著重於產出、品質、成本和時間這類的硬性資料，而專案管理計分卡在蒐集資料方面則是兩者並重。這種平衡的方式似乎是評估專案管理最有效的方法。

應用圖4-1的模式，在評估各個專案時就能具備一致性。本章將簡短地描述專案管理計分卡模式的每個步驟。表4-2所示的是，專案經理在使用計分卡時會發生的典型事件的順序。

專案評估的目的

進行正式的評估規畫流程之前，有四項重要議題必須闡明：

1. 評估的目的。
2. 評估的層面。
3. 資料蒐集的工具。
4. 評估的時機。

專案管理計分卡

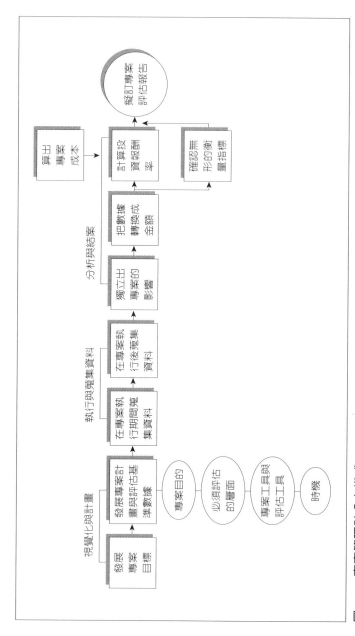

圖 4-1　專案管理計分卡模式（Adapted from Phillips, J., Stone, R., and Phillips, P. *The Human Resources Scorecard: Measuring the Return on Investment.* Boston: Butterworth-Heinemann, 2001.）

表4-2　使用專案和計分卡時事件的基本順序

視覺化與計畫
□訪談主要的利害關係人。
□制訂專案目標。
□撰寫願景聲明。
□確保所有當事人對最終的結果有相同的願景。

計畫
□相互討論並確定三大限制的優先順序。
□對熱點加以探討與管理。
□擬訂各項評估計畫，並蒐集基準數據（完成資料蒐集計畫）。
□把專案及評估細分成可以管理的單位。
□把專案及評估輸入挑選好的專案管理排程工具中。
□確定專案任務的工期。
□確定各項任務之間的關係。
□決定資源及預算。
□決定做或不做。

執行與蒐集資料
□專案開始進行。
□在專案執行期間繼續蒐集資料。
□管理專案的工作負荷。
□針對專案的里程碑進行溝通。
□針對專案的變更進行管理。

結案
□完成專案所有主要的任務。
□在結案後的預定時間之內蒐集資料。
□把專案解決方案的影響分離出來。
□把資料轉換成金額。
□找出各項無形的衡量指標。
□算出專案的所有成本。
□計算投資報酬率。
□擬訂專案評估報告。
□將計畫呈交管理階層。

專案評估有幾個特有的目的。專案評估應該：

☐確定專案管理解決方案是否正在朝達成目標前進。

☐找出專案管理流程中的優缺點。

☐將成本與專案管理解決方案的財務利益做比較。

☐對將來各項行銷專案的幫助。

☐建立一個重要專案衡量指標的資料庫。

雖然評估的目的不只這些，但它們是最重要的（Phillips, *Handbook of Training and Development*, 1997）。在擬訂專案評估計畫之前，就應該先考慮到評估的目的，因為這些目的往往決定了評估的範圍、使用的工具種類及蒐集資料的種類。譬如，當投資報酬率的計算已經列入計畫之中，其中的一個目的將是比較成本與專案的利益。這個目的又牽涉到蒐集資料的種類、蒐集資料的種種方法、分析的方式，以及各種結果的溝通方法。多重的評估目的是大多數專案追求的（本章的後半段將針對某些特定的方法和工具討論）。

評估的各個層面

就評估的準則而言，通常專案應該至少有五個不同的評估層面。唐諾·葛科派崔克（Donald Kirkpatrick）是第一個發展出投資報酬率評估四層面的人，傑克·菲利浦（Jack J. Phillips）則是提出第五個投資報酬率評估層面的人（*Return on the Investment*, 1997），這正是本書的重點所在。在最初的四個層面，是將資料的蒐集和分析等等的計畫納入其中，並盡可能地計算投資報酬率（各個層面），這對專案管理的評估相當重要。雖然有證據顯示，

計分卡

有些層面之間有所關聯，但是這樣的關係並非一定存在（Warr, Allan, and Birdi, 1999; Alliger and Tannenbaum, 1997）。因此，在每個層面評估的資料都會產生必要的資訊，讓我們能一窺成功的全貌。這五個評估的層面包括：

□層次一：衡量專案管理解決方案所獲得的反應、滿意度及規畫好的活動。
□層次二：衡量解決方案對必要的知識與技能造成的改變。
□層次三：對專案管理解決方案的應用與執行進行評估。
□層次四：找出專案管理解決方案對業務造成的影響。
□層次五：計算解決方案的投資報酬率。

假使預訂的計畫是要做投資報酬率分析，則在層次一到層次四中都應該蒐集資料。如此一來可以確切知道，專案團隊成員學習新的技能和知識、學以致用及影響業務績效時，所產生的連鎖衝擊。然而，還有一件事必須謹記：評估基本上無法超越專案中註明的各種目標的層面，進入更高層面的評估。因此，每個專案目標都應該針對這五個層面可能產生的結果加以註明：工作人員對專案解決方案應該有什麼樣的反應，以及打算如何運用所學的各項技能和知識（層次一），一直到預期在執行專案管理解決方案可能獲得的投資報酬率（層次五）。

評估工具

用來蒐集各種專案相關資料的工具有許多種。在專案評估規畫的初期，就應該考慮用哪些適合的工具。以下是最常見的八種工具：

專案管理計分卡

1. 調查。
2. 問卷。
3. 訪談。
4. 焦點團體。
5. 甘特圖。
6. 預算工作表。
7. 績效記錄表。
8. 專案管理軟體。

　　唯有最適合該組織文化、該環境及評估需求的工具，才是整個資料蒐集流程該使用的工具。有關如何將工具運用在資料蒐集的計畫中，稍後會討論。

評估的時機

　　蒐集資料的時機是專案評估計畫另一個重要的面向。在某些的案例中，實施專案之前採用的衡量標準會用來與事後的衡量標準比較；某些專案則採用多重的衡量標準；有些則是無法取得專案實施前的衡量標準，但是在專案結束後仍採取一些特定的後續追蹤行動。這個部分的重要課題是，決定後續追蹤評估的時機。後續追蹤評估的時機應該與專案管理的完成及專案顯現成果所需的時間一致。

　　譬如，假設某項重大變革的行動方案，不只影響到流程，對員工的理念和思維也都會產生影響。在擬妥新的使命、願景及價值觀聲明之後，企業內部的文化得花上好幾個月的時間才能真正地整合完成；而且非得等到這個變革行動方案發生某些效應後，才能進行評估。然而，進行評估的時間又不能離變革行動方案的

執行時間太遠，因為新的企業文化可能很快就會被遺忘。

另一個例子是，一個重大的生產專案造成作業上的改變，獲得結果的時間可能比前面變革行動方案的例子來得短。生產作業上的改變可能變成固定要在三十天內完成專案。因此，以將近三十天做為一個時段進行評估是可行的。以上兩個例子說明，專案後續追蹤的評估時機完全取決於專案管理的性質，其間的差異可能很大。

評估專案、選擇資料蒐集的方法和擬訂資料蒐集的計畫時，必須考慮評估四大要素：目的、層面、工具及時機，缺一不可。

評估規畫

盡早規畫是評估流程成功的關鍵所在。若能在一開始時就多用點心，會讓之後的資料蒐集和分析節省許多時間，進而提高精確度與降低評估成本，同時也可以避免搞不清楚即將完成的事項該由誰完成、何時完成等事項。其中有兩份規畫文件是早期分析的關鍵，應該在執行專案之前完成：資料蒐集計畫及投資報酬率分析計畫。

資料蒐集計畫

圖4-2顯示的是一份完整的資料蒐集計畫，包含評估一項專案管理解決方案所需的資訊。該專案是為某大型製造商的工程部門設計的。照理說，工程師應該待在工作現場，隨時回應問題，並處理那些需要大型專案解決的生產延遲的問題。解決方案由三個受過專案管理訓練的小組做為計算投資報酬率的指導員。

這份文件闡明，五個評估層面在資料蒐集方面的要素及問

層面	目標	衡量指標／資料	資料蒐集方法／工具	資料來源	時機	負責人
1	反應／滿意度反規畫活動 ● 正面反應 ● 改進的建議 ● 完成行動計畫	● 在反應尺度上的4/5	● 專案結束時的問卷調查	● 專案團隊 ● 製造人員 ● 工程師	● 專案結束後第一個月月底	● 專案經理
2	學習 ● 學到技能 ● 了解流程	● 學習評鑑的滿意分數	● 學習評鑑	● 工程師	● 專案開始執行後的第一個月月底	● 專案經理
3	應用／執行 ● 在整個專案執行期間運用所學得的技能	● 各種技能的使用頻率	● 後續追蹤問卷	● 工程師 ● 經理	● 專案開始後的第四個月	● 專案經理
4	業務影響 ● 提高生產率	● 每條生產線每週的產量	● 追蹤問卷調查 ● 績效監督	● 工程師 ● 經理 ● 公司記錄	● 專案開始後的頭三個月	● 專案經理
5	投資報酬率 ● 25%投資報酬率	基準數據： 意見：				

圖4-2　產品製造延遲專案的資料蒐集計畫

計分卡

題。粗體字部分代表規畫的種種目標；更特定詳細的目標則留待稍後的執行專案之前再擬訂。層次一的目標通常包括對專案的正面反應，以及種種規畫好應該由參與者做的活動。假使執行的是像圖4-2中的例子一樣的新專案，則可能包括其他項目，像是提議的專案變更。反應資料的蒐集通常是由專案經理或主要執行引導員負責。

層次二的評估重點放在學習的衡量指標上。特定目標包括預期哪些專案團隊成員會交換知識、技能或態度。評估的方法則是以某種特定方法做為學習的評鑑，像是測驗、模擬、技巧、練習或引領員的評價等等。層次二的評估時機通常是在專案進行期間或結束時，而且通常都是由專案經理負責。

層次三的評估，目標則代表了專案執行的眾多範疇，包括重大的在職活動。評估方法包括稍後會提到的各種計畫方法中的一個，而且通常是在專案完成後的幾個星期或幾個月才進行的。由於專案的責任常是好幾個小組共同分擔，包括專案團隊、部門培訓師或區域經理，因此在流程的初期就釐清這個議題是非常重要的。

第四個評估層面的目標重點放在受到專案影響的各項業務影響變數。目標可能包括衡量每個事項的方法。譬如，假設其中的一個目標是提升品質，衡量指標之一就是如何確實地衡量品質，像是每一千個產品的不良率。雖然績效監督（performance monitoring）或檔案分析（file analysis）是比較受歡迎的評估法，但是其他方法，如行動規畫（action planning）卻可能更適合。

至於進行層次四評估的時機，則取決於專案團隊的成員在造成持續的業務影響這方面的速度有多快。這通常是專案執行數個月之後才開始進行。負責層次四評估的資料蒐集可能包括整個專

計畫／專案：製造生產的延遲　　　　　　　　　　負責人：專案經理　　　　　　　　日期：

資料項目（通常是層次四）	獨立出專案影響的方法	把資料轉換成金額的方法	專案成本類別	無形的利益	結案報告的溝通對象	在應用期間的其他影響／問題	意見
每條生產線 每週的產量	● 控制組 ● 專案解決方案的執行與前一個專案相比較的趨勢線	● 標準價值：每條生產線每件產品的成本	● 專案經理人事費用 ● 專案團隊人事費用 ● 專案必備的材料 ● 培訓費用 ● 參與者的薪資／福利 ● 評估的成本	● 顧客滿意度 ● 員工滿意度 ● 生產團隊彼此越信任越好	● 專案團隊的成員 ● 各部門經理 ● 製造部經理 ● 高階主管 ● 培訓人員	● 在受訓期間一定要有工作範圍 ● 不能與控制組進行溝通 ● 應該避免季節性波動	

圖 4-3　產品製造延遲專案的投資報酬率分析

計分卡

案團隊、其組長、部門訓練協調員，甚至可能包括一位外部評鑑者。

層次五的評估目標，則是把層次四的各項預測結果與專案的各項執行預測成本做比較，訂出一個用百分比表示的目標（或是根據過去其他投資的投資報酬率設定一個特定的投資報酬率值，做為層次五的目標）。這個目標代表從層次四的結果和改進中獲得的一定比例的金額，特別是指在扣除專案的成本後回收的金額。在這個階段無需蒐集其他額外的資料；然而，在整個評估規畫流程中，對投資報酬率的分析進行規畫則是另一個重要的步驟，下一節會就這個部分詳細說明。

資料蒐集計畫是評估策略中非常重要的一環，而且應該在執行專案之前完成。對於進行中的專案，則計畫應該在尋求投資報酬率評估解決方案之前完成。這套計畫為應該蒐集何種資料、如何蒐集、何時蒐集及由誰蒐集等，提供一個明確的方向。

投資報酬率分析計畫

圖4-3顯示的，是根據稍早提到的那項專案所做的完整投資報酬率分析。這份規畫文件是圖4-2資料蒐集計畫的延伸，並包含進行實際投資報酬率的計算不可或缺的一些重要事項的資料。第一個欄位列出幾個重要的資料項目——通常是層次四的，但是在某些情況下，可能包括層次三的，這些項目都會用於投資報酬率的分析中。第二個欄位中的每個資料項目旁邊都列舉獨立出種種專案管理解決方案影響的方法。大多數的情況是，每個資料項目的方法是一樣的，但其間可能會有些差異。第三個欄位是把資料轉換成金額，使用的策略是下一章會討論到的十大策略之一。

第四欄則略述專案的成本類別，這裡會註明有哪些成本應該按比例分配。除非專案具有特別不一樣的成本類別，否則成本類別應該幾乎都一樣。在圖4-3這個案例中，那個不一樣的成本則是與其他成本並列。第五欄則是列舉預期會從這個專案獲得的無形利益。這份清單是與專案贊助者、主題專家（subject matter experts）以及其他主要利害關係人討論出來的結果。無形的利益就是尚未轉換成金額的利益，也就是層次四的衡量指標（即第一欄列舉的資料項目）。

第六欄列舉的是溝通對象。有許多小組會收到這份資料，而其中有四個目標小組是絕不可少的：

□高階管理小組。
□專案團隊的主管。
□專案管理團隊。
□培訓與開發人員。

以上四個小組都必須知道投資報酬率分析的結果。

第七個欄位要凸顯其他可能影響到專案執行的問題或事件。典型的項目包括專案團隊成員的能力、取得資料來源的程度，以及獨特的資料分析議題。

資料蒐集計畫再加上投資報酬率分析計畫，不但提供計算投資報酬率所需的詳細資料，也說明了整個流程從頭到尾是如何發展的。而當整個專案流程完成時，這兩個計畫又提供了實施專案管理計分卡所需要的方向。

蒐集專案資料

資料蒐集是有效實施專案管理計分卡不可或缺的。在某些情

況下會蒐集專案結束後的資料，然後與計畫前的情況、控制組的差異及預期做比較。其中產出、品質、成本與時間這類的資料屬於硬性資料；而較常蒐集的軟性資料則包括工作習慣、工作氛圍和態度。蒐集資料的方法有許多種，包括：

□ 採取**追蹤調查**以確定專案團隊成員在各方面對專案解決方案的利用程度。調查會在專案解決方案實行之後立即進行，以評估成員對專案解決方案及重點學習的反應和滿意度。調查所得的反應經常展現在一個浮動區間上，而且通常會用來做為態度方面的資料。這類的調查對層次一到三的資料特別有幫助。

□ **追蹤問卷**用來找出會受到專案解決方案影響的技能應用。專案團隊成員要對各種無限制的方式以及強迫回答的問題予以做答，提供有關新技能和知識應用的程度及應用後的結果這類的關鍵資料。這些問卷可以用來獲取層次一到四的資料。

□ **工作上的觀察**可用在碰到為了部署新系統而進行的專案上，以獲取技能應用或系統效能實際狀況的資料。觀察法對於評估團隊成員的努力及專案組長激勵和領導他人的能力特別有用；若觀察者能夠不被看見或是恍如透明人，就更具成效。觀察法適用於層次三的資料蒐集。

□ **執行後的訪談**針對的是專案團隊成員，以確定他們學以致用的程度。訪談可針對某些特定的應用做進一步的發現，適用於層次三的資料蒐集。訪談也可用來確定專案領導人在滿足主要專案利害關係人的需求這方面是否成功。這類的資料對於專案管理種種努力的成敗評斷，以及是否值得，一直是非常重要的。

專案管理計分卡

□**焦點團體**可用來確認該專案使某群專案團隊成員工作更具效率的程度。焦點團體適用於層次三的資料蒐集，並可用來確定利害關係人的需求是否已得到滿足。

□**專案任務或行動計畫**對簡單且短期的專案特別有用。專案團隊成員正好運用在專案訓練中獲得的技能和知識，來完成工作上的任務或行動計畫。所完成的任務大都可同時包含層次三、四所需的資料。

□**績效契約**是由專案團隊成員、其組長以及專案經理共同擬訂的。這些人對績效的期望與是否成功達成這些期望的確定都有所共識。績效契約適用於層次三、四的資料蒐集。

□**後續追蹤會議或革新會議**（follow-up or renewal sessions）可以用來獲取評估資料及顯示其他的學習教材，對某些專案特別有用。通常，後續追蹤會議會安排在一些專案里程碑時進行，慶祝會就是其中的一個。專案團隊成員會在後續追蹤會議中討論專案的成功之處。後續追蹤會議適合層次三、四的資料蒐集。

□**績效監督或檔案分析**用來對各種績效記錄和營運資料進行檢視，以做為工程改善之用，非常有效。這套方法對層次四的資料蒐集特別有用。在組織的一般日常營運系統和檔案中，往往可以發現這方面的資料，因此有時指的就是檔案分析。

□**甘特圖或專案時間表**屬於視覺導向，顯示的是任務與時間的關係。這些圖表大都由亨利・甘特（Henry Gantt）在十九世紀初發明的，目的是為了幫助管理某些早期工業的專案。這些圖表都是很容易使用的工具，提供的是有關專案的視覺性資訊。可以讓參與專案的每個人，對專案的結案時間及各任務之間的相互關係和相依性都很清楚，非常有價值。有時，

計分卡

複雜度較高的甘特圖又稱為計畫評核術（Program Evaluation Review Technique, PERT）圖表。這類圖表的最主要優點是，對於專案所需的工作時間提供一個視覺化資訊。將整個專案繪製成甘特圖，即可看出專案計畫中的哪些部分進度落後會造成極高的成本，或是哪些資源或技術上的變更會非常耗時耗錢。把計畫的時間表與實際的時間表做比較，可當成衡量專案管理成敗的主要指標。錯過截止日期，資源的增減以及花在每個任務上的時間等的百分比，都是用來衡量專案管理成敗的重要指標。已有許多人利用像是Microsoft Project之類的軟體程式，幫助他們進行這類的專案管理及衡量標準。

☐ **預算工作表**有時候會被納入專案時間表（即甘特圖）眾多的欄位中，有時候則另外單獨製作。基本上，圖表中的這些欄位作用大都為了預測每個與專案有關的主要和次要任務的執行成本，以及任務完成後的實際成本。這些圖表可以讓專案經理對專案進行更動，以維持在預定的成本結構或預算內。通常，專案任務完成後的成本，往往比預估的高出許多；而符合預算要求，是衡量專案管理成敗的一個主要指標。

不論是用何種方法蒐集資料，資料蒐集的重要挑戰是，在組織對時間和預算的種種限制之下，選擇某個或某些適合該環境及管理特定專案的方法。我們將在下面的幾章，針對資料蒐集的種種方法進行更詳盡的探討。

把專案管理解決方案的種種影響分離出來

把專案管理解決方案影響分離出來的流程，是專案評估中常

常被忽略的議題。在整個流程的這個階段中，要探討的是某些特定策略，以確定與專案管理解決方案有直接關係的績效提升數量。這個步驟之所以重要，是因為專案在執行之後會有許多的因素影響到績效的數據。這個步驟中的一些特定策略，會指出與專案有直接關聯的改善幅度，並進一步增加投資報酬率計算的精確度與可信度。以下是許多組織處理此一重要議題的種種策略：

□ 安排一個控制組把解決方案的影響分離出來。讓某個小組參與專案解決方案，另一個類似的小組則完全不涉及專案解決方案。在其他的因素和條件都受到控制且兩組極為相似的情況下，這兩組在績效上的差異就可完全確定是因為該專案的關係。只要安排和實施得宜，控制組的安排可說是把專案管理解決方案影響分離出來的最有效方法。

□ 若要預測在不採用某個解決方案的情況下，過一段時間之後某些特定資料點的價值，運用趨勢線和預測是不錯的方法。這個預測會與專案執行之後的實際資料做比較，其間的差異則代表解決方案影響的預估。在某些特定的情況下，這個策略可以正確地把專案解決方案的影響分離出來。

□ 由專案團隊成員估算與專案解決方案相關的改進數量。由成員以專案開始前及結束後為基礎，提供的所有改進的數量，並要求他們提供真正與專案解決方案相關的改進百分比。

□ 由專案團隊的組長預估專案解決方案對產出變數的影響。由這些組長提出所有改進的數量，並要求他們提供與專案解決方案相關的百分比。

□ 由高階管理階層預估專案解決方案的影響。在這種情況下，經理會提供一個估計值或是「調整」，以反映與專案解決方

案相關的改進比例。雖然數值或許不很精確，但好處是，讓高階管理階層有機會參與這個流程。

☐由專家提供專案解決方案影響績效變數的預估。由於這類的估計是根據以往的經驗，因此這些專家必須對正在進行的改進類型及其特定的情況很熟悉。

☐若是可能，盡量確認出其他的影響因素，並估計或計算其影響，然後把其他原因不明的改進全部歸功於專案解決方案。在這種情況下，其他所有的影響因素都估算進去了，而專案解決方案成了分析中唯一沒有計算到的變數。因此可以把無法解釋的產出部分歸功於專案解決方案。

☐某些情況是，由顧客提供專案解決方案對他們決定是否使用某項產品或服務的影響力。雖然這項策略在應用上有諸多限制，對專案管理的評估卻極為有用，因為顧客往往是專案的主要利害關係人之一。

整體而言，這些策略提供一組各式各樣的工具，來處理獨立出專案解決方案的影響這個重要且關鍵的問題。

把資料轉換成金額

要評估層次五投資報酬率，就得把層次四評估蒐集到的資料轉換成金額，然後與專案解決方案的成本比較。也就是必須盡可能地把每個與專案有關的資料單位轉換成一個價值。把資料轉換成金額的策略有十種；要挑選哪一種，通常取決於資料的種類與專案的情況：

1. 把產出資料轉換成利潤貢獻或成本節省。在這項策略中，增加的產出根據其對利潤的單位貢獻或對成本節省的單

位，轉換成金額。大多數組織已經具備這類的數值。

2. 把經過計算所得的品質成本及品質改善，直接轉換成成本節省。許多組織都具備了這類的數值。

3. 對可以節省員工時間的計畫，專案團隊成員的薪資和福利可當成時間的價值。這是因為許多計畫在要求完成專案、流程或日常作業時，都把焦點放在時間的改進上，因此時間價值就成了專案管理一個不可或缺的議題。

4. 若能取得過去的成本記錄，就可把它當成一個特定的變數。這麼一來，組織的成本資料可以用來建立某項改進的特定值。

5. 如果有可能，不妨聘請內部和外部專家估計某項改進的價值。在這樣的情況下，估計的可信度就端賴這些專家個人的專業知識和聲望了。

6. 有時可以藉由外部資料庫來估計資料項目的價值或成本。研究機構、政府機關及產業界的資料庫，都可以提供這類重要資訊。困難點在於找到一個適合於該特定情況的資料庫。

7. 由專案團隊成員估計資料項目的價值。要使這套方法發揮效力，成員必須能夠提供種種改進的價值。

8. 當專案團隊的組長願意且有能力把各種價值歸屬於改進，就可以由他們提供各項估計。當專案團隊成員無法充分提供這類的資料，或主管需要確認或調整成員的估計時，這套方法特別有用。

9. 或許可以由高階管理團隊提供某項改進的預估價值。這套方法對於建立各種績效衡量指標的價值特別有用，而這對高階管理團隊來說是非常重要的。

計分卡

10. 人力資源部門人員的估計，或許可用來決定某項產出資料項目的價值。在這類的情況下，他們的估計是否客觀就很重要了。

要決定從某項專案管理解決方案中能獲得多少的金錢利益，把資料轉換成金額就絕對必要。整個流程充滿挑戰，尤其是軟性資料，但只要採用上述一個或是多個策略，按照方法執行，就能達成。

專案管理解決方案成本的表列

表列成本牽涉到專案解決方案中，針對投資報酬率計算的所有相關成本之監督或發展。這些相關的成本項目應該包括：

□設計及發展專案解決方案的成本，大致上是按照專案解決方案的期望壽命平均分配。

□提供給每個人專案解決方案之必備材料的所有成本。

□聘用提供專案解決方案之相關訓練的講師／引領員的成本，準備期間與教授期間的成本都應包括在內。

□任何協助推動專案解決方案的特殊成本。

□所有參加專案管理會議和培訓的專案團隊成員的薪資和員工福利。

□專案管理以及培訓任務的行政和間接成本，其分配方式通常以方便性為最大考量。

此外，如果合適，還應該包括與需求評估和評鑑相關的特定成本。比較保守的做法是，把這些成本全部納入。

專案管理計分卡

計算投資報酬率

投資報酬率是利用專案解決方案的利益與解決方案的成本來算的。本益比（benefits/cost ratio, BCR）就是用金錢利益除以成本。公式如下：

$$本益比 = \frac{專案解決方案之金錢利益}{專案解決方案之成本}$$

有時，這個比率也以成本／利益比（cost/benefit ratio）表示，不過公式和本益比一樣。

投資報酬率則是用解決方案之淨利益除以專案解決方案之成本。所謂的淨利益是用金錢的利益減去成本。公式如下：

$$投資報酬率（\%）= \frac{專案解決方案之淨金錢利益}{專案解決方案之成本} \times 100$$

這也是用來評估其他各項投資的基本公式，傳統上，投資報酬率的算法是用收入除以投資。

確認無形的利益

除了有形的金錢利益之外，大多數專案解決方案也具有許多無形的非金錢利益。投資報酬率的計算基礎是把硬性和軟性資料轉換成金錢價值；無形的利益則可能包括以下幾個項目：

☐對工作的滿意度越來越高。

☐對組織的承諾感越來越高。

☐團隊合作越來越好。

計分卡

☐對顧客的服務越來越好。

☐抱怨越來越少。

☐衝突越來越少。

在資料的分析期間，每個動作都是要把所有資料轉換成金錢價值。所有的硬性資料，如產出、品質和時間都要轉換成金額；而軟性資料的每個項目，也都要盡可能轉換成金額。然而，假如用來轉換的流程過於主觀或不夠精確，將使所得的數值喪失可信度，此時不妨對資料做適當的解釋，列為一種無形的利益。對某些專案解決方案而言，一些非金錢的無形利益特別有價值，影響力往往不輸硬性資料項目。

執行的議題

各種環保議題和事件都攸關專案管理計分卡的成敗。因此，必須及早處理這些問題，以確保專案管理計分卡的整個流程順利成功。其中包括一些特定的主題或行動：

☐一份關於以結果為導向的專案政策聲明。

☐針對各種評估流程中的各個要素和技術，制訂程序與準則。

☐籌組各項會議及正式課程，開發員工在專案管理計分卡流程上的技巧。

☐運用各種策略改善管理階層對專案管理計分卡的承諾與支持。

☐建立各種提供問卷設計、資料分析及評估策略等技術支援的機制。

☐運用各種特殊的技術，更專心致力在結果上。

這些執行方面的課題，攸關專案管理計分卡流程的成敗。

結語

運用專案管理計分卡流程模式計算專案解決方案的投資報酬率，是本章的主題。這套step-by-step的流程，把評估專案成效和投資報酬率的計算這類複雜的議題，劃分成簡單且可管理的任務和步驟。一旦流程能周詳的計畫，並考慮到所有可能的策略和技術時，這套流程不但變得可以管理，而且可達成。

參考書目

Alliger, G., and Tannenbaum, S.I. "A Meta-analysis of the Relations Among Training Criteria." *Personnel Psychology,* 1997;50(2):341–358.

Kirkpatrick, Donald L. *Evaluating Training Programs: The Four Levels.* San Francisco: Berrett-Koehler Publishers, Inc., 1996.

Phillips, J.J. *Handbook of Training Evaluation and Measurement Methods*, 3rd ed. Boston: Butterworth-Heinemann, previously published by Gulf Publishing, 1997.

Phillips, J.J. *Return on Investment in Training and Performance Improvement Programs.* Boston: Butterworth-Heinemann, previously published by Gulf Publishing, 1997.

Warr, P., Allan, C., and Birdi, K. "Predicting Three Levels of Training Outcomes. *Journal of Occupational and Organizational Psychology,* 1999;72:351–375.

第二篇

七大衡量指標

第五章

如何衡量反應與滿意度

　　各種反應與滿意的衡量指標,在專案管理計分卡中扮演非常重要的角色。在規畫和說明專案,以及與利害關係人溝通時,有關反應與滿意度的確實想法和感覺,都是靠這些衡量指標來界定的。專案管理解決方案之所以常常偏離目標、無法圓滿達成,是因為整個專案管理循環的各個步驟中,充斥著種種不適當的期待與滿意度的標準。因此,任何專案解決方案若想成功,必須讓各個利害關係人有良好的反應,至少不要出現負面的反應。同樣的,這些衡量指標可以顯示利害關係人在專案執行後計畫採取的行動,提供所學到的技能和知識的一些應用指標。

　　理想上,利害關係人應該會對專案感到滿意——尤其是有效的專案會為每位利害關係人提供雙贏的局面。同樣的,一個有效率的專案經理也了解,讓每位利害關係人都滿意是非常重要的。這裡所謂的利害關係人是指那些直接參與規畫、執行或使用專案的人士。有時,利害關係人可能是指工作上直接受到專案影響的員工,或是那些積極想改進屬下工作流程的主管。既然利害關係

人對專案的參與及支持的程度是專案成功的關鍵，專案經理是否清楚每位利害關係人對專案的反應和滿意度就極為重要了。以下就是一個很好的例證。

一位大藥廠業務團隊的資訊長（CIO），計畫進行一項加速傳達資訊給現場銷售代表的專案。簡單的說，他想幫每一位現場銷售代表安裝一條高速的網路線，以縮短銷售人員做業務展示時下載產品資訊的時間。這些銷售代表靠的就是他們在每個產品展示中提供的資訊，而產品資訊又幾乎是每天更新。估計安裝這些系統的成本高達五百萬美元。

資訊長認為這項投資是個高明的決定，理由如下：第一，他覺得銷售代表會因為電腦下載產品資訊的速度加快而節省許多時間。這是該專案所要的成果，而且幾乎所有利害關係人也都反應良好，節省時間不但可以增加生產力，銷售代表還可以利用省下的時間進行更多的業務拓展。第二，他覺得技術的改進會增加銷售代表對工作的滿意度，因為他們再也不必因花太多時間下載即時的產品資訊而沮喪不已；對員工滿意度的正面影響，正是該專案另一個想達成的結果。

雖然該資訊長對該專案持正面的態度，另外兩位主要的利害關係人卻不以為然。事實上，該組織的執行長覺得，該專案估計的五百萬美元，還不如拿來雇用更多的銷售代表，這樣的投資報酬率會比高速網路專線的專案來得更高。

至於身為最重要利害關係人群組之一的銷售代表，對此項專案有著截然不同的反應。他們並不在乎下載產品資訊的網路專線速度，也不覺得速度更快的專線會提高他們對工作的滿意度。他們之所以有這樣的反應，是因為幾乎所有的銷售代表都是在晚上睡覺時下載產品的更新檔案。此外，他們也不認為雇用更多的銷

計分卡

售代表能夠增加銷售量，因為銷售代表負責的地區彼此已太過重疊。他們早已經感受到自己人之間的競爭壓力了。

　　這個例子點出好幾個為何專案經理在專案執行前後應該考慮到不同利害關係人的立場的理由。利害關係人對該專案有三種截然不同的反應：資訊長喜歡這項專案，執行長想要另一個替代專案，而銷售代表認為根本不需要任何專案。這個情況恰恰說明了為什麼反應與滿意度的衡量指標，對有效的專案管理計分卡如此重要。這個高速網路專線專案終究無法達成應有的價值，原因就出在每個利害關係人對其價值的認知不同。在今日專案盛行的時代，這個例子是非常普遍的。也因為如此，專案經理必須了解，衡量利害關係人的反應和滿意度極為重要。這些衡量指標通常稱為層次一的衡量指標，所有的專案管理計分卡都應該把這類衡量指標視為重要的一部分。

　　專案有可能很快偏離目標，而且有時某個專案解決方案並不適合某個特定的問題。有時候，可能是一開始就選擇了不適合的解決方案，因此在流程中及早獲得回饋是很重要的，如此才能進行必要的調整。這麼做可在問題惡化之前，迅速針對設計不當的專案進行更改，避免誤解、溝通不良，更重要的是避免濫用。

資料來源

　　所謂持續流程改善的概念，意指一項專案必須在整個過程中不斷調整和精進。在獲得回饋、進行變更並將變更回報給提供資訊的小組之間，必定有一個重要的環節。這種「調查—回饋—行動」（survey-feedback-action）的循環，對任何類型的專案都非常重要。資料的蒐集必須審慎，以有系統、合乎邏輯的合理方式蒐

集。資料的蒐集與這些重要衡量指標的運用，是本章的主題。

許多參與過專案的人都非常重視提供回饋的機會，特別是專案團隊的成員。但有太多的情況是，他們的意見被忽視，他們的抱怨被漠視。他們很重視專案領導人詢問他們的意見，更重要的是，根據他們的意見採取行動。而其他的利害關係人，甚至是客戶，不單單是在流程的初期，其實在整個流程中，他們都很重視提供回饋的機會。

由於回饋資料攸關專案成敗，因此幾乎所有專案都會蒐集這類資料，這已經成為資料蒐集最重要的部分。可惜的是，在某些情況中，專案的成敗往往是根據反應的回饋衡量的。正如本書一再強調的，回饋資料只是專案管理計分卡的一部分，不過是六種資料中的一個，然而其重要性卻一直被忽略。

有些組織利用標準問卷從好幾個方面蒐集反應與滿意度的資料，然後將這些資料與其他專案解決方案的資料做對照，進而發展出各種的準則與標準。這在專案結束、要判定客戶滿意度時，特別有用。這些滿意度資料不但可以用來比較專案的成敗，也關係到專案整體的成敗，甚至關係到其他成功的衡量指標。有些企業甚至根據客戶的滿意度做為專案經理報酬的依據，使得反應與滿意度資料成為每個專案的成敗關鍵。

只要花點心思在可能提供專案回饋的資料來源上，就不難界定資料的類別。其實，不論資料的類別或來源，都不脫利害關係人之群組。下面描述的是反應與滿意度資料，以及一些其他層次資料的最重要來源。

專案團隊成員

專案團隊成員是專案管理資料中最被廣為利用的資料來源之

一。成員常被問及他們對專案的感受，有時候——甚至在執行專案前——就會要求他們解釋該專案是否值得進行，或預測該專案的長期效應。雖然成員可能無法回答所有有關專案的問題，但通常可以就各個利害關係人及自己對該專案既有的反應進行討論。

就專案管理計分卡的衡量指標而言，專案團隊成員是個很豐富的資料來源，尤其是有關反應和滿意度方面的衡量指標。由於他們是直接參與專案的人，而且往往是最熟悉專案流程及其他影響專案因素的人，因此可信度非常高。困難點在於如何找到一個既有效能又有效率的方法，持續從成員身上獲取資料，以及決定何時從他們身上獲取反應與滿意度的資料。

專案團隊的主管

另一個重要的資料來源，是直接督導或領導專案團隊成員的人。由於這一群人是同意成員參與該項計畫的人，因此通常對專案管理計分卡流程具有高度興趣。同時，有許多的情況是，他們會特別留意成員如何利用從專案解決方案中獲得的知識和技能。也因為如此，他們不但能夠呈報專案成敗的相關事宜，也可以提出專案技能應用方面的困難與問題。雖然主管的意見通常最適用於層次三的評估（專案技能應用的資料），但對於層次一（反應與滿意度資料）及層次四（專案的組織結果資料）也同樣有用。然而就這些主管而言，重要的是在評估成員的專案技能應用（層次三）時，保持客觀的態度。

內／外部群組

在某些情況下，內部或外部的群組，像是負責專案培訓和發展的人員或是專案顧問，或許可以提供讓成員成功應用專案培訓

如何衡量反應與滿意度

中獲得的技能與知識的意見。不過,從這類來源所蒐集的資料,能利用的極其有限。因為內部群組對於專案結果的興趣比較大,意見可能不大可靠;而外部群組的意見則僅適合於某些特定的觀察,像是有關各個利害關係人對於專案的反應,以及在職績效的改進狀況。

蒐集資料的方法

為專案管理計分卡蒐集反應和滿意度資料的方法有許多種,每一種都可以同時蒐集到量化和質化方面的資料。可利用態度量表(attitude scales)和李克特量表(Likert scales)蒐集反應方面的資料,也就是應答者根據某個設定好的量表問題陳述,來顯示他的同意度。有三種方法可以和問卷或調查一同使用。資料也可以用口頭的方式蒐集,像是透過說故事或重要事件回顧等方法,不過這種方法在分析上難度較高。最常用來蒐集專案反應與滿意度資料的方法是後續追蹤。對規模很大且成本很高的專案而言,蒐集反應與滿意度的資料很有用;對工期很短而且成本低的專案來說卻不是非常必要,有時蒐集這類資料的費用反而會高於專案本身的成本。

問卷與調查

問卷可能是最常見的資料蒐集方式。從短期的反應形式到詳細的工具,都可以用問卷取得有關專案團隊成員之感受這類的主觀資訊,以及衡量企業營運成果做為投資報酬率分析之用的客觀文件。由於問卷的多面性及其廣受歡迎的程度,想獲取許多讓專案管理計分卡變得有效的必要資訊時,就成了優先選取的方法。

調查則代表某種形態的問卷，只用於獲取態度、信念及意見這類資訊的情況下；相較之下，問卷的彈性更大，而且獲取的資料範圍更廣泛，從態度資料到特定的改進統計資料都適用。調查的架構和設計原理都和問卷的設計類似。

問卷或調查的類型

要區分調查與問卷的不同，除了所搜尋的資料種類之外，還包括題型。調查可以要求應答者就完全同意或是不同意選擇「是」或「不」，或是就「非常不同意」到「非常同意」這一系列的答案做答。而「五點量表」（five-point scale）也是一種非常普遍的方式。

一份問卷可能包括以下所有的題型或其中任何一種：

☐ **開放式問題**：答案有無限種可能。緊接在問題後面的是一大塊空白，好讓應答者做答。

☐ **檢核表**：一連串的清單，要求專案團隊成員在符合他們狀況的項目上打勾。

☐ **雙向式問題**：除了「是／否」的答案之外，還有其他的答案可供選擇。

☐ **選擇題**：要求專案團隊成員從好幾個選項中選出最正確的一個。

☐ **排序表**：要求專案團隊成員將一連串的事項進行排名。

問卷的設計步驟

問卷的設計是個簡單且合乎邏輯的流程。在安排專案管理計分卡的各種工具時，沒有比一份設計不良或用字不當的問卷更令人困惑、沮喪甚至尷尬的了。以下步驟可確保設計出一個適當、

可靠而且有效的工具。

確定真正需要的資訊。這是問卷設計的第一步，舉凡對專案很重要的主題、技能或態度等都需要加以檢討，以界定出問卷上可能會出現的項目。以大綱的形式把這些資訊分類，然後把相關的問題或項目放在一起，這麼做會很有用。

讓管理階層參與整個流程。管理階層應盡可能地參與這個過程，客戶、贊助者、支持者或相關團體也應該盡量參與。假如可能，最熟悉專案或流程的經理，應該針對特定及相關的議題提供資訊，通常是為問卷擬訂已經規畫好的各種實際問題。在某些案例中，經理想要的是為某些特定的議題或項目提供意見。經理提供意見不但對問卷的設計有很大的幫助，無形中也建立了他們在衡量標準及評估流程中的主導權。

選擇問題的類型。根據前面提到的五種題型，問卷設計的第一步就是從中選出最能獲取所需特定資料的題型。在決定題型時，要考慮到原先計畫要使用的資料分析以及要蒐集的資料。同時，若能指明想使用哪一類的資料，對問題的擬訂也很有幫助。

擬訂問題。接下來的步驟，就是根據計畫好的題型及所需的資訊擬訂問題。為了避免造成困惑，或是導引專案團隊成員做出你要的回應，每個問題都只陳述一個議題。假如需要陳述好幾種議題，就應該把問題分成好幾部分，或是為每個議題各別擬訂一個問題。應避免使用成員不熟悉的術語或表達方式。

檢查閱讀能力的水準。評估目標受眾的閱讀能力，可確保目標受眾能夠很容易就了解問卷的內容。大多數的文字處理程式都具有根據等級評估閱讀難度的功能。這無疑提供一項重要的檢查，以確保問卷的設計能符合所認知的目標受眾的閱讀能力。

對問題進行測試。所提的問題應該經過了解程度的測試。理

計分卡

想上，問題應該經過一個專案團隊成員樣本組的測試。假如這個方法不可行，也應該找個工作性質與成員相近的員工樣本組進行測試，藉由這個樣本組的回饋、批評及建議改善問卷的設計。

處理匿名的議題。應該在不怕遭到秋後算帳的狀況下，讓專案團隊成員安心地坦誠回答問題。由於匿名調查與精確度通常具有密切的關係，因此對他們的回答保密是最重要的。因此，除非有特定的理由要知道個人的身分，否則調查應該採取匿名方式。若是成員必須在受制的情況下完成問卷，或必須把完成的問卷直接交給某人，就需要由一個中立的第三方蒐集與處理資料，以確保應答者的身分不會外洩。若是在必須知道應答者真正身分的情況下（例如要比較產出資料與之前的資料，或查證資料時），就要盡力不讓對應答者的行為存有偏見的人知道他們的身分。

設計上要考慮到易於製表和分析。要把每一道可能的問題以資料製表、資料摘錄及分析的角度檢視。假如可能，應該擬訂好資料分析流程的大綱，然後以模擬的方式檢討。這個步驟可避免因為用字或設計不當，而導致資料分析不正確、累贅及過長等問題。

擬妥問卷並準備好一份資料摘要。把所有問題加以整合，以發展出一份具有正確指示且引人入勝的問卷，如此才能有效地執行。此外，還要擬訂一份摘錄表，以便把資料迅速表格化，便於分析。

問卷內容

決定問卷上要用哪些特定議題及內容，是最難的任務之一。以下列舉的事項是一份為了獲取專案反應與滿意度的資料，內容盡可能廣泛的問卷。

專案目標的進度

有時，以目標評估進度是相當有用的。雖然這是屬於層次一的反應資料，通常會在專案一開始執行的階段就進行評估，但是在專案執行結束時重新檢視各項目標，有時還挺有幫助的。至於有關專案滿意度方面的目標，則包括以下的基本範圍：

☐專案解決方案的相關性。

☐專案解決方案是否有用。

☐專案解決方案是否經濟。

☐對專案工具或要求了解的難易度。

☐克服專案熱點的困難度。

☐專案解決方案中窒礙難行的部分。

☐在管理專案解決方案方面的難處。

☐專案解決方案所獲得的支持程度。

☐適合專案解決方案的資源。

☐目標的適當性。

☐計畫的適當性。

☐專案領導的效率。

☐專案團隊成員的士氣。

☐專案團隊成員之間的合作程度。

☐專案團隊成員的能力。

☐專案成功的可能性。

☐對專案投資的認知價值。

☐對專案的整體滿意度。

以上的每個範圍當然都重要，不過我們只就其中八項詳細探

計分卡

討。

專案解決方案的相關性。儘管專案的相關性通常是在專案執行一開始的時候就進行評估,像是第一層次的反應資料,但是在專案已獲得結論後,再評估專案各方面的相關性,有時也是很有幫助的。在今日步調如此快速而且變化無常的工作環境中,專案往往很快就會與業務的需求脫節。蒐集與業務需求相關的資料,可以幫助專案設計者了解專案有哪些部分對工作是真正有用的,並提供永續的價值。

專案工具的使用。假如提供工具供專案團隊成員使用是專案的一部分,那麼確定這些工具要用在哪些方面可能就頗有幫助。若是能分發操作手冊、參考書籍及工作輔助用品,並在專案培訓課程中解說,期望他們用在工作上,就更加有用了。

知識與技能的加強。有關個人學到的新知識與技能,或許是確定工作人員對專案產生何種反應最重要的一個問題,因為這可以幫助員工工作得更有效率。

工作上的改變。有時候,若能確定專案團隊成員在工作上會因為專案的某些活動或流程而產生改變,將大有幫助。接下來最重要的問題是,這些人對於這些改變會有什麼反應?成員要探討的是,專案如何改變他們的工作習慣、流程及產出,並且說出他們對於這些既有改變的感受。

滿意或沮喪。另一個要加入問卷內容表的重要議題是,滿意或沮喪的議題。一個可以幫助專案團隊成員列出他們滿意度與沮喪程度的問題,可以讓專案經理更清楚專案的進度。

專案的需要程度。利用一份問卷確定各個利害關係人對專案的反應,可以讓專案經理確定有關專案目的及需要的溝通是否有效。可詢問有關專案為什麼重要這類的問題,或是用「假設」該

專案很重要這個理由來提出問題。假如大多數的利害關係人對專案重要性的評比很低，或許在繼續進行該專案前應該審慎研討。不妨蒐集這類簡單的資料，這對專案經理來說非常有幫助。

專案管理之改進。專案的管理可能會相當困難。假如專案經理能夠不斷尋求相關的流程及行為的回饋來管理專案，就會更有效率。在評估反應與滿意度的問卷中，應包括一些可用來確定專案團隊成員對整體專案管理的反應的問題。

熱點。許多專案都會碰到難以預測或事先準備的種種障礙與挑戰。要確認專案在執行後就浮現的挑戰，不妨要求專案團隊成員分享他們從專案開始執行迄今所碰到的熱點。許多成員不但知道這些挑戰，而且知道戰勝這些挑戰的可能解決方案。因此，提出一個後續追蹤的問題，要求成員提供可用來解決熱點的方案，是充分利用他們見解的聰明方法。

提高問卷與調查的回應率

前面列舉的內容項目，是一個專案反應與滿意的問卷或調查可能需要探討的議題的小型樣本。但顯然的，提出這麼多問題可能導致回應率大幅下降。因此，如何在問卷的設計和執行上獲得最高的回應率，是一大挑戰。當問卷成了主要的資料蒐集活動，而且大多數的專案管理計分卡都仰賴問卷的結果時，這就成了關鍵性議題。下面的行動可提高回應率。

事先溝通。假如合適而且可行，不妨提供專案團隊成員一個事先針對問卷溝通的機會。這麼做不但可以把排拒的力量降至最低，提供一個詳細解說該評估相關環境的機會，還能把資料蒐集定位成整體專案的一部分，而不是在專案執行了三個月之後由某人發起的一個附加活動。

針對目的進行溝通。專案團隊成員應該了解為什麼要利用問卷調查，包括由誰或為什麼才有這次的專案評估。成員還應該知道這次的評估是屬於某個系統化流程的一部分，還是針對此次專案的一個特殊需求？

說明有誰會看到這份資料。對專案團隊成員而言，知道誰會看到這份資料以及問卷的結果，是很重要的一件事。假如問卷採取匿名方式，就應該清楚告知成員會採取哪些步驟以確保匿名。假如高階主管會看到結果，也應該讓成員知道。

解說資料整合的過程。假如問卷的結果可能與其他的資料合併，也應該讓專案團隊成員了解。通常，問卷不過是蒐集資料的方法之一，成員應該知道這份資料在期終報告中所佔的比重，以及如何整合在其中。

問卷越簡單越好。一份簡單的問卷有時並不能提供投資報酬率分析所需的全部資料；然而，在擬訂問題及完成問卷所有的範圍時，一定要牢記這種簡化的方式。要盡可能地簡短。

簡化回應的流程。盡可能把回答簡單化，讓應答者可以很容易做答。如果合適，應附上一份寫好地址的回郵信封。假如電子郵件對應答者更方便，不妨考慮使用。不過，有時仍需要在工作站附近設置一個收取問卷的信箱。

利用地區經理的支持。讓當地的管理階層參與是提高回應率的關鍵。地區經理可以自行分發問卷，在員工會議上就問卷事宜進行查詢，持續追蹤檢視問卷的工作是否完成，以及對完成問卷的工作表示支持。有直屬主管的支持，有些專案團隊成員會因此在做答時提供有用的資料。

考慮使用一些誘因。可以提供的誘因不少，大致上可分為三大類。第一類是在繳回已完成的問卷時可獲得的獎勵。比方說，

如果專案團隊成員親自或以寄信的方式交回問卷，就可以得到一份像T恤或馬克杯等的小禮物。假如表明身分是問題，則可透過中立的第三方提供獎勵。第二類的誘因則是讓不回應問卷的成員有罪惡感。像是在問卷上夾著一張一美元的紙鈔，或是在信封內附上一隻筆。告訴成員「拿這一塊美金去買杯咖啡喝，把問卷填好。」或是「請用這隻筆完成問卷。」第三類誘因則是為了迅速得到回應。這個方法是根據快速的回應保證會提高回應率。若是某人一直拖延完成問卷的時間，那麼問卷完成的機率將非常渺茫。最早繳回的那組成員可能會獲得一份較昂貴的禮物，或是有機會參加抽獎活動。譬如，在某個研究中，繳回問卷的前二十五名可獲得一張抽取價值四百美元獎品的獎券。在下次抽獎時，可再增加二十五個名額，也就是前五十名都有機會。不過，等著抽獎的成員越多，得獎的機率就越低。

讓某個主管在說明函上簽名。專案團隊成員對隨問卷附上的信函是由誰寄發的，總是感到興趣。為了發揮最大的效果，應該由一位負責專案重要領域的高階主管在信函上簽名。與只是由某位專案團隊成員簽名相較，員工可能比較樂意回應高階主管的。

要有後續的提示。在應答者收到問卷一週後，就該寄給他一份後續的提示，兩週後再寄一份。寄送後續提示的時間，可依問卷及當時的狀況調整。在某些情況中，可能還需要寄送第三份。有時，還需要用不同的方式寄送。譬如，問卷可能以平信的方式寄送，然而第一次的後續提示則是由直屬主管寄發，而第二次的後續提示則可能透過電子郵件。

寄一份結果的副本給專案團隊成員。就算是一份精簡形式的副本，也應該讓成員看到問卷結果。更重要的是，在問卷的說明中就應該讓成員知道，他們會收到一份問卷結果的副本。有些人

計分卡

會想親眼看到整個團隊的結果及其他意見，因此這樣的承諾通常會提高回應率。

　　整體而言，這些事項對提高問卷的回應率大有幫助。若能運用所有上述策略，那麼即使是需要花上三十分鐘才能完成的冗長問卷，回應率都能提高60~80%。

蒐集資料的時機

　　蒐集資料的時機大約是在出現與專案有關的特殊事件時，如里程碑。任何特殊活動、執行上的議題或里程碑，都是蒐集資料的適當時機，包括從專案前的資料蒐集一直延續到執行期間。圖5-1顯示的是一個為期六個月的專案的回饋時機。這項專案有蒐集專案前的資料。重要的是，其目的是要確定該專案所處的環境既適當又是獲得支持的。專案前的評估是個啟發性的練習，可能會找出一些需要調整或變更的特定禁令和障礙，以免妨礙專案順利達成。圖5-1的例子，在一宣布執行專案時就開始進行評估，而且詳盡地描述整個專案。接下來是進行第一個月的後續追蹤，在經過整整三個月之後，再進行第四個月的後續追蹤。最後在專

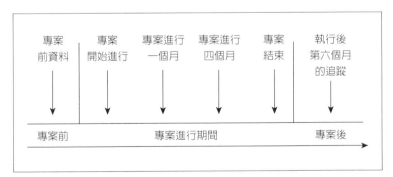

圖5-1　專案時間表

如何衡量反應與滿意度

案結束時，也就是第六個月，再做一次評估。

對某些專案而言，分五次蒐集資料可能太多了，但是大型的專案就很合適。除了這些資料蒐集的機會之外，還可以安排在專案執行後進行一次第六個月的後續追蹤。專案進行的時機則取決於所獲得的資源，從成員獲取回饋的需要，以及整個專案排定的事件或活動時程的規模等。此外，若有迅速調整及變更的需要，也會影響到蒐集資料的時機。最後，在整個專案進行的過程中，承諾與支持以及衡量各種意向的需要，也是決定實際進行資料蒐集時機的重要因素。

訪談

雖然訪談不像問卷那麼普遍，但仍然是很有用的資料蒐集方法。訪談對象可包括專案的統籌者、專案培訓人員、專案團隊主管或公司外部的第三方。進行訪談可獲得工作表現記錄中沒有的資料，或是很難透過書面回應或觀察所得的資料。同時，經由訪談能揭露一些成功的故事，對傳達評估結果也很有用。有些專案團隊成員可能不願意在問卷中顯示他們的反應，卻很願意在一個技術高超、善用試探技巧的訪談員前面透露。不過，訪談有一大缺點：很耗費時間。同時，訪談員也必須經過訓練，以確保整個過程的一致。

訪談的種類

訪談通常分成兩種基本形式：結構性與非結構性。結構性訪談非常類似問卷，會使用各別的小房間隔離訪談對象，並詢問他們一些特定的問題。結構性訪談優於問卷最主要的部分是，整個過程可以確保問卷一定會完成，而且訪談員可充分了解專案團隊

計分卡

成員提供的答案。

另一方面，非結構性訪談則可以探究出更多的資訊。這種形式的訪談會利用一般性問題導引出更詳細的資訊，並揭露一些重要的資料。不過前提是，訪談員必須精於此一試探流程。表5-1列舉了一些典型的試探性問題。

訪談準則

訪談的設計實施步驟與問卷類似。以下是進行訪談時會用到的關鍵性議題的簡短摘要。

擬訂問題。一旦確定用哪種訪談方式，就要開始著手擬訂問題。問題應盡量簡短精確，而且要容易回答。

就訪談進行測試。應就少數的專案團隊成員進行訪談測試。假如可能，應該把這類訪談當成專案評估試驗的一部分。把所得的回應進行分析，如有修改的必要也應盡速進行。

訓練訪談員。訪談員應具備相當的技巧，包括主動聆聽、詢問試探性問題的能力，以及能夠把資訊蒐集和歸納成一種有意義的形式。

提供專案團隊成員明確清楚的指示說明。應該讓成員了解訪談的目的，以及如何處理所得的資訊。應該就訪談的期望、狀況與規定進行充分的討論。比方說，應該讓成員知道，他們所說的是否會保密。假如成員在訪談時顯得緊張、焦慮，應盡量讓他們

表5-1　典型的試探性問題

你能解說得更詳細嗎？

你能就你剛剛說的舉例說明嗎？

你是否能就你碰到的困難加以說明？

感到自在。

按照排定的計畫進行訪談。訪談和其他評估工具一樣,需要依計畫行事。訪談的時機、由誰主持及訪談的地點等議題,全都與擬訂訪談計畫息息相關。若是專案團隊成員的人數眾多,為了節省時間、降低評估成本,或許需要擬訂一個抽樣計畫。

焦點團體

焦點團體是訪談的一種延伸,對需要做出深度回饋的評估、需要較大的樣本數時特別有幫助。做法是找出一小群人,在一位有經驗的引導員的主持下進行討論。目的是針對一個預定的主題或議題徵求質化的評斷。引導員會要求團體所有成員提供意見,就像是集合個人的意見做成團體的意見。

與問卷、調查、測試或訪談相較,焦點團體的策略具有好幾個優點。不過基本前提是,品質評斷是很主觀的,因此三個臭皮匠勝過一個諸葛亮。這套焦點團體流程的方法,對於激發新點子和假設非常有效,參與其中的專案團體成員往往會互相激盪。這套方法成本不高,而且可以在短時間內快速地完成計畫和執行。由於具有彈性,所以可用來探索專案的非預期結果或應用,以及個人對於這些非預期結果的反應。

焦點團體在獲取質化資訊方面特別有用。以下的幾個情況就可以使用這套方法:

☐對某些特定的活動、案例、模擬或專案其他要素的反應進行評估。

☐在某次專案里程碑之後,立即就專案團隊成員對該專案整體成效的認知進行評估。

計分卡

□在專案完成之後的一次後續追蹤中，用來評估專案的影響。

　　基本上，在無法以簡單、量化的方法蒐集資訊，卻又有評估資訊的必要時，焦點團體就很有用了。

焦點團體準則

　　雖然對如何運用焦點團體進行評估並沒有任何的規則可言，但以下的準則多少有幫助：

　　要確定管理階層支持焦點團體的方法。對大多數專案經理而言，這還是相當新的方法，有些高階管理小組可能並不知道這套方法。經理人必須對焦點團體及其優點有所涉獵，必須提高他們對於利用焦點團體獲得資訊的信心。

　　審慎規畫焦點團體的主題、問題及策略。就像任何評估工具，關鍵在於規畫。必須審慎規畫要討論的主題、問題與議題，也要注意順序的安排。這麼做不但能夠強化各個團體之間結果的比較，而且可以確保焦點團體方法發揮功效，不致偏離目標。

　　人數不要太多。雖然沒有最佳的團體人數，不過對大多數的焦點團體運用而言，6~12人似乎比較理想。一方面，團體的人數要多到足以獲取不同的意見，另一方面，也要少到讓每個參與的專案團隊成員有自由發言和交換意見的機會。

　　要確定目標母體的樣本具有代表性。重要的是，這些團體有經過適當的分層，使參與的專案團隊成員足以代表目標的母體。團體中所有人在組織中的經驗、位階及影響力都具有同質性。

　　引導員必須具備一定的專業知識。焦點團體的成敗，全繫於引導員對流程是否熟練。引導員必須知道如何控制團體中比較強勢的成員，不讓想支配整個團體的人主導意見的走向。同時，引導員必須有能力營造一個讓專案團隊成員可以開誠佈公、自在發

如何衡量反應與滿意度

言的環境。也因為如此，有些組織會聘請外部的引導員。

總而言之，焦點團體是一個成本不高，又可快速確定專案的優缺點及成員對專案的反應的好方法。然而，想做出一個完整的評估，必須將獲得的資訊與其他工具的資料整合在一起，因為焦點團體往往只能著重在那些直言無諱的專案團隊成員願意談的議題上。

反應與滿意度資料的運用

有時候，從專案團隊成員獲得的回饋，會進行列表、摘錄等動作，然後就束諸高閣。這些必須蒐集的資訊，應該運用在一或多種評估上，否則整個活動只是在浪費成員寶貴的時間。專案評估者往往在利用這些資料滿足他們的自大心態之後，悄然地把它埋沒在多不勝數的檔案中，忘了資料蒐集的原本目的。以下是蒐集反應與滿意度資料的一些常見原因的摘要。

密切注意利害關係人的滿意度

從專案團隊成員獲得的意見是最重要的衡量指標，可顯示他們對於專案的整體反應與滿意度。因此專案經理與業主可藉此了解，如何利用專案讓顧客真正滿意。而且應該把這些資料告訴客戶及其他相關人士。

找出專案的優缺點

從專案團隊成員身上獲得的回饋，對於找出專案的優缺點極為有用。成員對於缺點的回饋經常導致調整和變更。而找出專案

計分卡

的優點則有助於未來的設計，許多流程才能依此複製。

制訂規範與標準

由於幾乎所有專案都會自動蒐集反應與滿意度的評估資料，因此要制訂整個組織的規範與標準就變得相當容易。可依據各種預期的目標訂定評比的等級；然後把各項特殊的專案結果拿來與這些規範和標準比較。

對各別的專案經理進行評核

反應與滿意度資料最常見的用途之一，大概就是對專案經理的評核。假如能夠正確地設計和蒐集，專案經理即可藉此獲取一些非常有用的回饋資料，進行調整以增強效果。不過，由於有時候對專案經理的評核會有偏見的存在，因此必須小心謹慎，可能還需要其他的佐證做為整體績效評估之用。

對預定的改進進行評估

從問卷中獲得的回饋資料，等於提供了有關各項預定的行動和改進的概略情況。把這些資料與工作上的活動做比較，即可得出專案的結果。這對專案團隊成員是否能將其所學應用在工作上，或是有所改變，是個相當豐富的資料來源。

與後續追蹤的資料連結

假如已經計畫好進行後續追蹤的評估，把後續追蹤的資料拿來與層次一的資料連結，即可看出預定的各項改進是否已做到。有許多的情況是，通常預定的行動多少都會受到工作上障礙的抑制。

專案解決方案的行銷

就某些組織而言，專案團隊成員的回饋資料是很有用的行銷資訊。成員強調和反應的這類資訊，可能會讓潛在的成員更加信服。專案行銷手冊中，通常會包含一些引文及回饋資料的摘錄。

衡量反應與滿意度的捷徑

在這個階段，關鍵性問題是衡量反應與滿意度有哪些捷徑？雖然反應與滿意度的資料是一定要蒐集的，但是可以走捷徑。對時間很短、低階、成本不高的專案而言，某些基本項目是一定要做到的。不過，由於層次一至為重要，絕對不能跳過，所以有三個特別的議題可能很管用。

採用簡單的問卷

並不是每個專案都需要一份內容詳盡、範圍廣泛、有一百道題目的問卷。對規模較小的專案而言，一份採取選擇題、是非題或量表評量的方式，10~15題的簡單問卷就夠了。雖然有訪談、焦點團體、調查及問卷等方式可供選擇，但是就大多數的情況而言，採用問卷就夠了。

盡早蒐集，盡快反應

早一點得知意向是重要的關鍵。也就是要知道該專案是否被接受，參與者是否在乎。這個步驟至為重要，而且要迅速採取行動。如此一來，才可以確保流程不致偏離目標，而專案將按照原訂計畫順利達成。

密切注意專案團隊成員

　　專案團隊成員是主要的利害關係人，攸關流程的成敗。對專案而言，他們能載舟也能覆舟，因此他們的回饋極為重要。其中的一個通則是，永遠要傾聽這群人的心聲，並對他們關心的事情、議題及建議有所反應。由於成見是在所難免，因此有時需要過濾。重要的是，要適時傾聽並予以回應。

結語

　　本章是四個探討資料蒐集章節中的第一個，討論的主題是專案管理計分卡六個衡量指標中的一個。所有研究都會討論到反應與滿意度的衡量，這也是成功的關鍵之一。這類資料的用途甚多，其中有兩個特別重要。第一，在整個專案期間發生問題或障礙時，做為調整與變更之用。第二，做為專案滿意度報告的依據，並納入六種主要的資料之一。滿意度和反應的資料蒐集方法有好幾種，包括問卷、調查、訪談及焦點團體等。到目前為止，問卷是最常用到的，而且有時很簡單的一頁反應問卷就足夠了。不論採取哪種方法，重點在於蒐集資料、反應迅速、加以調整及彙整資料，以做為報告和專案管理計分卡之用。

延伸閱讀

Barlow, Janelle and Claus Moller. *A Complaint Is a Gift: Using Customer Feedback as a Strategic Tool*. San Francisco: Berrett-Koehler Publishers, 1996.

Gummesson, Evert. *Qualitative Methods in Management Research*, revised ed. Newbury Park, CA: Sage Publications, 1991.

Hronec, Steven M./Arthur Andersen & Co. *Vital Signs: Using Quality, Time, and Cost Performance Measurements to Chart Your Company's Future.* New York: Amacom/American Management Association, 1993.

Krueger, Richard A. *Focus Groups: A Practical Guide for Applied Research*, 2nd ed. Thousand Oaks, CA: Sage Publications, 1994.

Kvale, Steinar. *InterViews: An Introduction to Qualitative Research Interviewing.* Thousand Oaks, CA: Sage Publications, 1996.

Naumann, Earl and Kathleen Giel. *Customer Satisfaction Measurement and Management: Using the Voice of the Customer.* Boise: Thomson Executive Press, 1995.

Rea, Louis M. and Richard A. Parker. *Designing and Conducting Survey Research: A Comprehensive Guide*, 2nd ed. San Francisco: Jossey-Bass Publishers, 1997.

Renzetti, Claire M. and Raymond M. Lee (Eds). *Researching Sensitive Topics.* Newbury Park, CA: Sage Publications, 1993.

Schwartz, Norbert and Seymour Sudman (Eds). *Answering Questions: Methodology for Determining Cognitive and Communicative Processes in Survey Research.* San Francisco: Jossey-Bass Publishers, 1996.

第六章

在專案期間
衡量技能與知識的改變

　　就某些專案而言,衡量學習似乎不太必要。畢竟,應用與執行的衡量,就等於是衡量工作場所中的實際進展;而且到最後對業務影響的各種變數進行監測時,專案的成敗也就一清二楚了。然而,了解學習能發揮到何種地步是非常重要的,尤其是當專案解決方案牽涉到工作和程序上的許多改變、新工具、新流程及新技術時。參與專案解決方案的專案團隊成員對新工具和新流程的實際學習程度,可能是專案成敗的最大關鍵。本章把重點放在一些非常簡單的衡量學習技術上,其中許多技術是用來衡量有關學習的正式測試及技能練習,且行之有年,用途甚廣。其他的技術在結構上雖然比較不正式,但是在考量到時間的問題或需要把成本降到最低時,卻也足以堪用。

　　為什麼學習是專案管理計分卡一個重要的衡量指標呢?這可從四個重要的地方看出來:

1. 把所學應用在專案執行上的議題。

2. 知識、專業技術及能力的重要性。

3. 對大多數專案而言，學習的重要性。

4. 當問題發生時，找出癥結。

以上每個項目可能都可以個別地證明衡量學習的必要性。而整體來看，它們更是衡量專案進行期間各種有關技能、知識或變更程度的主要推力。

發揮所學

多年來，專案團隊成員無法真正的發揮所學，一直是困擾專案的一個大問題。有許多的狀況是，無法將所學應用在實際的專案作業上。當專案實施一項新技術時，為了新的專案解決方案，成員可能參加好幾個學習的活動。關鍵就在於如何確保能將這類的知識轉化到專案上。至於轉化的成果，則是在進行層次三評估時實際衡量出來的，也就是在衡量應用與執行時得到的結果。

知識、專業技術與能力的重要性

今天，許多組織比以往更注重知識、專業技術與能力。許多大型專案都投注於專業技術的開發，員工會使用到全新的工具和技術。有些專案把重點直接放在組織內部的核心能力，以及建立各項重要的技能、知識與行為上。由於知識的管理長期受到重視，因此對於知識工作者而言，了解及想辦法獲得、吸收範圍極為廣泛的資訊，並藉此提高生產力，就顯得非常重要了。這種對於員工的知識與技能越來越重視的現象，更使得專案中學習程度的衡量變得極為重要。

學習對專案的重要性

　　由於今日的專案會運用到各種的工具、技術、流程以及科技，使得學習成為專案中很重要的一部分。以往那種安置在工作中或自動納入流程中的簡單任務和程序，已不復存在；取而代之的，是日趨複雜的環境、流程及工具，需要以聰明的方式從專案解決方案中獲取利益。除了課堂上的正規學習之外，員工還必須以各種方式學習，像是透過科技化的學習，以及運用工作輔導和其他工具的在職進修。同時，專案團隊的領導人與經理人在某些專案執行上，往往必須擔任教練或導師的角色。

問題發生時找出癥結

　　當專案解決方案在應用和執行上不順利時，最重要的問題是：「哪裡出問題了？」「哪些地方需要調整？」「哪些地方需要更改？」若是進行學習的衡量，就很容易看出問題是否真的出在學習不足；或者，在某些情況下，可以去除學習不足這個原因。換言之，缺乏學習的衡量指標，專案經理就可能無法得知員工的表現或某些部分的專案管理為何不如預期。

　　這些關鍵議題說明了，為什麼在大多數專案管理計分卡中，衡量學習如此重要。

利用正式測驗衡量學習

　　測驗對學習的衡量很重要。測驗成績的進步，可顯現專案團隊成員在專案解決方案方面的技能、知識或態度的改變。測驗原則的擬訂，與前一章提到的問卷與態度調查的設計和擬訂類似。

在專案期間衡量技能與知識的改變

專案使用的測驗形式大致分成三種。第一種是根據執行測驗所用的媒介而定。最普遍的測驗工具是筆試或電腦；模擬工具或真正的設備可用做績效測驗；電腦及視訊顯示器則是做為以電腦為基礎的測驗。由於績效測驗在發展和執行上成本較高，因此知識和技能的測驗大多採用書寫的方式。以電腦為主的測驗和利用互動視訊的方式，則越來越受歡迎。在這類的測驗中，電腦顯示器或視訊螢幕會顯示問題或狀況，專案團隊成員則用敲打鍵盤或碰觸螢幕的方式做答。互動視訊的真實感很強，受測者就螢幕出現的影像做反應，通常都是用移動的影像和案例來重現實際的工作狀況。

第二種方式是根據測驗的目的和內容分類。就此而論，測驗可分成性向測驗或學力測驗。性向測驗用來衡量基本技能或是工作中學習的能力。學力測驗則是就某個特定主題評估個人的知識或能力。

第三種的分類根據是測驗的設計方式。最常見的是客觀測驗（objective tests）、常模參照測驗（norm-referenced tests）、標準參照測驗（criterion-reference tests, CRT）、申論題測驗、口試，以及績效測驗。客觀測驗是根據計畫中的種種目標做精確詳盡的回答。這種測驗無法準確衡量應答者的態度、感覺、創意、解決問題的流程，以及其他無形的技能與能力。口試與申論題測驗若運用在專案評估上會有許多限制，比較適用於學校考試。專案評估中較常見的是前面提到的兩種測驗：標準參照測驗和績效測驗。以下就這兩種測驗做更詳盡的說明。

標準參照測驗

標準參照測驗是一種預先設定好門檻值的客觀測驗，是一種

計分卡

衡量指標，是根據專案的各項學習元件仔細寫下來的各種目標。標準參照測驗在意的是，要確定專案團隊成員是否達到預期的最低標準，而非成員之間的排名。衡量、報告及分析成員在專案學習目標方面的相關表現，才是主要關切的事務。

表6-1檢視的，就是一個根據標準參照測驗製作的報告表格。這個表格說明了標準參照測驗如何應用在評估上。四個專案團隊成員已經完成一個具有三個可衡量目標的學習元件，而且每個模組都是彼此對應的。表格上顯示了實際的測驗成績及最低標準。譬如，目標一的欄位中，第四位成員所得到的評分是測驗及格，並沒有顯示任何分數，只有及不及格而已。他在目標二的成績是14分（及格分數是10分）。在目標三的欄位中，他得到88分，但由於此項目的及格分數是90分，因此他不及格。整體而言，第四位成員所完成的學習元件尚令人滿意。最右邊的欄位顯示，專案的及格標準是三個目標中有兩個及格。第四位成員完成了兩個目標，達到最低標準。

今日，大多數專案並不喜歡使用標準參照測驗這個衡量工具。原因在於許多專案經理根本不知道學習與整體專案成敗之間的關係。專案經理必須體認到，由於員工學習新的系統、程序或技術已成為專案不可或缺的一部分，因此標準參照測驗是非常有用的。通常，標準參照測驗大都採取電腦測驗方式，使測驗變得更為方便。這套方法的優點除了以目標為本、精確之外，執行也相當容易。前提是測驗目標必須是可衡量、定義非常清楚的，這正是今日還有許多的專案無法採用這種評估技術的另一個原因。

績效測驗

績效測驗可以讓專案團隊成員有機會一展在專案中學到的某

在專案期間衡量技能與知識的改變

表 6-1 標準參照測驗資料報告表

| | 目標一 | | | 目標二 | | | 目標三 | | 整體目標 | | 總分 |
	原始分數	及不及格	原始分數	標準	及不及格	原始分數	標準	及不及格	及格	最低標準	成績
專案團隊成員 1	4	及格	10	不及格	87	90	不及格	1	2/3	不及格
專案團隊成員 2	12	不及格	12	10	及格	110	90	及格	2	2/3	及格
專案團隊成員 3	10	及格	10	19	及格	100	90	及格	3	2/3	及格
專案團隊成員 4	14	及格	14	10	及格	88	90	不及格	2	2/3	及格
全部四人	3個及格 1個不及格			3個及格 1個不及格			2個及格 2個不及格		8個及格 4個不及格		3個及格 1個不及格

項技能（有時是知識或態度）。這項技能可能是操作方面的、口語的或分析的，也或者三者兼具。有些與改進有關的專案，其績效測驗可能會採取技能實地應用或角色扮演的方式。為了充分反映成員從專案中所學的技能，會要求成員展示他們學得的討論或解決問題的技能。

要提高績效測驗的成效，建議你採取以下設計與執行步驟：

1. 測驗用的與專案相關的工作／任務，必須是具有代表性的樣本，而且必須盡可能讓專案團隊成員展現他們在專案中學到的各種技能。這不但能夠提高測驗的有效性，對成員而言也更具意義。

2. 測驗必須計畫周詳。每個階段——像測驗的時機、專案團隊成員的準備、必要的材料和工具的蒐集及成果的評估——都必須詳加規畫。

3. 測驗的指示說明必須詳細且一致。績效測驗和其他的測驗一樣，指示說明的品質會影響測驗的結果。所有專案團隊成員得到的指示說明必須一樣，而且非常清楚、簡明扼要。必須提供一般工作場合中具備的各種圖表、圖示、藍圖及其他的輔助資料。假如可行，應該選擇一名適當的成員進行測驗示範，如此其他成員就可以實際看到技能的實地應用。

4. 必須擬訂客觀的評估程序與績效測驗的可接受標準。有時因為各種成果的速度、技能及品質等程度差異甚多，很難訂定標準。但是一定要擬訂預定標準，如此員工才能事先知道需要達到何種程度，以及什麼樣的測驗成績才算令人滿意或可以接受。

5. 可能造成專案團隊成員表現偏差的資訊應避免。要把能夠發

在專案期間衡量技能與知識的改變

展某一項特定技能的學習模組包括在內。除非成員會在工作中碰到同樣的障礙，否則不應該引導他們往那個方向走。

把握這些通則，就能有效運用績效測驗來衡量專案管理計分卡的學習成果。雖然績效測驗的成本比筆試高，但如果你要的是測驗狀況必須與工作狀況非常一致，績效測驗確有其必要性。

利用模擬方式衡量學習

工作模擬是另一個衡量學習成果的技術。這套方法牽涉到程序或任務的建構和應用，以模擬或仿造專案的相關工作。模擬的目的是要盡可能重現真實的工作情況。專案團隊成員在模擬的活動中試著大顯身手，然後根據他們任務達成的狀況做評估。專案的培訓期間也可以採用模擬方式。

評估學習成果的模擬技術有好幾種，通常是與專案的培訓同時進行，以發展出操作及診斷的技能。其中一種是利用軟體模擬真實的情況，另一種則是讓專案團隊成員執行一個代表專案解決方案某部分的模擬任務。至於廣受歡迎的個案研究雖然也屬於模擬技術，但是效果不彰。

利用結構鬆散的活動衡量學習

對許多專案解決方案的評估而言，非正式地檢驗學習成果就夠了，這種方式多少可以確定專案團隊成員是否已學到相關技能和知識，或態度上是否有轉變。這套方式適用於多個層面的評估同時進行時。譬如，在規畫層次三的應用與執行評估時，可能就

沒有必要進行層次二的全面評估。假使成員的表現遠比他們知道多少更重要，採取非正式的學習評估也就夠了。畢竟資源有限，更何況對所有層面進行全面評估，成本也相當昂貴。以下就一些適用於成本低、低階，需要用到非正式評量來衡量學習成果的方式進行討論。

練習／活動

　　許多專案在學習專案的各項元件期間，對所有涉及到的各種活動、練習或問題，都需要探討、發展或解決。有些是以參與練習為架構，有些則需要個人解決問題的技巧。當這些工具經過整合，融入學習活動後，就可以採用幾種特定的方法衡量學習成果：

□練習的結果可交由專案經理或專案培訓師審核和打分數。這將成為專案總分的一部分與學習的評量之一。

□以小組方式針對結果進行討論，比較各種方法和解決方案，整個小組也可以就每個人的學習成果進行評估。就許多的狀況而言，這種方法或許不切實際，但是對少數範圍集中的應用而言卻頗為可行。

□小組成員可就問題或練習的解決方案彼此分享，專案團隊成員可提供自我的評估，以顯示自己從練習中增進多少的技能／知識。這同時可以促使成員更快地看出正確的解決方案。

□專案經理或專案培訓師，可藉由檢討每位專案團隊成員個人的進步，確定相關的成敗。這種方式適合小型的團隊，若是應用在大型團隊可能非常麻煩且耗時。

　　雖然用這種方法衡量學習成果，無法像前面提到的那些方法那麼客觀，但是練習與活動既可加強學習的效果，又可以衡量出

在專案期間衡量技能與知識的改變

學習的程度，不失為一個好方法。

自我評估

自我評估適用於許多專案情況，讓專案團隊成員有機會評估自己在技能與知識方面的學習成果，尤其適用於較高層面評估的規畫，以及能否學以致用是非常重要的時候。以下一些技術可確保這套流程發揮效用：

☐自我評估應採取匿名方式，專案團隊成員才能自在地表達出真實的學習情況，並做出正確的評估。

☐應該詳加說明自我評估的目的及資料的規畫。如果涉及專案設計或個人重新再測驗的事情，就更應該討論。

☐假如沒有任何的進步，或自我評估的結果不盡滿意，就應該針對其中代表的意義與意涵加以說明。對確保資訊提供的精確度與可靠性，以及讓專案團隊成員自覺對學習有責任，這是頗有幫助的。

有些人認為，自我評估並不能提供有關學習成果的正確訊息。然而就某方面而言，自我評估確實能夠提供個人對新技能與知識是否感到自在的相關佐證。假如某項專案要進行更高層面的評估，這類的證據絕對不可或缺。

專案經理與專案培訓師的評鑑

最後的一個技術是，由專案經理或專案培訓師來評量學習成果。這套方法雖然很主觀，但若計畫進行更高層面的評估，這麼做就不無道理。其中最有效的方法是提供一份檢核表，列出需要學習的特殊技能。如此專案經理可針對各項技能一一核對。同

計分卡

時，假如成員必須學會某種知識，就應擬訂一份涵蓋各個類別的檢核表，以確定個別成員是否全然知曉這些項目。不過其中有個問題：假如專案團隊成員並沒有足夠的時間和機會展現學到的技能或知識，專案經理就很難提供適當的回應。再者，假如沒有學習的證據，也會讓他們不知如何是好。因此，在採用這套方法之前，必須仔細考慮到這類的後果，並加以處理。

執行方面的議題

在衡量學習成果方面，有幾個執行上的議題需要處理。這方面應該屬於層次二整個評估執行計畫的一部分，也是專案管理計分卡的重要部分，因此我們利用一些篇幅逐一進行簡短的討論。

一致性

針對每個小組的學習衡量所做的各種測驗、練習或流程，都必須具有一致性，這點非常重要。其中包括要求做出回應的時間，專案團隊成員完成整個流程的實際學習狀況，他們所能獲得的資源，以及該小組其他成員給予的協助等。這些議題都可以在指示說明中做簡單的處理。

監督

在某些情況中，對專案團隊成員完成測驗或其他衡量的流程進行監督，是很重要的。這可確保每個人都是獨立作業，並且有人從旁提供協助或在必要時回答問題。雖然並不是所有狀況都會碰到這樣的問題，但在整體的計畫中加以說明卻有其必要。

在專案期間衡量技能與知識的改變

計分

衡量流程必須擬訂計分的指示說明，評估答案的人才能在整個過程中保持客觀，計分也才具有一致性。理想上，個人在使用計分工具時的潛在偏見，應該透過適當的計分指示說明與其他必要資訊完全排除，以便做出客觀的評估。

報告

最後一個議題是結果的報告。在某些情況中，會立即提供專案團隊成員評估的結果，尤其是採取自行計分測驗或以團體為主的計分機制。有些狀況則是要過一陣子才會提供實際的結果報告。這個時候，除非原本就預定不讓成員知道分數，否則應該在評估計畫中建立提供計分資料的機制。最糟糕的情況是，原本承諾要告知測驗的分數卻遲遲不給。

學習資料的運用

學習資料的用途繁多，最常見的有以下幾種：

提供個人回饋，建立信心。若能把學習資料直接交給專案團隊成員，不但能夠增強他們尋找正確答案的企圖，還能強化他們對解決方案的學習。這不但有助於學習過程的補強，還提供成員許多必要的回饋。

確保能夠學到東西。有時展現學習的程度與範疇是必要的。即使是非正式的，衡量學習成果都會對此一議題有所貢獻。

促使專案獲得改進。學習資料最重要的用途或許就在於專案

計分卡

的改進。若某項學習衡量的回應率一直偏低，可能代表這方面專案的訓練不足。若所有的專案團隊成員的分數都偏低，則或許代表測驗涵蓋的目標和範疇過大或方向錯誤。

對專案經理或專案培訓師進行評鑑。學習衡量就如同反應與滿意度的資料，可以用來評鑑專案經理及其他的專案團隊成員，進一步提供了有關員工成敗的證據。確保成員學會新的技能與知識，是專案經理或專案培訓師特有的責任，而測驗可以反映出技能／知識的學習程度，以及實際應用的內化程度。

結語

本章簡短地討論一些衡量學習的重要議題，對大多數的專案來說都是一個很重要的部分。即使是採取非正式的方法，也必須對學習加以評量，以確定專案團隊成員在專案中學習到多少新技能、技術、流程、工具及程序。不衡量學習，就無從得知在日後的執行上會出現什麼樣的問題。同時，衡量學習提供一個快速調整的機會，如此一來才能做出各種改變以加強學習的變更。除非是大型專案，否則衡量學習的方法不一定要很正式。對大多數的學習狀況而言，不太正式、結構較鬆散的方法，即使是對自我評估這類的活動，通常都是很合適的。

延伸閱讀

Boyce, Bert R., Charles T. Meadow, and Donald H. Kraft. *Measurement in Information Science.* San Diego: Academic Press, 1994.

Dixon, Nancy M. *Evaluation: A Tool for Improving HRD Quality.* San Diego: University Associates, Inc./American Society for Training and Development, 1990.

在專案期間衡量技能與知識的改變

Fetterman, David M., Shakeh J. Kaftarian, and Abraham Wandersman (Eds.). *Empowerment Evaluation: Knowledge and Tools for Self-Assessment & Accountability*. Thousand Oaks, CA: Sage Publications, 1996.

Fitz-enz, Jac. *How to Measure Human Resources Management*. New York: McGraw-Hill, Inc., 1995.

Gummesson, Evert. *Qualitative Methods in Management Research*, revised ed. Newbury Park, CA: Sage Publications, 1991.

Kirkpatrick, Donald L. *Evaluating Training Programs: The Four Levels*, 2nd ed. San Francisco: Berrett-Koehler Publishers, 1998.

Phillips, Jack J. *Accountability in Human Resource Management*. Boston: Butterworth-Heinemann, previously published by Gulf Publishing, 1996.

Phillips, Jack J. *Handbook of Training Evaluation and Measurement Methods*, 3rd ed. Boston: Butterworth-Heinemann, previously published by Gulf Publishing, 1997.

Rea, Louis M. and Richard A. Parker. *Designing and Conducting Survey Research: A Comprehensive Guide*, 2nd ed. San Francisco: Jossey-Bass Publishers, 1997.

Schwartz, Norbert and Seymour Sudman (Eds.). *Answering Questions: Methodology for Determining Cognitive and Communicative Process in Survey Research*. San Francisco: Jossey-Bass Publishers, 1996.

Swanson, Richard A. and Elwood F. Holton III. *Results: How to Assess Performance, Learning, and Perceptions in Organizations*. San Francisco: Berrett-Koehler Publishers, Inc., 1999.

第七章

如何衡量執行、應用與進度

用來衡量專案管理解決方案的應用與執行的種種步驟,對專案管理流程的整體成敗扮演著關鍵性角色。若新的技能和工具無法有效地運用,就無法扭轉專案的成敗,也就無法從專案管理解決方案中得利。

儘管應用與執行的衡量有多種選擇,本章僅探討專案管理解決方案最常見的幾種評估方式。可能的範圍包括問卷的運用、觀察,一直到行動規畫。

本章要探討的是,把這些流程應用到工作時碰到問題該怎麼辦,並且提供一些參考例子。

爲何要衡量應用與執行?

除了一些很明顯的原因之外,爲何衡量應用與執行是專案管理流程中需要追蹤的最重要衡量指標之一,還有特別的理由。

資訊的價值

隨著層次一到層次五整個連鎖影響所產生的進展,評估資訊的價值也會隨之增加。因此對客戶而言,在層次三有關應用與執行方面的資訊,就比反應/滿意度(層次一)及學習(層次二)更具價值。這麼說意不在貶損這兩個層面的重要性,而是要強調衡量專案管理解決方案的執行程度,它提供的關鍵資料,往往不但關係專案的成敗,當把專案管理流程完全融入組織時,它還提供一些可促使專案更成功的因素。

一個關鍵性轉化議題

前兩個層面——反應/滿意度與學習——的衡量,是在專案管理解決方案執行的早期階段發生的,此時的注意力及重心都放在解決方案上。層次三的應用與執行的衡量,則是在專案開始執行後才發生的,衡量的是執行的成敗。基本上,此一衡量指標反映的是解決方案的執行程度,亦即達成目標的程度。這個層面的評估是個關鍵性轉化,而且是專案管理解決方案全面執行後的第一個衡量指標。應用與執行是很重要的議題,此階段不但能辨識出各種成功的衡量指標,並能指出該如何加強方能更為成功。

多個專案的主要焦點

正如許多專案管理解決方案把焦點直接放在應用和執行上,解決方案的贊助者關切的也往往是這些成功的衡量指標。那些為了促使組織轉型和建立更強客層基礎的大型專案,在這個層面的評估都附帶許多關鍵議題。贊助者想知道,在專案管理解決方案的說明中,所有的利害關係人必須調整到何種地步,預期各項新

計分卡

行為、流程及程序又要執行到何種程度。客戶關切的這一切，正是應用與執行的核心。

問題、障礙與藩籬

當專案管理解決方案偏離目標時，第一個要問的問題是「發生了什麼事？」更重要的是，當專案管理解決方案顯然未能增加價值時，第一個要問的問題是「我們該如何改變專案的方向？」不論是哪種情況，關鍵都在取得資訊，找出阻礙成功的藩籬、執行解決方案時碰到的問題，以及解決方案在應用上的障礙。這正是層次三評估衡量應用與執行的任務：找出、檢視並處理解決方案的問題。在許多案例中，各主要的利害關係人都會直接參與解決方案的執行，會在進行改變或在未來採用其他方法的建議上，提供重要的意見。

促成因素與強化因素

若專案很成功，則要問的問題顯然是「我們如何在未來複製這次的成功，甚至更上一層樓？」答案仍然是在層次三。既然將來可以運用相同的項目複製流程，強化結果，關鍵就在於找出直接導致專案管理解決方案成功的因素。一旦主要的利害關係人能辨識出這些議題，不但可以促使專案解決方案更成功，並提供了成功必備的重要個案史。

獎賞成效最卓著的人

衡量應用與執行，可以讓客戶及專案團隊獎賞那些在流程應用與專案執行上做得最好的人。這個層面所採取的衡量指標，為各種的努力與角色提供明確的證據，同時也為績效評鑑或特殊貢

獻提供一個絕佳的基礎。這對於保持專案不致偏離目標並對未來的改進傳達一個強烈的訊息，通常都具有強化價值的效果。

關鍵議題

進行衡量專案管理解決方案的應用與執行流程時，有幾個關鍵議題需要處理。這些議題與層次一（反應／滿意度）的議題非常類似，其中有些議題會因為這類資料的蒐集是在後專案時期，而可能有些微的差異。

涵蓋的範圍

廣義而言，這套流程的涵蓋範圍與第五章提到的「如何衡量反應與滿意度」類似。然而，由於這個階段的評估是在流程的後半段進行，可能會出現其他的議題，成為評估成敗的額外契機。此外，一些在層次一預期的議題性質，到後專案時期會對後續發展的觀點產生改變。若是採用問卷來衡量應用與執行，涵蓋範圍就非常詳細。

來源

資料的來源與第五章提到的「如何衡量反應與滿意度」是一樣的。基本上，所有的主要利害關係人都是資料最好的來源。最重要的來源或許是那些實際參與應用與執行的人士，可能包括整個專案團隊，或是負責執行的團隊領導人。

時機

資料蒐集的時機可能有很大的差異。由於這是個後續追蹤的

活動，因此主要議題在於確定後專案時期執行評估的最佳時機。其中的挑戰在於如何分析應用與執行的性質和範圍，以及確定某個趨勢和模式最早的展開時間。這會在技能／工具的應用變成一種例行公事，以及在執行上大獲進展時發生。它有賴於判斷力，重點是盡早開始，如此才能進行各種可能的調整；但與此同時，必須等到專案全部執行完畢，才能看到行為上的重大改變並開始調整。假如專案的工期相當長，每隔三到六個月就要進行一些衡量，這種適時的評估可以不斷提供有關執行進展的訊息，並且清楚地顯示改進的程度，以及找出阻擾順利執行的問題。

責任歸屬

應用與執行的衡量可能牽涉到一些人的責任和工作。因為在專案完成之後的這個時期，可能會出現由誰負責後續追蹤的工作這類關鍵性問題。其中有許多可能的人選，從專案人員到客戶的人員，也可能選擇一位外部的獨立第三方。這件事應該在評估的規畫階段就處理，才不致於在責任的分配上造成誤解。更重要的是，擔任此一職責的人必須充分了解他們的職責性質與範疇，以及需要蒐集哪些資料。有關職責的其他資訊，留待其他的章節中討論。

利用問卷衡量應用與執行

由於問卷彈性大、成本低且容易執行，因此成為衡量應用與執行的主要資料蒐集工具。我們在第五章提到的問卷設計議題，同樣適用於衡量應用與執行的問卷擬訂。這裡討論的主題，將僅限於後續追蹤問卷的特定內容。

如何衡量執行、應用與進度

後續追蹤問卷的內容項目差異性可能非常大，但目的都是獲取有關應用、執行以及影響方面的資訊（即與層次三與四的資料）。圖7-1的問卷是在執行專案管理解決方案時採用的一份後續追蹤的評估。這份評估的目的，是利用後續追蹤問卷這種資料蒐集的主要方法，獲得投資報酬率的資料。我們想利用這個例子說明後續追蹤問卷可能的內容項目，以及許多相關的議題。

國家銀行（National Bank）遵行一種計畫周詳、透過購併的成長模式，然後推動一項專案，把一個大規模購併案整合到該銀行的體系中。該銀行的所有部門都參與了此項專案。為了改進專案管理的流程，專案團隊開始接受專案管理的訓練。此外，國家銀行還設立一間專案管理辦公室。

在專案進行六個月之後，就規畫採用圖7-1的問卷評估解決方案。該問卷涵括的資料，都是與應用和執行有關，有些甚至包括影響方面的衡量。問卷中有些項目是空白的，表示要視特定的解決方案而定。這類的回饋可幫助專案團隊了解，涉入的哪些部分是最有效、最有用的。

目標進度

有時候，對後續追蹤的評估而言，像是圖7-1中的第一道題目，評估解決方案的目標進度是很有幫助的。雖然這個議題通常都是在評估流程的初期就展開，但是在團隊有機會執行解決方案之後再重新審視目標，有時候還是頗有助益。

行動計畫的執行

假使在解決方案中需要採取某個行動計畫，問卷就應該提及此項計畫，並確定執行的程度。假如該項行動計畫要求的是非常

國家銀行專案管理的後續追蹤問卷

1. 以下列舉的事項是此次專案的目標。請回想這次的專案，然後在達成目標的成功度上做答。請利用以下的量表進行評分：

   1. 完全失敗
   2. 成功率很低
   3. 還算成功
   4. 大致成功
   5. 非常成功

此次專案的結果	1	2	3	4	5
a.	☐	☐	☐	☐	☐
b.	☐	☐	☐	☐	☐
c.	☐	☐	☐	☐	☐
d.	☐	☐	☐	☐	☐
e.	☐	☐	☐	☐	☐

2. 你是否曾經為此次的專案擬訂和執行過在職行動計畫？
   是 ☐　　否 ☐

   如果「是」，請描述該計畫的性質與結果。如果「否」，也請說明原因。_____

   _____

   _____

   _____

   _____

圖7-1　後續追蹤問卷調查範本

3. 請依據下面專案的每一項重要任務及元件，並利用以下的量表，評比你自己的工作與它們的相關性：

1. 毫無關聯
2. 關聯性很低
3. 有某些關聯
4. 許多方面都有關聯
5. 各方面的關聯性都很高

	1	2	3	4	5
	☐	☐	☐	☐	☐
	☐	☐	☐	☐	☐
	☐	☐	☐	☐	☐
	☐	☐	☐	☐	☐
	☐	☐	☐	☐	☐
	☐	☐	☐	☐	☐
	☐	☐	☐	☐	☐

4. 你在執行此次專案時，是否使用過相關的專案管理工具？
   是 ☐　　否 ☐

   請說明。＿＿＿＿＿＿＿＿＿＿＿＿＿＿＿＿＿＿＿＿
   ＿＿＿＿＿＿＿＿＿＿＿＿＿＿＿＿＿＿＿＿＿＿＿＿
   ＿＿＿＿＿＿＿＿＿＿＿＿＿＿＿＿＿＿＿＿＿＿＿＿
   ＿＿＿＿＿＿＿＿＿＿＿＿＿＿＿＿＿＿＿＿＿＿＿＿

5. 請簡要說明你在參與此次專案時，在知識與技能應用方面有哪些改變。請利用以下的量表說明：

1. 沒有改變
2. 少有改變
3. 有些許的改變
4. 有相當多的改變
5. 改變很大

圖7-1　後續追蹤問卷調查範本（續）

計分卡

	1	2	3	4	5	沒有機會 使用技能
a.	☐	☐	☐	☐	☐	☐
b.	☐	☐	☐	☐	☐	☐
c.	☐	☐	☐	☐	☐	☐
d.	☐	☐	☐	☐	☐	☐
e.	☐	☐	☐	☐	☐	☐
f.	☐	☐	☐	☐	☐	☐
g.	☐	☐	☐	☐	☐	☐

6. 此次的專案導致你的工作或專案團隊有哪些改變？ _____

_____

_____

_____

_____

7. 請指出任何可能與此次專案有關的特殊成就／改進。 _____

_____

_____

_____

_____

8. 就美元而言，上一題提到的成就／改進造就了多少金錢價值？只需就
第一年的成績做出說明。雖然這道題目很難回答，但請想些特殊的方
法把以上的專案改進轉換成金額。除了金錢價值之外，也請說明你的
計算基礎。

$ _____

基礎 _____

_____

_____

_____

圖7-1　後續追蹤問卷調查範本（續）

如何衡量執行、應用與進度

$ _____

基礎 _____
_____
_____
_____

有任何意見嗎？

9. 在專案中，經常還有其他的因素會影響改進的結果。請說明前面提到的改進與此次專案有直接關聯（而且與其他因素無關）的佔多少百分比。_____%

10. 你對前面的預估有多大的信心？（0%＝沒有信心，100%＝信心十足）_____%

請說明。_____
_____
_____
_____

11. 你認為此次的專案對國家銀行而言是不是很好的投資？
是□　否□

請說明。_____
_____
_____
_____

12. 請指出你認為該項專案對這些衡量指標影響的程度。請利用以下的量表表示：

1. 沒有影響
2. 影響很小
3. 有些影響
4. 頗受影響
5. 影響非常大

圖7-1　後續追蹤問卷調查範本（續）

計分卡

	1	2	3	4	5
a. 生產力	☐	☐	☐	☐	☐
b. 銷售	☐	☐	☐	☐	☐
c. 品質	☐	☐	☐	☐	☐
d. 成本控制	☐	☐	☐	☐	☐
e. 員工滿意度	☐	☐	☐	☐	☐
f. 顧客滿意度	☐	☐	☐	☐	☐
g. 其他＿＿＿＿＿＿＿＿	☐	☐	☐	☐	☐

13. 請對直屬專案團隊的成功率及該團隊的領導品質加以評比。請利用以下的量表評比：

1. 不成功
2. 成功率很低
3. 還算成功
4. 大致成功
5. 非常成功

團隊特質	1	2	3	4	5
能力	☐	☐	☐	☐	☐
士氣	☐	☐	☐	☐	☐
配合度	☐	☐	☐	☐	☐
溝通	☐	☐	☐	☐	☐

領導方面的議題	1	2	3	4	5
領導風格	☐	☐	☐	☐	☐
組織	☐	☐	☐	☐	☐
溝通	☐	☐	☐	☐	☐
對團隊的支持	☐	☐	☐	☐	☐
對團隊的訓練	☐	☐	☐	☐	☐

圖7-1　後續追蹤問卷調查範本（續）

如何衡量執行、應用與進度

14. 你曾經遭遇哪些阻礙到此次專案成功的障礙，如果有的話。請盡可能地說明。

15. 有哪些事對此次專案的成功有幫助？請說明。

16. 以下哪一句話最適合用來描述管理階層對此次專案的支持程度？
□管理階層根本不支持此項專案。
□管理階層對此項專案的支持度很低。
□管理階層對此項專案有適度的支持。
□管理階層對此項專案給予很大的支持。

17. 除了此項專案，在達成此次專案的業務需求及企業目標上，還有哪些有效的解決方案？

其中是否有能夠達成相同結果的解決方案？
是□　否□

請說明。

18. 你對於此次專案的改進有何建議？

19. 對於此次的專案還有任何建議嗎？

圖7-1　後續追蹤問卷調查範本（續）

計分卡

低調，或許在後續追蹤的問卷中只會出一道相關的題目，圖7-1的第二題就是很好的例子。假使該行動計畫的範圍頗為廣泛，並包含許多層次三和層次四的資料，那麼問卷扮演的角色就比較次要，而且大多數資料蒐集的流程都會直接把焦點放在完成的行動計畫的現狀上。我們會在本章的後半段探討行動規畫的流程。

專案管理解決方案的相關性

雖然專案管理解決方案的相關性通常是在專案一開始時，利用層次一的資料進行評估，但是在經過應用與執行之後再評估解決方案各方面的相關性，也是很有幫助（請參見第三題）。層次一的資料是在進行解決方案後，立即提供回應者所認為的相關性資訊。層次三的資料所提供的資訊則是技能、知識、流程及工具在實際使用後的相關性。這些訊息不但能夠增加他們所認知的相關性的可信度，還可以對照執行時期的情況。

材料的運用

假如能夠提供專案團隊成員一些運用在專案管理的工具、工作輔助及參考資料，對確定這些材料的使用程度或許頗有幫助，對於分發了操作手冊、參考書籍及工作輔助，並說明這些材料如何應用在專案管理解決方案上，然後如預期地用於專案的情況，幫助尤其大。圖7-1的第四題就是把重點放在這個議題上。

知識／技能的運用

技能與知識的應用，是後續追蹤問卷的另一項重要議題。絕大多數的專案管理解決方案，都需要學習各種技能與知識。如圖7-1的第五題，把一些特定的技能與知識領域列舉出來，並將問

如何衡量執行、應用與進度

題鎖定在執行專案管理解決方案後產生多少改變。若是缺乏專案執行之前的資料，不妨採用這個方法；假如已經蒐集到專案執行之前的資料，利用同樣類型的題目比較專案執行之後與之前的評估會較為恰當。有時候，這對確定與解決方案有直接關聯，而且對最常使用的技能相當有幫助。這類問題若要問得更為仔細，就必須列出每一種技能，並且說明使用的頻率。就許多的技能而言，重要的是在學會之後能夠盡快、盡量的運用，才能把這些技能加以內化。

專案工作上的改變

有時候，若能確定專案團隊的工作中哪些特性的改變是因為解決方案產生的，會有很大的幫助。如圖7-1第六題顯示的，參與者要探討的是技能的應用對於改變專案團隊工作的實際狀況。

改進／成就

圖7-1中，從第七題開始四道一系列有關影響的問題，對大多數的後續追蹤問卷調查是相當適合的。系列中的第一道問題，是要找出與專案管理解決方案有直接關聯的成就與改進，重點放在專案團隊成員能輕易確認出某些可以衡量的成功。由於這是一道開放式題目，因此對於尋找一些例子，讓答案能夠依照要求顯示其性質與範圍，有很大的幫助。然而，這些例子也可能相對的會讓答案受限。

金錢方面的影響

圖7-1的第八題可能是其中最難的，該題要求團隊成員將第七題中確認的改進換算成金額。雖然這些都是屬於業務影響方面

的資料，但若是能在這個階段蒐集，或許會很有用，不過只需蒐集到第一年的改進資料即可。團隊成員會被要求說明實際上的改進，如此一來，換算的實際金額才是執行解決方案真正獲得的。計算的基礎則是此道題目的重要部分，成員必須詳細說明為了創造年淨值所採取的步驟，以及他們在分析中所做的假設。詳細說明這個基礎的始末，對了解整個流程是非常重要的。

與解決方案有關的改進

圖7-1的第九題是影響系列的第三題，該題把解決方案的影響分離出來。專案團隊成員要指出，有多少百分比的改進與解決方案直接有關。另一種方法是列出影響結果的種種因素。然後，要求專案團隊成員指出，每個因素佔整體影響的百分比是多少。

信心水準

為了調整整個影響的系列問題中所提供的不確定資料，會要求專案團隊成員表示他們對自己每一項估計的信心度。這個信心因素會以百分比表達，範圍是0~100%，請參見圖7-1的第十題。這種用來調整參與者估計的方式，說明了它們的不確定性。這種保守的做法可增加整個估計流程的可信度。

投資方面的認知

專案團隊成員對解決方案的價值認知，是很有用的資訊。正如圖7-1的第十一題，詢問團隊成員是否認為該解決方案是個好投資。另一種問法是在題目中顯示解決方案的實際成本，好讓成員做更精確的回答。此外，可以把該題分成兩部分：一是由組織反映出來所投資的金額，一是成員在解決方案上所投入的時間。

如何衡量執行、應用與進度

這個認知價值正是執行解決方案的一個指標。

與成果衡量指標的關聯

　　有時候，若能確定解決方案對某些成果的衡量指標影響的程度，是很有幫助的。如圖7-1的第十二題顯示的，團隊成員常會被要求說明，他們認為某些特定的衡量指標受到解決方案影響的程度有多大。然而，若是無法確定有哪些衡量指標受到影響，就應列舉已知受到影響的潛在企業經營績效衡量指標，並要求成員指出，他們認為有哪些衡量指標已受到影響，這麼做將可以找出那些受到解決方案影響最大的衡量指標。

專案團隊的成敗

　　有時向專案團隊請教有關工作關係的意見，也是頗有幫助。此外，大型專案非常仰賴專案領導團隊的品質。圖7-1的第十三題，要求團隊成員指出專案團隊成功的程度，以及專案領導的品質。這類的資訊對未來專案／管理解決方案的調整很有幫助。

障礙

　　影響專案解決方案成功的障礙有好幾種。圖7-1的第十四題就點出這些障礙。另一種做法是，把所認知的障礙列舉出來，然後由專案團隊成員將所有符合的勾選出來。還有另一種出題的方式，是列出各種障礙，並以一系列的程度區分，確認這些障礙破壞結果的程度。

促成因數

　　促成因數與障礙同等重要，指的是那些會讓專案解決方案成

功的議題、事件或情況。這類的問題與障礙的題目一樣，也有好幾種問法。圖7-1的第十五題說的就是這個議題。

管理階層的支持

新學到的專案管理解決方案是否能夠成功地應用，管理階層的支持至關重要。在問卷中至少要有一道有關管理階層支持程度的題目。有時候這道題目是採取結構式的，仔細描述管理階層可能做到的各種支持程度，由專案團隊成員勾選出適合他們情況的答案。圖7-1的第十六題就是這樣的例題。

解決方案的適當性

就專案的績效問題而言，某一特定的專案管理解決方案，通常只是眾多可能的解決方案中的一個。假如一開始的分析和需求評估就有問題，或有其他的解決方案能夠達成預期的業務需求，其他的解決方案可能會有相同、甚至更好的成效。專案管理團隊成員會被要求，找出其他曾經有效達成相同或類似結果的解決方案。圖7-1的第十七題就屬這類型。專案團隊可利用這類資訊協助流程的改進，並了解其他方案的運用。

改進的建議

專案團隊成員會被要求，針對解決方案有任何需要改進的部分提出建議。圖7-1的第十八題是一個開放式的結構，目的在於尋求可做為改進之用的質化答案。

其他建議

最後的一個步驟，則是徵詢其他有關專案解決方案的建議。

如何衡量執行、應用與進度

這是一次很好的機會，不僅可以提供額外的無形利益、現在關切的事宜，還可能為未來需要處理的議題提供建議。圖7-1的第十九題就是一個典型的題目。

利用訪談與焦點團體以衡量執行與應用

訪談與焦點團體可以蒐集執行與應用方面的資料，做為後續追蹤的一個基礎，所需設計的步驟及工具方面的執行都與第五章提到的一樣，在此不再贅述。

觀察成員的工作情況以衡量執行與應用

另一種可能很有用的資料蒐集法，就是觀察團隊成員的工作情況，並記錄他們在行為上的任何改變及採取的特定行動。當重點是要精確地知道成員如何運用新技能、知識、任務、程序或系統時，這種技術更是特別管用。當重要技能的發展成為專案管理解決方案的最主要部分時，通常都會採用團隊成員觀察法。觀察者可能是該專案的領導人、小組成員之一或是一位外來人士。最常見可能也最切實可行的觀察者，則莫過於專案的領導人。

有效觀察的準則

在許多評估案例中，觀察常常遭濫用或誤用，有些情況還導致被迫放棄整個流程。遵照以下的準則可提升觀察的成效：

觀察者必須做好萬全準備

觀察者必須充分了解該解決方案需要哪些資訊、會使用到哪

些技能。他們必須做好準備,並提供實施觀察技巧的機會。

必須做有系統的觀察

整個觀察的流程必須經過規畫,才能在沒有任何的意外情況下有效地執行。應該事先個別通知團隊成員有關此次的觀察,並說明觀察的理由。假如計畫進行暗中的觀察,則受觀察對象應該在不知情的情況下受到監督。觀察的時機也應該包括在計畫中,必須拿捏得宜,有好的觀察的時機,當然也有壞的時機。假使被觀察者的工作與正常情況不一樣(譬如處於危機狀態),所蒐集的資料可能就沒有用。

要觀察成功,就得採取以下系統化的步驟:

1. 確定有哪些行為需要觀察。
2. 準備好觀察者要使用的各式表格。
3. 挑選觀察者。
4. 備妥一份觀察計畫時間表。
5. 幫觀察者做好準備,以便做出正確的觀察。
6. 通知專案團隊成員有關觀察的計畫,並加以說明。
7. 進行觀察。
8. 摘錄整個觀察資料的重點。

與之前衡量與評估流程的種種步驟一樣,觀察工作的規畫與執行,對確保每一步驟的成功都大有幫助,其中還包括透過觀察取得層次三的資料。

觀察者應該知道如何詮釋和呈報觀察到的情況

觀察牽涉到判斷力。觀察者必須分析團隊成員的行為及其採取的行動。觀察者必須知道如何扼要說明這些行為,並且以一種

有意義的方式報告結果。

要將影響受觀察者的程度降到最小

　　除了「秘密」或「安排好」的觀察者以及電子觀察之外，觀察者的總體效應是不可能完全排除的。專案團隊成員會展現他們認為最適當的行為，表現出最好的一面。觀察者必須盡量隱藏自己的存在，盡可能地融入工作環境中。

慎選觀察者

　　觀察者與專案團隊成員之間通常沒有任何關係，他們通常是專案領導人或第三方的觀察者。獨立的觀察者通常在記錄及詮釋行為這方面比較高明，而且通常沒有成見。聘用一名獨立的觀察者不但可以減少為觀察者做好準備的需要，也可以減輕專案領導人的責任。反過來說，這位獨立觀察者是以外來者的身分出現，團隊成員可能會討厭這類的干擾。有時候，招募組織外部的人士當觀察者比較可行。另一個好處是，可以中和決策中可能會產生的偏見感。

觀察的方法

　　在此推薦五種觀察法，要採用哪一種，取決於需要蒐集的資料類型所處的環境。以下是這五種方法的簡短介紹。

行為檢核表及代號

　　行為檢核表可用來記錄專案團隊的行為發生與否、發生的頻率或發生時間的長短，但無法提供行為品質、強度或周遭可能狀況的相關資訊。不過，由於觀察者可以精確地辨認出哪些行為應或不應該發生，因此這份檢核表還是很有用的。在衡量行為的時

間長度方面就較為困難了，需要一只碼錶以及一個能夠在表格上記錄時間間隔的地方。但比起是否觀察到某一種特定行為及其出現的頻率，這個因素通常沒那麼重要。檢核表中列舉的行為項目數量不要太多，若是行為的出現一般是有次序的，就應該合理地列舉出來。這套方法的另一種做法是，在表格上把種種行為以代碼表示。如果要記錄的行為繁多，這個方法還滿有用的，但是由於每種行為都要輸入一個代號，而不是直接檢核行為項目，因此比較耗時。

延遲報告法

利用延遲報告法，觀察者在整個觀察期間就不必使用任何表格或書面材料。這類的資訊不是在完成時進行記錄，就是在觀察中的某些特定時段進行記錄。觀察者試圖重建觀察時期看到的情況。這套方法的優點是，觀察者不致引人注意，而且在觀察期間不必填寫任何的表格或備忘錄。觀察者像整個狀況中的一分子，比較不會讓人分心。但其中有個明顯的缺點：比起當場蒐集的資訊可能較不精確也較不可靠。另一種變通做法是360度的回饋流程：在規定的特定時段中對其他人的觀察進行調查。

錄影記錄

利用攝影機記錄行為中的每個細節。然而，錄影會干擾團隊成員，引發不必要的緊張或難為情，出現怪異和笨拙的行為。採用隱藏式攝影機，又可能侵犯到成員的隱私。有鑑於此，用錄影記錄工作時的行為很少採用。

監聽

監聽正在應用解決方案技能的團隊成員的對話，是一個有效

行動計畫

姓名 _____ 專案領導人簽名 _____ 後續追蹤日期 _____

目標 _____ 評估期 _____ 到 _____

行動步驟	預期結果	預定完成日期	責任歸屬
1.			
2.			
3.			
4.			
5.			
6.			
7.			
8.			

意見：_____

圖 7-2 典型的行動計畫

的觀察技術。雖然這套方法或許會引發爭議，對確定技能的應用是否有效且持續卻相當有效。為能順利地運作，必須做充分的解釋說明，各項規定也必須溝通清楚。

電腦監控

只要做得到，電腦監控已成為「觀察」團隊成員執行工作任務的有效方法。利用電腦監控行為出現的頻率、步驟、例行工作的使用及其他活動，以確定成員是否按照專案管理解決方案的準則執行工作。在日新月異的科技成為職場非常重要的一部分的同時，電腦監控越來越受到重視。這對於應用與執行方面的資料特別有幫助。

利用行動計畫和
後續追蹤任務衡量執行與應用

在某些情況中，後續追蹤的任務可以發展出執行與應用方面的資料。典型的後續追蹤任務是，要求專案團隊成員根據一組資料達成某個目標，或完成一個特別的任務或專案。完成任務的結果摘要可以為解決方案的成敗及新技能和知識的實際執行，提供更多的證據。

後續追蹤任務的流程中最常見的類型就是行動計畫。這套方法要求團隊成員擬訂行動計畫，做為解決方案的一部分。行動計畫的內容包括達成種種特定目標的詳細步驟。為了強化對專案解決方案的支持，並建立成功應用和執行解決方案所需的主導感，這套流程是最有效的方法之一。

通常會用如圖7-2顯示的一份印刷好的表格來擬訂計畫。行

動計畫中會顯示該做什麼、由誰做,以及這些目標何時該達成。對確定團隊成員如何改變他們在工作方面的行為,以及如何利用專案管理解決方案成功達成目標而言,行動計畫是一套既直接又容易運用的方法。這套方法所產生的資料,正可以用來回答以下的問題:

☐ 自從執行解決方案之後,帶來哪些工作上的改善?

☐ 這些改善是否與解決方案有關?

☐ 有哪些事物可能妨礙團隊成員達成特定的行動項目?

有這樣的資訊,專案團隊領導人就可以決定是否要修改該專案,如果來得及又該用哪些方式修改。接著,專案經理可以對這些發現進行評估,以做為評估解決方案成敗的依據。

擬訂行動計畫

行動計畫的擬訂有兩大任務:確定行動範圍,以及擬妥行動項目。這兩項任務都應該在解決方案執行期間完成,同時必須與工作活動有關。可在專案領導人的協助下,擬妥一份行動範圍的清單。這份清單可以包括一個需要改進的領域,或是再提出一個強化績效的機會。以下是確定行動範圍前應該回答的典型問題:

☐ 這項行動需要多久的時間?

☐ 是否具備了達成此行動項目所需的各項技能?

☐ 誰具有執行此行動計畫的權力?

☐ 這項行動是否會影響到其他人?

☐ 組織是否有任何會阻礙此行動項目達成的限制?

通常,擬妥特定的行動項目要比確認行動範圍更困難。行動

項目的最重要特性是，它是採取書面的方式，好讓每位參與者都知道行動會在何時發生。使用特殊的行動動詞，並且為每個行動項目的完成訂定截止的日期，都對達成此一目標有所幫助。以下列舉一些行動項目的例子：

☐ 在（某月某日）之前要施行新的顧客合約軟體。

☐ 在（某月某日）之前，每一頁公文都要一次就處理好，以改進我個人的時間管理。

☐ 在（某月某日）之前，要直接向我的顧客探詢某個特定問題。

假如適合，每個行動項目都應說明完成該行動項目所需的其他人力或資源。應仔細觀察原本計畫的行為是否有所改變；當改變發生時，不論是團隊成員或其他人都應該明顯地觀察得到。在這樣的情況下採用行動計畫，儘管不需要專案領導人事前的核准或建議，但無論如何，能得到他的支持多少會有幫助。

成功運用行動計畫

行動計畫的流程，可視為整個顧問諮詢必須介入的一部分，不能當成一種附加或可任意選擇的活動。為了讓行動計畫在蒐集評估資料方面發揮最大的效用，應實行以下的步驟。

盡早就行動計畫中的要求進行溝通

在介紹行動計畫的流程時，經常會引起震驚，這是行動計畫最負面的反應之一。當團隊成員知道他們必須擬訂一份詳細的行動計畫時，往往會立即引發一股內在的抗拒。在向成員出示該流程將成為整個解決方案不可或缺的一部分之前，事先溝通經常能

如何衡量執行、應用與進度

夠將抗拒之心降到最低。若成員在參與解決方案之前就對其好處有充分的了解，自然會更認真地看待這個流程，而且通常會為了確保成功而更努力。

專案一開始就要說明行動規畫流程

在舉行第一次會議時，就應討論行動計畫的要求，包括整個流程目的大綱、需要行動計畫的理由，以及執行專案管理解決方案期間和事後的基本要求。有些團隊領導人會另外提供團隊成員一份記事本，為他們的行動計畫蒐集一些想法及有用的技術。這個方法對於促使成員更專注於流程相當有效。

教導團隊成員行動規畫的流程

了解整個行動規畫的運作方式及如何擬訂特定的行動計畫，是行動規畫能否成功的重要先決條件。專案解決方案有部分時間會花在教導團隊成員如何擬訂計畫。這樣的小組討論會概述種種要求，討論特殊形式的表格和程序，並分發給團隊成員一個正面的案例，然後加以檢討。有時候可能會花上半天時間討論整個流程，以便讓成員對此有充分的了解，而且知道如何運用。任何可以取得的輔助工具，像是主要的衡量指標、圖表、圖示、建議的主題及計算範本等，都應該在此次的小組討論中使用，以推動計畫的擬訂。

挪出時間擬訂計畫

若行動計畫是為了專案解決方案的評估而蒐集資料，那麼，容許團隊成員在專案管理解決方案的執行期間花些時間擬訂計畫就很重要。有時，讓成員以團隊的方式合作是非常有幫助的，因為如此一來，他們在擬訂某些特定的計畫時可分享彼此的想法。

在這些小組討論中，專案經理通常會監督其他個別成員或整個團隊的進度，確保流程緊隨目標，並且回答他們所提的任何問題。

由專案領導人核准行動計畫

基本上，行動計畫不但要與專案管理解決方案的目標相關，完成時也必須是組織的重要成就。團隊成員很容易偏離行動規畫的原意與宗旨，而把注意力放在不該放的地方。因此，讓成員在行動計畫上確實簽署，有助於讓該計畫反映出完整執行解決方案所需的種種要求。

要求專案團隊成員把專案管理解決方案的影響分離出來

雖然行動計畫肇因於專案管理解決方案，但實際上，計畫的改進報告可能會受到其他因素的影響。因此，改進的功勞不應該完全歸因於行動規畫流程。譬如，一個降低產品不良率的計畫，只能算是整個改進的一部分，因為通常還有其他變數會影響到不良率。雖然把專案管理解決方案分離出來的方法有好多種，團隊成員的預估通常比較適用於行動規畫流程。因此到最後，往往會要求成員預估，真正與某一特定的解決方案有關的改進部分佔多少百分比。這個問題可以在行動計畫表格或後續追蹤問卷中提出來。

盡可能要求對整個小組做行動計畫的簡報

讓團隊成員在同仁面前說明他們的行動計畫，是讓他們對行動規畫流程許下承諾及建立主導感的最好方法。行動計畫的簡報可確保該流程是經過完整的發展，而且在工作上會實際地執行。假如成員人數眾多，無法進行個別的簡報，或許可以分成好幾個團隊，從中挑選一名成員擔任發言人。在這種情況下，團隊通常會從中挑選出最好的行動計畫，對整個小組進行簡報。

如何衡量執行、應用與進度

就後續追蹤的機制進行解說

專案團隊成員對於整個行動計畫的時機、執行及後續追蹤，必須清楚的了解，而且應該就這套方法中的資料蒐集、分析與報告進行公開討論。以下是五種較為普遍的做法：

1. 召集整個小組人員對計畫的進度進行討論。
2. 專案團隊成員與直屬經理面談，就順利完成計畫進行討論，並將副本分發給每位團隊領導人。
3. 將評估者、團隊成員和專案領導人召集在一起開會，就計畫及其中所含之資訊進行討論。
4. 團隊成員將計畫交給評估者，並在電話會議上進行討論。
5. 最常見的做法是，團隊成員不必經過任何的會議或討論，即可將行動計畫直接交給專案領導人或評估者。

雖然還有其他蒐集資料的方法，但重要的是選擇一個適合組織文化及各種限制的機制。

在預定的後續追蹤時間內蒐集各項行動計畫

為了確保行動計畫如期完成，並且把資料歸還給適合的個人或小組進行分析，有幾個對是否能獲得絕佳的回應率至關重要、不可或缺的步驟。有些組織會利用郵件或電子郵件做為後續追蹤的提醒之用，有些組織會要求專案團隊成員檢查進度，有的則針對最終計畫的擬訂提供協助。這些步驟可能會需要更多的資源，這方面必須權衡蒐集更多資料的重要性。正如本章前面概略提過的，在執行行動計畫流程時，回應率通常比較高，大約是50～80%。一般來說，成員會知道該流程的重要性，並且在專案管理解決方案期間詳細地擬訂自己的計畫。

計分卡

資料的摘錄與報告

假如每份行動計畫都能獲得適當的發展，應該會有所改進。同時，不論是在行動計畫或問卷上，每個人也都可以指出與專案管理解決方案有直接關聯的改進佔多少百分比。資料應該以一種可以顯示出成功的應用與執行的方式繪製成表格、加以摘錄並做成報告。

行動計畫的優缺點

儘管採用行動計畫有諸多優點，但至少有兩個地方要小心：

1. 整個流程完全仰仗專案團隊成員提供的訊息，而且通常不一定會採取匿名方式。正因為如此，有時他們提供的資訊可能有偏見而且不完全可靠。
2. 對團隊成員而言，行動計畫可能是非常耗時的工作。假如專案領導人沒有參與整個流程，則成員有可能不會完成這項任務。

行動計畫這個方法有許多固有的優點：執行上既簡單又容易；對專案團隊成員而言，是個很容易了解的方法；適用於多種的專案管理解決方案；適合各種類型的資料；可以用來衡量反應、學習、行為的改變以及結果；而且不論是否與其他的評估方法共同運用，都可以採用。

由於該流程極具彈性與變通性，同時在分析時可進行微調，因此行動計畫已然成為評估專案管理解決方案非常重要的資料蒐集工具。

利用績效合約衡量執行與應用

　　本質上，績效合約與行動規畫流程並沒有太大的差異。根據互惠目標設訂的原則，績效合約是專案團隊成員與專案領導人之間的書面協議。成員同意，在一個雙方都認為與專案管理解決方案有關係的領域中，提升自己的績效。這項協議是一種專案或一個目標的形式，而且要在解決方案開始執行後盡快完成或達成。此一協議明訂所要達成的目標事項、何時達成，以及該達成的結果。

　　雖然採取的步驟會依合約的種類及組織而有所不同，不過接下來通常會依序進行一些事情：

1. 專案團隊成員會開始涉入專案管理解決方案。
2. 團隊成員與專案領導人，彼此會在一個與專案管理解決方案改進有關的主題上達成協議（如「我能從中獲得什麼？」）。
3. 設定某些特定可衡量的目標。
4. 一旦就該項合約進行討論，團隊成員就等於是投身於解決方案之中，並且擬訂出達成各項目標的計畫。
5. 在專案管理解決方案開始執行之後，團隊成員將根據訂定的截止日期，努力達成合約上的要求。
6. 團隊成員向專案經理報告努力的各項成果。
7. 專案經理與團隊成員將各項成果製成文件，然後把這份文件的副本及一些適當的評語交給專案評估者。
8. 進入解決方案之前，由雙方共同挑選主題或要採取的行動，或是需要提升的績效。

選擇改進領域的流程與選擇行動規畫的流程類似。這個主題可能涵蓋下列各領域中的一個或數個：

☐ 例行工作的表現：包括在例行工作績效的衡量指標中某些特定的改進，如生產、效率及誤差率。

☐ 問題的解決：將焦點鎖定在某些特定的問題上，如意外事件突然增加、效率不彰或士氣低落。

☐ 創新或富創意的應用：包括提倡工作實務、方法、程序、技術及流程等方面的變革或改進。

☐ 個人的發展：這牽涉到為了提升個人的效能，學習新的資訊或是新的技能。

而且要以一或多個目標的角度說明選擇的主題，還應說明在合約完成時要達成哪些目標。這些目標必須是：

☐ 以書面的方式表示。

☐ 讓所有的參與者都能了解。

☐ 富挑戰性（要求達成一項不尋常的成績）。

☐ 做得到的（是一件可以達成的事情）。

☐ 大體上要在專案團隊成員能控制的範圍內。

☐ 可衡量而且要訂定日期。

至於達成合約種種目標的細節擬訂準則，和前面提到的行動計畫準則一樣。資料分析及進度報告的方法，基本上也與行動規畫流程一樣。

衡量應用與執行的捷徑

對大多數專案管理解決方案而言，應用與執行的衡量是一個關鍵性議題。除非你了解主要利害關係人正在使用這個流程的狀況，否則很難知道解決方案是否成功。儘管本章提出許多衡量應用與執行的技術，範圍從問卷、觀察直到行動計畫，但要針對低調、成本低的解決方案採取一個簡化的方法，不妨採用一份簡單的問卷。圖7-1顯示的是針對一個複雜的解決方案設計的非常詳細的問卷，若針對的是為規模較小的解決方案設計一個更簡化的問卷，則提出5~6個主要議題就夠了。而且要鎖定在一些真正有改變的領域，像是：

☐工作與技能的應用。
☐某些特定的執行議題。
☐執行的成功度。
☐執行時碰到的問題。
☐支持該專案的議題。

這些都是非處理不可的核心議題。

另一種做法是把蒐集到的反應與滿意度方面的資料，與應用和執行方面的資料合併。這些都是相關的議題，把一份問卷與本章及第五章提到的與主題相關的重要議題合併，可能就足夠了。整個重點在於，以最簡單方法蒐集資料，然後檢視整個專案解決方案的運作情況。

結語

　　本章提綱挈領地概述種種衡量應用與執行的技術——一個決定專案管理解決方案成敗的關鍵性議題。這個非常重要的衡量指標，不但決定了能否順利達成目標，也決定了哪些部分需要改進，以及哪些部分的成功可以在未來複製。可運用的技術非常多，從觀察、問卷到行動計畫，但選擇的方法必須配合專案解決方案的範疇。複雜的解決方案需要一個面面俱到的方法，以衡量所有與應用和執行有關的議題；簡單的專案則可以採取較不正式的方法，而且只從問卷中蒐集資料即可。

延伸閱讀

Boyce, Bert R., Charles T. Meadow, and Donald H. Kraft. *Measurement in Information Science*. San Diego: Academic Press, 1994.

Gummesson, Evert. *Qualitative Methods in Management Research*, revised ed. Newbury Park, CA: Sage Publications, 1991.

Krueger, Richard A. *Focus Groups: A Practical Guide for Applied Research*, 2nd ed. Thousand Oaks, CA: Sage Publications, 1994.

Kvale, Steinar. *InterViews: An Introduction to Qualitative Research Interviewing*. Thousand Oaks, CA: Sage Publications, 1997.

Langdon, Danny, G. *The New Language of Work*. Amherst, MA: HRD Press, Inc., 1995.

McClelland, Samuél B. *Organizational Needs Assessments: Design, Facilitation, and Analysis*. Westport, CT: Quorum Books, 1995.

Phillips, Jack J., Ron D. Stone, Patricia P. Phillips. *The Human Resources Scorecard: Measuring the Return on Investment*. Boston: Butterworth-Heinemann, 2001.

Phillips, Jack J. *The Consultant's Scorecard*. New York: McGraw Hill, 2000.

Rea, Louis M. and Richard A. Parker. *Designing and Conducting Survey Research: A Comprehensive Guide*, 2nd ed. San Francisco: Jossey-Bass Publishers, 1997.

Renzetti, Claire M. and Raymond M. Lee (Eds.). *Researching Sensitive Topics*. Newbury Park, CA: Sage Publications, 1993.

Schwartz, Norbert and Seymour Sudman (Eds.). *Answering Questions: Methodology for Determining Cognitive and Communicative Processes in Survey Research*. San Francisco: Jossey-Bass Publishers, 1997.

第 八 章

如何獲取業務影響資料

為什麼要衡量業務影響？

雖然衡量業務影響有好幾個明顯的理由，但有三個特別的議題支持蒐集執行專案解決方案相關的業務影響資料。

較高層次的需要

許多專案管理解決方案的產生，是因為專案結果需要改進。許多專案的構思是根據層次四的需要，也就是受到專案的應用與執行的驅使。它們往往代表如果專案成功，則各項基本的衡量指標是呈正向改變的。假如由業務上的衡量指標所界定的業務需求是專案的驅動因素，那麼用來評估該專案的主要衡量指標就是業務影響。

換言之，那些實際上已經改變的衡量指標，就是決定專案管理解決方案成敗的主因。

主要利害關係人的報酬

　　業務影響資料反映的，往往是從利害關係人的角度來看一些重要報酬的衡量指標，而且往往是一些利害關係人最想要、希望看到有所改變或改進的衡量指標。它們通常是代表一些嚴酷、無可反駁的事實，反映出績效表現對企業或組織的營運單位至關重要。

容易衡量

　　業務影響資料中的一個特質是，往往非常容易衡量。這個層次衡量的硬性和軟性資料，通常反映出大多數組織中都發現得到的主要衡量指標。對組織而言，找出成千上百個可反映出一些特定業務影響項目的衡量指標，是很稀鬆平常的，其中的挑戰在於，如何把專案目標與適當的業務衡量指標連結起來。若是在專案完成後才把專案目標與預期的組織業務績效連結，往往來不及補救，因此在專案一開始時就進行連結會比較容易達成。

資料的種類

　　蒐集與專案目標有直接關聯的資料，是評估專案的基本前提。專案經理有時會擔心在組織中蒐集不到適合的資料。幸好，這種事不常發生。大多數的情況是，用來評估專案業務影響層次所需的資料都已經蒐集好了。不過，有時候專案預計的成果類型還是會造成混淆。

　　通常，把焦點鎖定在技能與行為成果上的專案，反映的是專案團隊成員在專案完成後能做的。有些解決方案的成果很容易觀

計分卡

察及評估，譬如，一個以新團隊為基礎的裝配線，其速度和品質就很容易衡量。然而，與變更管理有關的行為成果就不很明顯，也不容易衡量。要展現經理人是個有效的變更力量，遠比展現某條裝配線的操作在品質與數量上都一直達到標準更困難。

　　為了幫助專案經理把焦點放在預期的業務影響衡量指標上，必須區分兩種一般類型的資料：硬性資料與軟性資料。硬性資料是改進方面的首要衡量標準，也就是合理、不容反駁而且容易蒐集的事實；它們也是人們最想蒐集的資料種類。衡量管理成效的首要標準取決於硬性資料項目，像是生產力、獲利力、成本控制及品質控管等。

　　硬性資料指的是：

□易於衡量及量化的。
□換算成金額相當容易。
□以客觀為基礎。
□屬於一個組織績效的共同衡量指標。
□受到管理階層的信賴。

　　由於要在組織產生變化的幾個月後這些資料才會有所改變，因此我們極力推薦採用軟性資料的衡量指標做為期中評估，如態度、士氣、滿意度及技能的運用等，以補足這些衡量指標。雖然一個以增加競爭力或管理變革為目的的專案，應該會對硬性資料項目產生最大的影響，但是利用軟性資料項目來衡量，效率可能更高。儘管軟性資料的蒐集與分析較困難，不過在無法獲取硬性資料的情況下卻很有用。

　　軟性資料指的是：

□有時很難直接衡量或量化。

□很難換算成金額。

□有許多的情況是以主觀為基礎。

□做為績效衡量指標較不可信。

□通常是以行為為導向。

硬性資料

　　如圖8-1所示，硬性資料可分成四大類（亦稱為四大分支）。幾乎所有組織都把這四大類別——產出、品質、成本及時間——當成基本的績效衡量指標。當無法獲取這些資料時，基本的做法是把軟性資料轉化成四個中的一個。

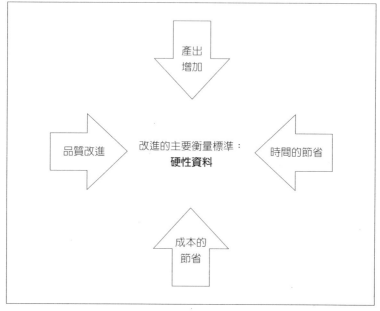

圖8-1　硬性資料的四大類別

產出

在許多專案所達成的硬性資料結果中,最顯而易見的可能是與工作單位產出有關的改進。不論是哪種類型的組織都有工作產出的基本衡量標準,表8-1列出各種衡量標準的類型。由於組織會監看這些因素,因此藉由比較工作產出前後的差異,即可輕易地衡量其間的改變。

品質

品質是在專案管理計分卡中,做為業務影響衡量指標最重要的硬性資料結果之一。品質是每個組織都關切的議題,而且通常都會設立種種的流程加以衡量及監督。許多專案的目的就是為了改善品質,利用表8-1中列舉的各種品質改善的衡量標準,即可輕鬆地佐證所得之結果。

成本

另一項主要的硬性資料結果的領域,就是成本方面的改進。許多直接造成成本節省的專案,可以在帳面上輕易看出成果。表8-1列出幾種有關成本的例子。在成本會計系統中,有多少的帳目就可能會有多少的成本項目。此外,還可以把各類成本組合起來,發展出依據評估目的所需的組合數目。降低成本,幾乎一直是專案管理計分卡的主要衡量指標之一。

時間

時間是第四個硬性資料類別,不但容易衡量,而且與成本和品質同等重要。節省時間可能意味著專案完成的速度比預計快、新產品提早推出,或銷售完畢的時間縮短。這樣的節省可詮釋為產出增加或營運成本降低。表8-1也列舉了一些因專案造成節省

如何獲取業務影響資料

表 8-1　硬性資料範例

產出	時間	成本	品質
單位的產出	週期時間	預算差異	廢品
製造的產品數	回應抱怨的時間	單位成本	浪費
裝配的項目	設備停機的時間	帳戶成本	退貨
銷售的項目	加班	變動成本	誤差率
銷售量	平均的延遲時間	固定成本	重做
處理的表格	完成專案的時間	間接成本	短缺
核准的表格	處理的時間	營運成本	產品不良率
存貨的資款	監督的時間	延遲成本	不符標準
存貨的週轉率	培訓的時間	罰款／罰金	產品故障
看診的人次	會議的時間	節省專案的成本	存貨調整
受理的申請	修復的時間	意外事件的成本	正確完成任務的百分比
畢業人數	效率（以時間為基礎）	計畫成本	意外事件的數量
完成的任務	工作中止的時間	銷售經費	顧客抱怨
生產力	回應訂單的時間	行政成本	
積壓的工作	遲交報告	降低成本的平均數	
獎勵獎金	損失的天數		
裝運			
新增的帳戶			

計分卡

時間的例子。

　　雖然對專案經理而言，有了這四類的硬性資料，預測專案解決方案的業務影響會變得比較容易，但由於這四組硬性資料有些重疊的因素要考慮，因此其間的區別往往不很清楚。譬如，意外事件的成本可能會列在成本類別下，然而意外事件的次數卻列在品質類別下，而因為意外事件造成的工作天數損失卻又列在時間類別下。為何會如此？意外事件是否代表一項成本，是很容易決定的；意外事件通常起因於某人的錯誤，而且往往反映的是員工工作的品質；對組織而言，工作天數的損失代表時間上的損失。獎勵金則可能列為產出，原因在於獎金的數量通常與員工個人或小組的產出有直接關係；然而，獎金通常用現金代表，對組織而言不啻是一種成本。在這四個領域中，不同類別之間的區分，還不如對多種衡量標準的了解來得重要。

軟性資料

　　有時候，就是找不到硬性、合理的數字。碰到這種情況，軟性資料對專案的評估可能就很有意義了。表8-2所示是一般軟性資料的種類，可以分成五大類或五大支：工作習慣、氛圍／滿意度、顧客服務、員工發展及進取心。當然，或許還有許多方法可以將軟性資料分門別類。由於軟性資料的種類不勝枚舉，因此幾乎可說是趨於無限。

工作習慣

　　員工的工作習慣攸關工作小組的成敗。不良的工作習慣可能導致工作小組毫無生產力及缺乏效率，而具有生產力的工作習慣卻可以提高產出和小組的士氣。最普遍也是最容易考證的不具生

表8-2 軟性資料範例

工作習慣
曠職
怠惰
看病
急救治療
違反安全規則
溝通失敗的次數
休息次數過多

工作氛圍／滿意度
申訴的件數
歧視性管理的件數
員工的抱怨
訴訟
工作滿意度
組織承諾
員工流動率

員工發展
升遷的人數
加薪的人數
參與培訓課程的人數
請求調職的比率
績效評鑑的等級
工作效率的提升

顧客服務
顧客的抱怨
顧客的滿意度
顧客的不滿意度
顧客的印象
顧客的忠誠度
留客率
顧客的價值
顧客的流失

進取心／創新
新構想的實施
順利完成的專案
提案執行的次數
目標和目的的設定
新產品和服務的開發
新的專利與版權

產力的工作習慣，包括曠職及怠惰，可能是因為這些資料比其他
種類的軟性資料更容易估算成本。有些專案，像是減少曠職的調
停，目的就是為了改善員工的工作習慣。大多數的組織都會設置
衡量系統，記錄員工在工作習慣方面的問題，像是曠職及怠惰。
其他的情況則可能必須由該員工的主管記載其工作習慣。

計分卡

工作氛圍／滿意度

工作小組的氛圍對團隊效率相當重要。申訴、歧視性的管理、抱怨及對工作的不滿意，往往都與工作氛圍脫不了關係。結果是：缺乏效率，產出減少，工會運動介入，甚至可能造成員工離職。許多專案的目的就是要改善工作的氛圍。

改善工作、環境或顧客的滿意度也是許多專案的目的。對這些衡量指標的反應，也為專案的成敗提供了更多的證據。

顧客服務

顧客服務這個類別是軟性資料最重要的部分之一。衡量顧客的滿意度及不滿意度，對於發展所期望的顧客忠誠度和留客率至關重要。對以顧客為主要利害關係人的專案而言，這類業務影響的軟性資料可能是極為重要的。

員工發展

員工發展是另一個重要的軟性資料類別。升遷、調職、加薪及績效評定，都是可以顯現這方面改進的基本資料。以經理人／主任為例，大都把衡量指標鎖定在專案對幫助他們提供員工發展機會的程度上。

進取心與創新

最後一種軟性資料是進取心。在某些專案中，會鼓勵專案團隊成員勇於嘗試新構想及技術。員工完成他們目標的程度，為專案的成敗提供更多的證據。同樣的，員工的進取心所產生的構想以及所提供的建議，也等於更進一步顯示出的確是有所改進。新的產品與服務的開發，以及新發明、新專利和版權，都是創新的重要衡量指標。

如何獲取業務影響資料

和硬性資料一樣，這些分支都會重疊。有些列在某個類別下的項目，可能也適合列入其他類別。以員工忠誠度來說，這個衡量指標就與員工的感覺和態度，以及工作習慣都有關係。員工在以下的幾個情況中，可以從他的態度和感覺中展現忠誠度：

□能夠在組織目標與個人目標之間取得平衡。
□喜歡購買自己公司的產品勝過競爭者的。

　　另一方面，也可以透過以下的工作習慣看出員工的忠誠度：

□在休息過後立即回到工作崗位。
□利用私人時間研究工作方面的資訊。
□在必要時，會為了如期完成工作把工作帶回家。

軟性資料vs.硬性資料

　　專案經理對專案管理計分卡的硬性資料的偏愛，並無損於軟性資料的價值。要完成專案的評估，軟性資料是不可或缺的。事實上，一個專案的成功，可能還要仰賴於軟性資料的衡量標準。比方說，某家速食餐廳進行一個降低流動率的專案，界定成功的四個主要衡量指標是：員工的流動率、應徵與雇用之間的比率、專案團隊成員的績效評估，以及訴訟次數的減少。

　　大多數的調停在評估時，都會同時採用硬性和軟性資料的項目。而全面的評估也會採用一些硬性資料及軟性資料的衡量標準。譬如，一個改善維修的專案，成功的衡量指標就包括以下諸項：

□降低某些特定的維修活動有關的成本。
□產品設備與流程方面的改進。

□維修責任與程序方面的改變。

□維修人員之間調停工作的改善。

□組織與人事上的變革。

這些改變同時包含硬性資料（生產與成本）及軟性資料（調停次數的增加、程序的改變，以及組織的變革）。

基本上，軟性資料最適用於行為與技能的成果評估。譬如，許多組織已經證明，建立核心競爭力是非常有效的策略，而其中行為與技能的成果評估幾乎全仰仗軟性資料。

重點在於，硬性資料和軟性資料在專案評估中各佔有一席之地。就專案管理計分卡的觀點看，所謂全方位的方法就是同時採用這兩種資料。有些專案會把軟性資料當成主要的衡量指標，有些專案則是硬性資料。硬性資料之所以比較受歡迎，是因為它獨有的優點及可信度。

其他資料類別

資料除了分成硬性和軟性兩種之外，有時在某些情況下，以其他方式分門別類可能說明時比較容易。如圖8-2所示，資料可以用好幾個層次分門別類。其中有些資料被視為策略性的，而且與組織的企業層次有關聯。有些被視為比較作業性的資料，則屬於事業單位層次。有些性質與範疇被視為比較戰術性的資料，則是運用在營運的層次上。

舉例來說，策略層次的資料類別包括財務資料、人事資料，或是內部資料與外部資料。而諸如產出、品質、時間、成本、工作滿意度及顧客滿意度等資料，都屬於事業層次的重要資料類別。在戰術層次的資料類別則包括生產力、效率、成本控制、品

圖8-2　在不同組織層次中的資料分類

質、時間、態度，以及個人和團隊的績效等項目。但重點不在於資料的類別，而是要知道有多少種資料可利用。不論名稱為何，這些資料的類別都是各種技能、知識、工具及流程應用與執行的結果，而且是評估專案成敗的重要衡量指標。這些衡量指標都可以在組織中找到，然後運用在多種用途上。難就難在如何找到與專案有直接關聯的資料項目。理想上，這些資料的蒐集應該在流程初期完成，如此才能與初步分析連結。假如做不到，整個流程就會變成為了想找出適用於專案管理流程產出的衡量指標。

監測企業經營績效的資料

　　每個組織都找得到衡量企業經營績效的資料。監測績效資料，可以讓管理階層依照產出、品質、成本、時間、工作滿意度及顧客滿意度等類別來衡量績效。在決定專案管理計分卡要採用的資料來源時，應該優先考慮現有的資料以及各式報告。大多數組織都有適當的績效資料可以衡量因專案產生的改進結果。假如沒有，就必須另外建立檔案保存系統，以做為衡量和分析之用。此時，經濟方面的問題就會浮現：建立評估專案必須有的檔案保

存系統是否經濟？假如建立成本大於整個專案的預期收益，就沒有必要。

利用現有的衡量指標

假如有現成的績效衡量指標可利用，不妨參考一些特定的準則，以確保衡量系統不但在專案管理計分卡中易於建立，也易於執行。

找出適當的衡量指標

對現有的績效衡量指標應該進行徹底研究，以找出與專案設定的目標相關的衡量指標。通常，一個組織會有好幾個與同一個專案目標相關的績效衡量指標。譬如，生產單位的效率就可以用好幾種方式衡量：

- □每小時生產的單位數量。
- □按照進度生產的單位數量。
- □設備使用的比率。
- □設備停機的比率。
- □每個生產單位的勞動成本。
- □每個生產單位需要的加班時數。
- □單位總成本。

以上每一項都是以其獨特的方式衡量生產單位的效率。所有相關的衡量指標都應該經過檢討，以確定哪些與專案目標最有關聯，而且是利害關係人最能理解和接受的衡量指標。

把現有的轉化成可利用的衡量指標

有時，現有的績效衡量指標會與其他資料整合在一起，這時

如何獲取業務影響資料

候或許就很難區隔這些衡量指標與其他不相干的資料。碰到這種情況，應該把所有現有的相關衡量指標挑出來，再次製成表格，以便更適於專案管理計分卡所用。

有時候或許需要一些轉換因子。譬如說，業務部門的績效衡量指標，會定期顯示每個月新的銷售訂單的平均數量，以及每位業務代表的銷售成本。然而，在評估專案時，需要的是每個新銷售的平均成本。因此，有必要發展出新銷售訂單的平均數與每位業務代表失去的銷售額的平均數資料，以便相互比較。在這種情況下，資料就必須轉化以便利用。

建立新的衡量指標

在某些情況下，不一定找得到衡量專案成效所需的資料。假如經濟許可，專案團隊必須與組織共同合作，發展出檔案保存系統。譬如，某個組織進行的留住新進專業人才的專案，需要好幾個衡量指標，包括短期內離職——也就是在受雇六個月內離職——的員工比率。剛開始並沒有這項衡量指標，然而一旦這項專案開始執行，該組織就開始蒐集短期內離職的數據以進行比較。其中有幾個問題是這個議題必須處理的：

□由哪個部門建立這套衡量系統？
□由誰負責記錄和監測這些資料？
□有哪些地方該記錄下來？
□該採用哪些表格？

以上這些問題，通常會牽涉到其他部門或某個管理階層的決定，這已超出專案經理的職責範圍。通常行政部門、營運單位或資訊科技單位都會受到指示予以協助，以確定是否需要新的衡量

指標，如果需要，又該如何發展。

利用行動計畫建立業務影響資料

　　行動計畫對取得業務影響資料而言，是非常有用的工具。針對業務影響資料擬訂與執行的行動計畫，基本設計原理與議題和應用與執行的資料一樣。然而，這裡討論的重點是有關業務影響和投資報酬率特有的議題。在擬訂和執行行動計畫，以取得業務影響資料並且把資料換算成金額時，不妨採取以下步驟。

要求每位專案團隊成員設定目的與目標

　　如圖8-3所示，擬訂行動計畫時，可以把重點放在業務影響資料上。圖8-3的計畫，是要求專案團隊成員為該計畫發展一個整體的目標，通常是指專案的首要目標，或是針對他們的情況設定的首要目標。在某些情況中，目標可能不只一個，此時就必須再擬訂更多的行動計畫。除了設定目標，還必須確認改進的衡量指標及目前的績效水準。要獲得這類資訊，就必須要求成員實際參與專案的應用與執行，並且針對某些可實現的特定績效設定目標。

　　行動計畫通常是在專案團隊提供意見、協助與支援的情況下，在專案進行期間完成。專案經理正是實際核准此項計畫的人，這也表示該計畫符合明確（Specific）、可衡量（Measurable）、可達成（Achievable）、實際的（Realistic）和以時間為基礎（Time-based）的SMART特別要求。計畫的擬訂可以在一到二小時之內完成，而一開始採取的行動步驟往往直接關係到專案的執行。實際上，這些行動步驟屬於層次三的活動，也就是

名稱＿＿＿＿＿＿＿＿＿＿　專案經理簽章＿＿＿＿＿＿＿＿＿　追蹤日期＿＿＿＿＿＿＿＿＿

目標＿＿＿＿＿＿＿＿＿＿　評估期間＿＿＿＿＿＿＿＿＿＿　至＿＿＿＿＿＿＿＿＿

改進的衡量指標＿＿＿＿＿　目前的績效＿＿＿＿＿＿＿＿　績效目標＿＿＿＿＿＿＿＿

行動步驟	分析
	A. 衡量指標的單位是什麼？＿＿＿＿＿
	B. 每個單位的價值或成本是多少？＿＿＿＿＿ $
	C. 你是如何達到這樣的價值的？
	＿＿＿＿＿＿＿＿＿＿＿＿＿＿＿＿＿＿
	＿＿＿＿＿＿＿＿＿＿＿＿＿＿＿＿＿＿
	D. 在評估期間，這個衡量指標改變的幅度有多大？
	＿＿＿＿＿＿（每個月的價值）
	E. 由此項專案造成的實際改變比例有多大？＿＿＿＿＿ %
	F. 你對上述資訊造成的信心指數有多高？（100％＝非常確
	定，0％＝毫無信心）＿＿＿＿＿ %
1.	
2.	
3.	
4.	
5.	
6.	
7.	

無形的利益：＿＿＿＿＿＿＿＿＿＿＿＿＿＿＿＿＿＿＿＿＿＿＿＿＿＿＿＿＿＿＿＿＿＿＿

意見：＿＿＿＿＿＿＿＿＿＿＿＿＿＿＿＿＿＿＿＿＿＿＿＿＿＿＿＿＿＿＿＿＿＿＿＿＿＿＿

圖8-3 行動計畫

專案應用與執行的細節部分。所有這些步驟的建立都是為了支援與連結業務影響的各項衡量指標。

界定衡量指標的單位

接下來的重要議題是界定實際的衡量指標單位。在某些情況下，採用的衡量指標可能不只一個，而且會包含在後來擬訂的其他行動計畫中。衡量指標的單位必須把流程劃分成最簡單的步驟，才能確定專案的終極價值。單位可能是產出資料，如多增加的一個製造單位，或額外出租的旅館房間；也可能是銷售和行銷方面的資料，像是額外增加的銷售單位、額外賺到的錢，或是市場佔有率增加1%。就品質而言，單位可能指退貨、錯誤或不良品。以時間為基礎的單位則通常是以分鐘、小時、天數或週數衡量。其他特殊的資料類別則有其特有的單位，如個人的申訴、抱怨或曠職。重點在於，要盡可能把它們劃分成最簡單的名目。

要求專案團隊成員把每一項改進換算成金額

在執行期間，會要求專案團隊成員確定、計算或估計專案計畫中訂定每一項改進的金額。利用標準價值、專家的意見、外部的資料庫或估計來確定單位的價值，並且使用行動計畫描述的流程計算出這些價值。如此一來，當實際的改進產生時，成員就可以用這些價值計算行動計畫帶來的年度金錢利益。要讓這個步驟發揮功效，不妨檢視一些把實際的資料轉換成金額的普遍方式，這些例子多少都有幫助。

由專案團隊成員執行行動計畫

專案團隊成員會在專案一開始啟動後就執行行動計畫，而且

如何獲取業務影響資料

往往會持續數週或數個月之久。基本上，在行動計畫完成時，專案即使沒有全部完成也執行了大部分。成員若按照行動計畫的步驟執行，後續成果自然會一一達成。

由專案團隊成員預估改進

經過一定期間的後續追蹤，通常是三個月、六個月、九個月或一年，專案團隊成員最後應指出所達成的明確改進，有時會採取月報的方式，如此可確定在經過觀察、衡量或記錄之後實際變更的數量。對成員而言很重要的是，了解所記錄的資料必須相當精確。大多數的情況是只記錄變更的事項，也就是那些需要計算其介入的實際金額。有些情況則是把變更前後的資料記錄下來，好讓整個研究能夠計算出實際的不同之處。

要求專案團隊成員把專案管理
解決方案的影響分離出來

雖然行動計畫是因為專案解決方案而發起的，但行動計畫達成的實際改進，則可能是受到其他因素的影響。因此，改進不應該全部歸功於專案中發起的行動規畫流程。譬如，一項減少某部門員工離職的行動計畫，會因為其他變數影響到流動率，因而只能把部分的改進歸功於該行動計畫。把專案管理解決方案的影響分離出來的方法很多，不過最適合行動規畫流程的，往往是專案團隊成員的估計。也因此會要求成員，估算真正與該專案解決方案有關的改進比例，這個問題可以在行動計畫表或後續追蹤的問卷上進行詢問。

要求專案團隊成員針對其估計提供信心指數

由於把資料換算成金額的整個流程及實際上與專案有關的改進數量，可能不是那麼精確，因此會要求專案團隊成員同時表明他們對於這兩個數值的信心指數。以0~100%的量表表示其信心指數，0%表示數值完全不正確，100%則表示對估計十分有把握。這樣的數值提供一個機制，讓成員能夠表達他們對自己在估計多少改進可歸功於專案的能力方面的不安程度。

定期針對行動計畫進行整理

之前提過，行動計畫的完成及回收是必要的動作。利用前一章建議的步驟，後續追蹤的提示，進度的檢核，以及提供協助，都有助於獲得適當的回應率。

摘錄資料及計算投資報酬率

若發展順利，每項行動計畫每年都應該有與各種改進有關的金額。同時，每個人都應該已經表明與專案解決方案有直接關聯的改進比例。最後，專案團隊成員也應該已經提供自己的信心指數，以表明他們對估計流程的不確定性，和對所提供的資料的主觀性。

由於這個流程牽涉到估計，可能顯得不夠精確。因此在分析時做些調整，可以讓整個流程的可信度提高且更加精確。調整的步驟如下：

□步驟一：若有些專案團隊成員未能提供資料，就假設他們沒有任何足堪報告的改進。這是一種非常保守的做法。

如何獲取業務影響資料

□步驟二：每個數值都要檢查真實性、可用性及可行性。極限值要從分析中去除或省略。

□步驟三：由於改進是一年報告一次，因此對於短期的專案，要假設專案解決方案在第一年沒有任何改進。有些專案的改進數值會在第二和第三年中有所增加。

□步驟四：步驟三所得的改進，會利用信心指數加以調整，也就是把它乘以信心百分比。事實上，信心指數是專案團隊成員提出的一個錯誤百分比。譬如，某位成員的信心指數是80%，反映的是該流程可能的錯誤為20%；也就是說，若該成員的估計是1萬美元，而信心指數為80%，就表示他估計的價值是在8,000~12,000美元之間。要保守一點，就採用金額較低的估計數值。

□步驟五：利用與專案有直接關係的改進比例做調整，即直接相乘以取得新數值。如此即可把解決方案的影響分離出來。

藉由這五個步驟所確定的總金額，等於是專案的總體利益。由於這些金額是一年結算一次，因此所得的總體利益等於是解決方案的年收益。這個數值也正是用來計算投資報酬率公式中的分子。

利用問卷蒐集業務影響衡量指標

前面幾章提過，問卷是用途最多的蒐集資料工具之一，而且不論是從層次一到層次四的資料都很適用。前面幾章談論的一些

議題，也同樣適用於業務影響資料的蒐集。基本上，針對業務影響評估所擬訂的問卷，除了會增加有關獲取特定的業務影響資料的題目之外，其他如設計原理及內容議題都是一樣的。

影響方面的關鍵問題

圖8-4所示是一系列有關影響方面的關鍵問題，這些問題可以放入問卷以取得業務影響資料。儘管蒐集這類資料的方法有許多種，但只要專案團隊成員願意盡力提供這類資訊，這些看似簡單的問題可能就非常管用。

為了確保能夠獲得適當的回應，在蒐集業務影響資料時，可運用一些與後續追蹤問卷——如改進問卷和調查的回應率——相同的策略。這些問題必須有充分的解說，假如可能，甚至要在問卷的大綱擬妥前先進行檢討。第一道有關影響的題目提供專案團隊成員一個機會，詳細說明他們的工作確實因為該專案發生什麼樣的改變。事實上，這道題目是應用方面的資料，在這裡卻是為了蒐集業務影響資料做好準備。

第二道題目是直接把焦點放在業務影響資料上，只不過是以一般的用詞表示，以便讓專案團隊成員在做答上能有些彈性。假如在做答上必須嚴格地遵循一系列可能的答案，用詞上可能要更嚴謹。

第三道題的重點則放在實際的金額上。雖然只有在打算進行投資報酬率分析時才需要問這樣的問題，但有時可藉由這道題，以金錢檢視業務衡量指標中某個特定改變的影響。專案團隊成員不但會被要求提供這類的數值，還要提供一份年度改進資料。最重要的是，要求他們對自己估計的這些數值提供解釋。這不但可以增加回應的可信度，對利用這些資料做決策也很重要。

1. 你本人或你的工作因為參與此項專案發生了什麼樣的改變？（請明確說明，如行為上的改變、行動項目、新的專案等。）

———————————————————————————————
———————————————————————————————
———————————————————————————————

2. 請指出任何你認為與該專案有關的特定成就／改進（如工作績效、專案的完成、回應的時間等）。

———————————————————————————————
———————————————————————————————
———————————————————————————————

3. 一年有多少金額可歸功於以上的成就／改進？只需指出第一年的金額即可。雖然這個題目很難回答，但請想辦法把以上的改進換算成美元。除了金錢價值之外，也請說明你計算的基礎。
   $ ———— 基礎：

———————————————————————————————
———————————————————————————————
———————————————————————————————

4. 由於還有其他經常會影響到績效改進的因素，請說明在以上的改進中，與此項專案有直接關聯的佔多少百分比。———— %，請說明。

———————————————————————————————
———————————————————————————————
———————————————————————————————

5. 你認為該專案對貴公司而言是一項好投資嗎？
   是□　不是□　請說明。

———————————————————————————————
———————————————————————————————

6. 你對以上的估計有多大的信心？
   （0% ＝毫無信心，100% ＝非常確定）———— %

———————————————————————————————
———————————————————————————————

圖8-4　影響方面的關鍵問題

計分卡

第四道題目的重點在於，把專案解決方案對業務影響衡量指標的影響分離出來。幾乎在所有的情況下，都會有其他影響產出衡量指標的因素，因此重要的是試著確定有多少改進是實際上與某特定的專案管理解決方案有關的。這道題目的目的是，要求專案團隊成員提供與專案解決方案相關的改進比例。

第五道題只是要求專案團隊成員，對該專案解決方案是不是一項好投資提出看法。雖然這類的資訊並不能做為分析之用，卻為成功與否提供確實的證據。

最後的第六道題，則是利用0~100%的量表取得信心指數的資料。所有的問題都有這類信心方面的問題，因此這可以為前一道題獲得的資料提供更確實的證據。同時，信心值也可以做為調整資料之用。稍後我們會對這方面加以探討。

這些簡單的問題可以讓資料蒐集工具更有力，而且可藉此確認業務影響領域中的重大改進。

資料蒐集議題的探討，有許多不同的方式和方法。而最重要的議題，則是為專案團隊成員建立提供資料的適當氛圍。

投資報酬率分析

儘管資料分析的方法有好幾種，這裡僅簡短地提出一些值得推薦的計算投資報酬率步驟。其計算是以一系列有關影響方面的問題所獲得的回應為基礎。下面這五種資料調整的步驟，是為了確保可信度與精確性：

1. 沒有完成問卷或針對影響方面的問題未能提供有用資料的專案團隊成員，都假設他們沒有任何改進。

2. 排除極端又不實際的資料項目。

3. 正如同對答案的要求，只採用年度數值。

4. 這些數值要經過調整，以反映專案團隊成員的信心指數。

5. 根據與專案解決方案有直接關聯的改進數量調整這些數值。

這五個調整步驟能產生非常可信的數值，通常被認為是一種收益上比較保守的說法。

為每個層次選擇適當的方法

至目前為止，你已經知道蒐集資料的方法有好多種。接下來我們將就根據狀況決定適當方法時，所應考慮的八個特定議題，一一進行討論。在為專案管理計分卡的各個領域選擇蒐集資料的方法時，都應該考慮到這些議題。

資料的種類

要蒐集何種資料，可能是選擇方法時要考慮的最重要議題之一。有些方法比較適合層次四，有些比較適合層次三。表8-3所示是一些最適合層次三和層次四資料蒐集方法的資料種類。後續追蹤調查、觀察、訪談及焦點團體，最適合、有時甚至僅適合於層次三。而績效監控、行動規畫以及問卷，則可以很輕易地蒐集到層次四的資料。

專案團隊成員為提供資料花費的時間

專案團隊成員必須為資料蒐集和評估系統所付出的時間，是選擇蒐集資料方法的另一個重要因素。所需付出的時間應盡量縮

表8-3 為自己選擇蒐集層次三與層次四資料的方法

蒐集資料的方法	層次三	層次四
後續追蹤調查	✔	
後續追蹤問卷	✔	✔
觀察工作時的情況	✔	
訪談參與者	✔	
後續追蹤焦點團體	✔	
行動規畫	✔	✔
訂定績效合約	✔	✔
企業經營績效監控		✔

減到最少，而且這些方法要適得其所，才能成為一個具有附加價值的活動（例如，要讓成員了解這個活動有其用處，如此他們就不會抵制）。這樣的要求往往意味著，採用的方法通常都能讓整個專案團隊所花的時間降至最少。有些方法，像績效監控，根本不會佔用到成員的時間；而其他的方法，如訪談和焦點團體，則需要投入大量的時間。

督導資料輸入花費的時間

專案團隊成員的直屬上司，在蒐集資料上必須花費的時間，是選擇方法時的另一個重要議題。對時間的要求當然是越少越好。有些方法，像是訂定績效合約，就可能需要該直屬上司在專案前後都深入參與。其他的方法，如直接向成員做的問卷調查，可能就不會佔用到上司任何時間。

方法的成本

在選擇方法時，成本永遠是一項重要考量。有些蒐集資料的

方法花費就比其他的高，譬如，訪談與觀察的成本就非常高，而調查、問卷及績效監控的成本通常就很便宜。

對一般工作活動的干擾

在選擇適當的方法時，另一個關鍵議題——或許是許多經理人最關切的議題——是蒐集資料會造成多少的工作受到干擾。應盡量避免例行的工作流程受到干擾。有些蒐集資料的技術，像是績效監控，並不需要多少的時間，而且不會干擾一般的活動。

一般而言，問卷不會干擾到工作環境，而且通常只要幾分鐘即可完成，甚至可以在正常的工作時間以外進行。另一方面，有些項目，如觀察和訪談，可能會導致工作單位受到太多干擾。

方法的精確度

技術的精確度，是選擇方法時的另一個考慮因素。有些蒐集資料的方法比其他的更精確。譬如，績效監控的精確度通常都很高，相較之下，問卷可能就不夠可信，而且可能會失真。假如很有必要獲取工作時的行為這方面的資料，觀察法顯然是最精確的方法之一。

多用一種方法的實用性

由於蒐集資料的方法非常多，很容易讓人掉入採用太多種蒐集資料方法的陷阱中。採用多種的資料蒐集法所增加的評估時間及成本，可能會導致其附加價值非常低。「實用性」是指多採用一種資料蒐集法的附加價值。只要是採用一種以上的方法，就一定要搞清楚這類實用性的問題。也就是說，所獲得的額外資料，是否的確值得這個另外採用的方法所多花的時間和費用？假如答

計分卡

案是否定的，就不應該多用。

文化偏見對選擇蒐集資料方法的影響

從組織的文化或哲學，可窺見該組織會使用何種的資料蒐集
方法。譬如，有些組織慣於使用問卷，並從中尋找適合組織文化
的流程。有些組織會因為其文化並不贊同觀察經常會引發的侵犯
隱私的潛在問題，而摒棄觀察法。

影響資料可信度的可能因素

一旦蒐集到業務影響資料，要呈給選定的目標受眾看時，資
料的可信度就是個重要議題。目標受眾對資料的相信程度會受到
以下八個因素的影響。

資料來源的信譽

資料的實際來源是可信度的首要議題。提供資料的個人或團
體的可信度如何？他們是否了解這些議題？他們對所有的流程是
否熟悉？目標受眾對從這些最接近實際改進或改變來源的人那兒
獲得的資料，通常會給予更高的信賴。

研究資料來源的信譽

對提供資料的個人、團體或組織的信譽，目標受眾會一一查
閱。他們在過去是否具有提供正確報告的記錄？他們在分析中是
否未存有任何的偏見？他們對自己提供的資料是否公正？回答以
上的這些問題或其他問題，會對該份報告信譽的建立形成某種特
定的印象。

評估者的動機

提供資料的個人動機也必須納入考慮。提供這些資料的人是否別有用心？他們在製作結果的好壞時，是否以個人利益為出發點？這些議題會導致目標受眾對負責研究的人的動機加以檢視。

同時，目標受眾的觀點也會造成很大的影響。假如他們對某項特定的專案存有偏見或不贊同，他們或許會根據自己對這項議題的意向、態度或之前的了解做出反應。因此，在準備資料的階段，就要確認目標受眾可能具有的偏見，而且反對的言論也該得到充分的闡明，如此一來才能稀釋受眾既定的立場。

研究業務影響的方法

目標受眾會希望明確知道研究如何進行。是如何計算出來的？要遵行哪些步驟？使用的流程有哪些？若是缺乏有關方法方面的資訊，會造成受眾對於結果變得更為謹慎且有所懷疑。

分析時的假設

在許多業務影響的研究中，計算及結論都是根據某些假設做成的。他們設定的假設是什麼？這些假設是否合乎標準？與其他研究的假設相比又如何？如果省略了這些假設，受眾就會以自己的假設——通常是不利的假設——取而代之。

結果資料的真實性

令人印象深刻的數值及高投資報酬率，都可能引發問題。當得出的結果看似不切實際時，可能很難讓目標受眾相信。大話往往令人難以置信，進而導致報告在受到審閱前就被丟到垃圾桶。

資料的種類

在尋找與產出、品質、成本和時間有密切關係的企業經營績效資料時，目標受眾通常較偏愛硬性資料。這些衡量指標通常很容易了解，而且與組織的績效息息相關。相反的，由於許多高階主管對軟性資料的性質及可能對分析造成的種種限制相當關切，因此有時候從一開始就會對軟性資料感到疑慮。

分析的範疇

分析的範疇是否非常嚴謹？是否只涉及某個小組，還是組織中的所有員工都參與其中？為求整個流程更精確，可將研究侷限在一小群員工或一個又一個的小組身上。

總體而言，這些因素都會對專案管理計分卡的可信度產生影響，同時也為最終報告可能的發展提供一個架構。因此在考量有關業務影響研究的每一項議題時，不妨參考下面的重點：

☐進行評估時，要採用最可信、最可靠的來源。

☐以不存偏見的客觀方式提供資料。

☐充分說明整個流程採用的方法，最好是以step-by-step的方式為基礎。

☐界定清楚分析中採取的假設，並與類似研究中的假設比較。

☐當產值似乎不切實際時，應考量其成因或加以調整。

☐盡可能採用硬性資料，若能取得軟性資料，應該合併使用。

☐盡量保持嚴謹的分析範疇。只和參與計畫的其中一個或幾個小組的專案團隊成員參與一同進行業務影響的研究，而不是讓所有的成員或員工都參與其中。

如何獲取業務影響資料

如果一開始就缺乏可信度，可能使將來的評估行動一敗塗地。若能一一處理好以上的議題，不但別人，甚至專案團隊本身都會覺得整個過程的可信度都提高了。

獲取業務影響資料的捷徑

截至目前為止，本章研討了好幾個獲取業務影響資料的方法，但是碰到專案的範疇很小或發展和執行成本很低時，仍有一些方法可以將流程簡化。

回顧最初的需求

當業務需求正是專案和專案管理解決方案要交付的成果時，這是最理想的狀況。如果可能，應回顧最初的需求，看看哪些衡量指標會因為專案而必須有所改變。有些衡量指標會因為這些改變而需要加以檢視。假如專案管理解決方案進行得很順利，這個流程就會非常簡單；假如情況並不如預期，則可能需要採用其他方式。

監控企業經營績效的衡量指標

就大多數的專案而言，即使是範疇很小的，都有可能要監控與專案有關或被認為與專案有關的業務衡量指標。這些衡量指標不但在討論到與專案相關的事宜時會經常提起，組織中的營運單位及事業單位也都有這方面的資料。這些衡量指標也只有在認為與專案有直接關係時，才必須檢視，而且要格外小心，千萬不要因為檢視了一些可能是偶然與專案產生關聯的衡量指標，而造成專案過度擴展。

計分卡

把資料蒐集納入流程中

正如本章前面提到的一些例子，把資料蒐集及部分的分析納入流程中，是相當容易的任務。利用這種方式，讓專案團隊成員提供資料，把這些資料中涉及解決方案的種種影響分離出來，然後換算成金額。專案管理計分卡流程中的其他步驟，不過是為了計算出成本，詳細列出各項的無形資產，以及精確地算出投資報酬率，當然，還有呈交完整的報告等而增加的一些步驟。把資料蒐集和一些分析納入流程中，並獲得成員一定的投入，可以讓專案團隊以非常低的成本及較少的努力，提供與專案有直接關聯的必要業務資料。

如果使用到問卷，可順便蒐集業務影響資料

若是採用一份後續追蹤的詳細問卷以取得應用和執行方面的資料，不妨增加幾個問題來獲取業務影響方面的資料。圖8-4中的幾個與影響有關的關鍵問題都非常簡單，因此許多專業的員工通常都能做答。只要花些力氣就可以把這些題目納入問卷中，分析起來也不會太耗時間。所得的結果可能是非常有趣而且影響深遠的資料，不但顯示出其價值，同時也確認出幾個關於專案解決方案的議題。整體而言，這些方法都是捷徑，確保以最少的力氣蒐集業務影響資料。假如業務資料與專案有關，則蒐集這類的資料不但重要，而且幾乎是必要的。畢竟，這是大多數的客戶想要而且期望從專案中獲得的資料。

結語

在描述了種種反映業務影響資料之後，本章針對獲取業務資料的幾種蒐集資料的方法提供一個概論，提供讀者許多的選擇。有些運用在計算投資報酬率的方法已被廣為接受。除了績效監控之外，後續追蹤問卷及行動計畫也是專案管理計分卡固定會使用的蒐集資料方法。在蒐集到此一層次的資料並且加以分析時，資料的可信度一直是個重要的議題，用以補強資料分析可信度的策略也有好幾種。

延伸閱讀

Brown, Mark Graham. *Keeping Score: Using the Right Metrics to Drive World-Class Performance.* New York: Quality Resources, 1996.

Campanella, Jack. *Principles of Quality Costs: Principles, Implementation, and Use,* 3rd ed. Milwaukee: ASQ Quality Press, 1999.

Lynch, Richard L. and Kelvin F. Cross. *Measure Up! Yardsticks for Continuous Improvement.* Cambridge, MA: Blackwell Business, 1991.

Naumann, Earl and Kathleen Giel. *Customer Satisfaction Measurement and Management: Using the Voice of the Customer.* Cincinnati, OH: Thomson Executive Press, 1995.

Price Waterhouse Financial & Cost Management Team. *CFO: Architect of the Corporation's Future.* New York: John Wiley & Sons, 1997.

第九章

如何計算和詮釋投資報酬率

本章要探討的是各種與計算投資報酬率有關的技術、流程及議題。正如前面提到的,在許多利害關係人——包括客戶和高階主管——的要求之下,投資報酬率正逐漸成為非常重要的衡量指標。這屬於評估的最終層次,顯示專案管理解決方案的實際報酬。投資報酬率是以百分比表示的,而且計算基礎和其他類型投資的投資報酬率評估公式一樣。由於對其價值的認知,加上高階管理階層已習於此道,投資報酬率已漸漸成為大多數專案管理解決方案的共同要求,而且在某些情況下,已然成為專案管理計分卡最重要的衡量指標。在要求或需要投資報酬率這類資料時,就必須加以規畫和逐步的發展。

基本議題

在介紹一些計算投資報酬率的公式之前,我們想討論一些基本議題。對這些議題有一定程度的了解,是完成專案管理計分卡

的重要步驟不可或缺的。

「投資報酬率」的定義

「投資報酬率」（return on investment）這個名詞偶爾也會被誤用，而且有時是刻意的。在這樣的情況下，通常會對投資報酬率採取一個非常廣泛的定義，包括任何從專案中獲得的效益。因此投資報酬率的定義成了一個模糊的概念，甚至與專案有關的主觀資料都包括在其中。本書中，投資報酬率的定義則較為精確，指的是在比較專案的成本與效益後得到的實際值。本益比與投資報酬率的公式是常使用到的兩個衡量指標，配合其他的方法一起用來計算報酬或回收。

近來，專案經理已汲汲於計算專案管理解決方案的實際投資報酬率。假如把專案解決方案視為一種投資而不是花費，那麼把專案解決方案如同其他的投資——如設備或廠房——一樣，放在申請補助資金的辦法中，是再恰當不過了。雖然這和其他的投資有很大的不同，然而管理階層往往視為同一回事。因此，發展出一些特定的數值以反映投資報酬率，已成為專案及專案管理解決方案成功的關鍵。

基本概念：年度值

本章介紹的所有公式都是採用年度值（annualized values）計算投資在專案管理解決方案上的第一年影響。一般而言，在發展投資報酬率時，許多組織大都能接受採用年度值的方式。由於許多短期專案會在第二或第三年就產生附加價值，因此嚴格來說，這算是一套發展投資報酬率的保守方法。就長期專案解決方案而言，第一年的數值是不夠的，需要採用更長時間的數值。

計分卡

在選擇衡量投資報酬率的方法時，與目標受眾溝通所採用的公式，以及決定使用這套公式的假設基礎，是很重要的。這可避免對實際發展出來的投資報酬率數值產生誤解與困惑。本章會介紹好幾種方法，不過其中有兩種方法比較受歡迎：本益比與基本的投資報酬率公式。下面不但將介紹這兩種方法，還會對其他的方法做簡短的說明。

本益比

計算本益比（benefit/cost ratio, BCR）的成本效益分析，是最早用於評估專案解決方案的方法之一。這套方法是把專案管理解決方案的效益與成本相比後得到的一個比率，計算公式如下：

$$本益比 = \frac{專案解決方案效益}{專案解決方案成本}$$

簡單的說，本益比是將專案解決方案的年度經濟效益與專案解決方案成本相比：當本益比＝1時，代表效益與成本相等。本益比＝2時，通常是以2：1表示，則表示花在專案解決方案的每一塊錢，會產生兩塊錢的效益。

比方說，一個用於電器和瓦斯設施的專案解決方案，第一年產生的報酬是1,077,750美元。而完成整個解決方案的執行成本是215,500美元。因此本益比為：

$$本益比 = \frac{\$1,077,750}{\$215,500} = 5：1$$

也就是說，投資在該專案的每一美元可獲得五美元的收益。

如何計算和詮釋投資報酬率

使用這套方法的主要優點是，可避免傳統的財務衡量指標；如此一來，在比較專案投資與公司中其他投資時，就不會產生混淆。譬如，對工廠、設備或子公司的投資，通常不會以本益比的公式做評估。有些公司的主管不喜歡用同樣的方法為專案投資報酬與其他的投資報酬做比較。碰到這種情況，專案的投資報酬率就會被單獨地視為一種獨特的評估方式。

不幸的是，從利害關係人的立場看，訂定一個可接受的本益比是沒有什麼標準的。組織中應該設定一個標準，甚至是為特定類型的專案設定標準。然而，就許多的專案而言，1：1的本益比——等於達到損益平衡的狀況——是無法接受的。有些專案則是要求至少要達到1.25：1的比率，也就是專案所得之效益是專案成本的1.25倍。

投資報酬率公式

以專案解決方案的淨效益除以解決方案的成本，可能是評估專案投資最適當的公式。其比率通常以百分比表示，也就是把所得數值乘上100。在這樣的公式中，投資報酬率變成：

$$\text{投資報酬率（\%）} = \frac{\text{專案解決方案淨效益}}{\text{專案解決方案成本}} \times 100$$

淨效益則是專案解決方案的效益減去成本。投資報酬率值與本益比的關係是在假設本益比為1的時候。比方說，當本益比為2.45時，投資報酬率值等於145%（1.45×100%）。這套公式基本上與其他投資的投資報酬率算法一樣。以某公司建立一個新廠為例，其投資報酬率的算法是用年收益除以投資的金額，年收益相

計分卡

當於淨效益（也就是年效益減去成本），投資則相當於整個專案的成本，也就是投資該專案的金額。

一個投資報酬率達到50%的專案，意謂著不但成本完全回收，還另外賺到相當於50%成本的金額，這也就是所謂的「收益」。若投資報酬率為150%，則代表不但成本完全回收，而且所得「收益」是成本的1.5倍。比方說，某家電子公司的一項專案解決方案產生321,600美元的年值，而完成該專案的整個成本為38,233美元，則投資報酬率為：

$$投資報酬率（\%）= \frac{\$321,600 - \$38,233}{\$38,233} \times 100 = 741\%$$

在減去該專案的成本後，該公司投資的每一美元可獲得7.41美元的利益。

基本上，利用投資報酬率公式的主要目的，是要把專案管理投資與其他投資放在同一個計算領域的水平上，以便使用相同的公式及同樣的概念。對經常使用投資報酬率計算方法的管理階層和財務主管而言，這套投資報酬率的計算方式是很容易理解的。

儘管並沒有普遍接受的標準，仍有一些組織會針對投資報酬率訂定出一個最低的要求或比率的門檻。這個比率是依據對其他投資的預期投資報酬率設定的，而由資本成本及其他因素決定。許多組織都把最低的投資報酬率設定在25%。在北美、西歐以及亞洲太平洋地區，此一目標值往往比其他類型的投資高。理由在於，專案管理計分卡還是個相當新穎的概念，有時還會牽涉到主觀意見的輸入，包括各種的估計。因此，會要求或建議一個比較高的標準，大多數的組織都把期望的數字設定在25%。

其他的投資報酬率衡量指標

在投資報酬率的大旗之下，除了前面提到傳統的投資報酬率公式，偶爾也會使用到其他的幾個衡量指標。雖然這些衡量指標的主要目的是評估其他的財務衡量指標，但有時仍會運用在專案的評估上。

回收期

回收期（payback period）是評估資本支出的另一個常用的方法。依據此一方法，某項投資產生的年現金收益（或節省的金額），相當於該項投資為得到某一倍數的現金收益所需的原始現金支出，即原始的投資金額。通常是以年或月做為衡量標準。比如，某項專案每年都可以達到節省成本的效果，其回收期就等於原始的總投資額（像是開發成本、花費等），除以預期的年度節省金額或實際節省的金額。所得到的節省金額等於減去專案花費後的淨節省金額。

為了讓讀者對這個計算方式有更清楚的概念，以一個為期三年的專案為例。最初成本為10萬美元，預期該專案一年的淨節省金額為4萬美元，因此回收期為：

$$回收期 = \frac{總投資金額}{年節省金額} = \frac{\$100,000}{\$40,000} = 2.5年$$

該專案會在2.5年內讓原始的投資額「回收」。

回收期雖然很容易運算，卻有忽略貨幣的時間價值的缺點。因此，並未廣泛地運用在評估專案投資方面。

計分卡

現金流量折現

現金流量折現（discounted cash flow）是一種評估投資機會的方法，其中設定的投資收益時間值是一定的。這個假設是以利率為基礎，假設現在所賺的每一塊錢，價值會比一年後所賺的每一塊錢更高。

使用現金流量折現的概念評估專案投資的方法有好幾種。這套方法是每年都利用投資所需的現金流出金額與節省的金額做比較；而每年預期節省的金額，則根據選定的利率再打一個折扣。現金流出金額也是根據同樣的利率打折扣。若打折扣之後節省金額的現值超過支出金額，通常這項投資會被管理階層認可。現金流量折現具有評比各項投資的優點，計算上卻會變得很困難。

內部報酬率

內部報酬率（internal rate of return, IRR）方法可用來確定需要什麼樣的利率，才可以使現金流量的現值等於零。也就是說，假如所有的專案經費都是借貸來的，而組織又必須讓專案的收支保持平衡，可支付的最大利率是多少。內部報酬率會考慮到貨幣的時間價值，同時又不受專案範疇的影響。這套方法可用來評比各項方案，而且當最低的報酬率確定時，也可做為「接受／拒絕」決策之用。內部報酬率有一大缺點：它假設所有的報酬都會以相同的內部報酬率進行再投資。這會使得某項高報酬率的投資方案看起來比實際的報酬率更高，或是讓某項低報酬率的方案看起來比實際的報酬率更糟。實際上，內部報酬率極少用來評估專案管理解決方案。

如何計算和詮釋投資報酬率

不重視專案管理解決方案的後果

　　對某些組織而言，不重視某項專案可能會導致非常嚴重的後果。一家無法在某特定領域中有所表現的公司，可能意味著因為某個長久無法解決的問題或錯過的機會，使它無法承接更多生意或失去既有的。同樣的，專案可幫助組織避免一些作業上的嚴重問題（如生產效率等），或一些違規的問題（如違反EEOC〔平等就業機會委員會，Equal Employment Opportunity Commission〕的規定）。近來，這套計算專案管理解決方案報酬率的方法已經受到注意，其中包括以下六個步驟：

1. 確定是否有潛在的問題、損失或機會。
2. 把該狀況導致的問題——如違規的問題、失去生意或無法接下更多生意——分離出來。
3. 針對該問題、損失或機會估算出一個潛在值。
4. 假如還牽涉到其他的因素，就要確定每個因素對收入的損失或成本的衝擊有多大。
5. 利用第十一章介紹的技術估算專案管理解決方案的總成本。
6. 比較成本與利益（算出本益比）。

　　這個方式有某些缺點。因為是採用估算的方式，因此收入的潛在損失可能會非常主觀，以致於難以衡量。同時，在分離出牽涉到的種種因素，以及確定它們對收入損失的重要性這兩方面，可能也很難做到。因此，要用這個方式評估專案管理解決方案的投資報酬率，就僅能侷限於某些特定的專案類型及情況。

計分卡的議題

專案管理計分卡也可能會變得相當複雜，因此需要多花些篇幅討論它可能引發的一些議題。下面就是一些最重要的議題。

在專案管理計分卡中採用投資報酬率的好處

在專案管理計分卡中採用投資報酬率的好處似乎顯而易見，而以下則是因為針對專案管理解決方案執行投資報酬率得到的一些特有且重要的好處。這些好處等於是把投資報酬率納入專案管理計分卡中的種種好處做一個簡短的摘要。

可用來衡量貢獻

投資報酬率可以讓專案人員了解某項專案的貢獻。投資報酬率會以金錢價值顯示該專案的利益大過成本。也就是用來確定該專案是否對組織有所貢獻，以及是不是一項好投資。

為專案解決方案設定優先順序

針對各個類型的專案解決方案計算投資報酬率，可用來確定哪些專案對組織的貢獻最大，如此一來，即可針對具有高度影響的專案解決方案設定優先順序。

改善專案管理的流程

對專案經理而言，計分卡就和其他的評估技術一樣，提供各種可以用來對專案流程進行調整和改變的資料。因為在不同的層次、從不同的地方蒐集到的各種資料，會使得整個流程有更多的機會獲得大幅改善。進而讓專案的效能分析更完整。

如何計算和詮釋投資報酬率

把所有焦點都放在結果上

專案管理計分卡是一個以結果為基礎的流程，所有專案都要把焦點放在結果上，即使不以投資報酬率的計算為目標的專案也一樣。這套流程需要專案經理及支持的團體專注在那些可衡量的目標上（像是專案想完成的事項等）。因此這套流程具有改進所有專案效能的附加利益。

建立管理階層對專案管理流程的支持

能持之以恆且全面地應用專案管理計分卡，就可以讓管理團隊相信該專案是一項投資，而不是支出。經理會把該專案視為讓他們的目標得以達成的貢獻，因而提高他們對該流程的尊重和支持。在建立管理階層與專案的夥伴關係及提高他們對專案的承諾上，投資報酬率的計算是一個非常重要的步驟。

改變對專案管理解決方案的認知

一旦與眾多的目標受眾溝通過一般的投資報酬率影響方面的資料，將會改變他們日後對專案管理解決方案的認知。專案團隊成員、他們的領導人及其他的利害關係人，都會把專案管理解決方案視為組織中的合理任務，可以為各個工作單位和部門增添價值。他們對專案與結果之間的關係也會有更深入的了解。這些重要的好處，幾乎是各種影響評估流程固有的，這也使得專案管理計分卡成為專案管理領域中一個既吸引人又必要的挑戰。

簡化複雜的議題

為專案管理解決方案計算投資報酬率，應該不是一個複雜的議題。在本書中，這套方法代表的意義是，一個經過簡化的複雜流程，是把它劃分成許多小步驟，好讓更多的目標受眾更易於了

解、接受。

運用專案管理解決方案的潛在捷徑

由於專案管理解決方案有可能既複雜又敏感，因此在發展、計算及溝通投資報酬率時，必須非常小心謹慎。整個計分卡的流程是個非常重要的議題，而達成一個正的投資報酬率值又是許多專案的目的。以下將介紹的是，為了防止該流程偏離目標所應處理的議題。

確定已經做過需求評估與分析

專案管理計分卡應該是在需求評估與分析做過之後，針對專案解決方案而設計的。因為在沒有明顯的需求評估情況下，才能進行問題的評估，因此我們的建議是，唯有針對專案進行過全面性需求評估之後，再開始進行投資報酬率的計算——最好是利用層次三與層次四的資料。然而，這個建議可能會因為實際上的考量及管理階層的要求而行不通。

把專案管理解決方案的影響分離出來

針對把專案解決方案的影響分離出來這個議題，投資報酬率分析一定要擬訂出一或多個策略。由於計入其他影響的因素是非常重要的，因此在整個流程中，這個步驟絕不容忽視。太多的情況是，針對一個顯然非常成功的專案解決方案所做的卓著研究，卻因為無意於計入其他因素而被認為毫無價值。忽略這個步驟，顯然會嚴重削弱研究的可信度。

採用可信的資料來源

進行估計時，要採用最為可靠、最可信的資料來源。估計的

如何計算和詮釋投資報酬率

動作對任何類型的分析而言都至關重要，而且永遠是計分卡流程中非常重要的部分。在運用估計時，應該朝正確的方向發展，而且應該從最可靠和可信的來源、最了解整個狀況的人，以及可提供最正確估計的人那裡取得資料。

保守為要

若是同時計算利益和成本，要採取較保守的方式。唯有保守才能讓投資報酬率的分析既精確又可信。最重要的是，目標受眾如何看待這些資料的價值。不論是投資報酬率公式中的分子（利益）或分母（專案成本），我們都一定會建議採用保守的方式。

確定目標團體對投資報酬率的計算有充分的了解

計算投入資金或動用資產的報酬率有許多種方法，投資報酬率只是其一。計算專案的投資報酬率是採用和其他投資評估一樣的基本公式，不過目標團體對這一點未必完全了解，因此投資報酬率的計算方法及意義都要經過清楚的溝通。更重要的是，投資報酬率應該是被管理階層接受的一個項目，也就是一個適合專案評估的衡量指標。

設定投資報酬率的目標時要讓管理階層參與

讓管理階層參與投資報酬率目標的擬訂。管理階層是最後決定是否接受所得出的投資報酬率值的人。在可能的範圍內，設定計算參數及建立被組織接受的專案目標方面，管理階層都應盡可能地參與。

對敏感議題審慎以對

有時在討論到投資報酬率值時，會引發一些既敏感又具爭議性的議題。對哪些可衡量、哪些不可的這個議題，最好是避免引

起爭論，除非是這個議題已經有確證是有問題的。同樣的，有些專案對於組織的生存至關重要，因此任何想衡量這些專案的意圖都是多餘的。譬如說，某家以服務顧客為焦點的公司，在展開一項改進顧客服務專案時，就可能會假設這項專案如果在立意上沒有任何問題，就會改善該公司的顧客服務，因此省卻了利用專案管理計分卡流程仔細評估的過程。

把這些流程傳授下去

把這些計算專案管理解決方案投資報酬率的方法傳授給其他人。而適合擔任計算投資報酬率職責的主管，應該把每次的計算視為教育組織中其他經理及同僚的契機。即使這並不屬於其他人的責任範圍，他們也能夠了解這個方法對於專案及評估的價值。同樣的，若是可能，應該把每個專案當成一個研究案例，用來教導專案人員一些特定的技術與方法。

對高投資報酬率無須誇耀

專案產生看似非常高的投資報酬率並非不尋常，本書中就提到過好幾個這樣的例子。除非投資報酬率的計算論據無可置疑，否則專案經理若是誇耀報酬率很高，定會招致他人的批評。

運用時要有所取捨

不是每個專案管理解決方案都需要用到投資報酬率。有些專案很難量化，計算投資報酬率可能並不適當。此時，運用其他可以表現出其利益的方法可能更為恰當。因此，我們會鼓勵專案經理訂定，手上的專案有多少百分比可以算出投資報酬率，並針對可以進行投資報酬率分析的專案訂定出特殊的標準。

結語

　　把專案的利益匯整好，換算成金額，並且把成本製成表格，那麼計算投資報酬率的這個步驟就會變得非常簡單：只要把數值放進正確的公式中即可。本章介紹兩個計算投資報酬率的基本方式：投資報酬率公式與本益比。兩種方法各有優缺點。除此之外，本章還針對其他的投資報酬率算法進行簡短的討論。同時，在介紹一些投資報酬率計算必須處理的關鍵議題之外，我們也舉了好些例子。

延伸閱讀

Dauphinais, G. William and Colin Price (Eds.). *Straight from the CEO: The World's Top Business Leaders Reveal Ideas that Every Manager Can Use.* London: Nicholas Brealey Publishing, 1998.

Epstein, Marc J. and Bill Birchard. *Counting What Counts: Turning Corporate Accountability to Competitive Advantage.* Reading, MA: Perseus Books, 1999.

Friedlob, George T. and Franklin J. Plewa, Jr. *Understanding Return on Investment.* New York: John Wiley & Sons, Inc., 1991.

Gates, Bill with Collins Hemingway. *Business @ the Speed of Thought: Using a Digital Nervous System.* New York: Warner Books, 1999.

Hiebeler, Robert, Thomas B. Kelly, and Charles Ketteman. *Best Practices: Building Your Business with Customer-Focused Solutions.* New York: Arthur Andersen/Simon & Schuster, 1998.

Mitchell, Donald, Carol Coles, and Robert Metz. *The 2,000 Percent Solution: Free Your Organization From "Stalled" Thinking to Achieve Exponential Success.* New York: Amacom/American Management Association, 1999.

Phillips, Jack J. *The Consultant's Scorecard.* New York: McGraw-Hill, 2000.

Phillips, Jack J. *Return on Investment in Training and Performance Improvement Programs.* Boston: Butterworth-Heinemann, previously published by Gulf Publishing, 1997.

Phillips, Jack J., Ron D. Stone, and Patricia Pulliam Phillips. *The Human Resources Scorecard*. Boston: Butterworth-Heinemann, 2001.

Price Waterhouse Financial & Cost Management Team. *CFO: Architect of the Corporation's Future*. New York: John Wiley & Sons, 1997.

Weddle, Peter D. *ROI: A Tale of American Business*. McLean, VA: ProAction Press, 1989.

第十章

找出專案管理
解決方案的無形衡量指標

在專案管理解決方案所產生的眾多結果中，包括有形與無形的衡量指標。根據定義，無形的衡量指標指的是與專案管理解決方案有關聯，但無法或不應該換算成金額的利益或損失。這些個衡量指標通常是在專案完成之後才予以監測。無形的衡量指標通常出現在專案管理已獲得改善的事業單位中。正圖10-1所示，已獲得改善的專案管理，應該會導致好幾個事業單位衡量指標的產生，包括無形的衡量指標。雖然這些衡量指標沒有換算成金額，但仍然是評估流程中相當重要的一部分。無形衡量指標的範圍形形色色，本章僅針對與專案管理解決方案有關的一般變數進行討論。

表10-1針對這類的衡量指標列舉一些常見的例子。不過，我們的意思並不是指所列舉的這些衡量指標都不能換算成金額，總有一些研究會把清單中的每個項目量化成金額。只不過，在典型的專案管理評估研究中，這些變數都視為無形的利益。

為何要找出無形的衡量指標？

再次強調，並不是所有衡量指標都可以或應該換算成金額。有些衡量指標在取得或呈報時，就是以無形的為目的。雖然這些

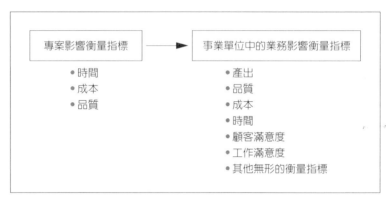

圖10-1　與解決方案有關的事業單位的改進

表10-1　與專案管理解決方案有關的一般變數

□知識基礎	□顧客滿意度／不滿意度
□工作滿意度	□社區形象
□組織承諾	□投資人的形象
□工作氛圍	□顧客抱怨
□員工抱怨	□回應顧客的時間
□員工申訴	□顧客忠誠度
□減輕員工壓力	□團隊合作
□員工曠職	□合作
□員工的流動率	□衝突
□創新	□決斷力
□調職的要求	□溝通

衡量指標可能不像可量化的衡量指標那麼有價值，但它們對整個的評估流程而言至關重要。在某些專案管理解決方案中，團隊的建立、工作滿意度、溝通及顧客滿意度，都遠比那些具有金錢價值的衡量指標更重要。因此，這些無形的衡量指標應視為整體評估的一部分，予以監測和報告。實際上，不論解決方案的性質、範疇及內容為何，每個解決方案都會產生無形的衡量指標。問題在於，如何有效找出並做出正確的報告。

無形的衡量指標來自何方？

如圖10-2所示，這些無形的衡量指標可能來自流程中各個時間的各種不同來源。它們可能會在流程的初步分析期間很早就發現了，並且會被當成整個資料蒐集策略的一部分，擬訂其蒐集的計畫。譬如，某個專案管理解決方案有好幾個硬性資料的衡量指標與該解決方案相關聯；不過也同時找出顧客滿意度這個無形指標，而且在不打算將其轉換成金額的情況下加以監測。因此，從一開始，這個衡量指標就被認定是不具金錢利益的，而與投資報酬率的各項結果一同呈報。

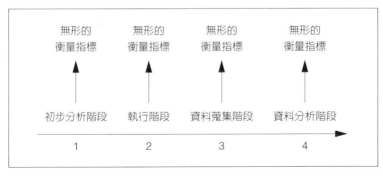

圖10-2　影響無形衡量指標的各個專案階段

找出專案管理解決方案的無形衡量指標

與專案管理解決方案的客戶或贊助者就這個議題進行討論，是找出無形利益的第二個機會。客戶通常都能找出那些他們期望受到解決方案影響的無形衡量指標。譬如，某家跨國公司進行一項專案管理解決方案，並且打算進行投資報酬率分析的計畫。由專案團隊成員、專案經理及高階主管找出哪些是他們認為可能受到該專案管理解決方案影響的無形衡量指標。

第三次找出無形衡量指標的機會，就是在資料蒐集期間。雖然在初步的專案評估設計中並沒有預設到這類衡量指標的出現，它們卻可能在問卷中、訪談時或進行焦點團體期間浮現。這時通常會問一些其他與解決方案有關聯的改進方面的問題，而專案團隊成員往往會提供一些原本不打算給予數值的無形衡量指標。譬如，在評估一個顧客服務專案時，會要求成員就該專案對他們的專案工作以及與顧客的關係可能產生哪些改進，下一個明確的定義。於是，團隊成員提供了成打的專案經理認為是歸因於該解決方案的無形衡量指標。

找出無形衡量指標的第四個機會是在資料分析與報告期間，也就是把資料轉換成金額時。假如轉換成金額的可信度很低，該衡量指標在報告中就該視為無形的利益。譬如，在一個提高銷售的專案中，流程初期就確認顧客滿意度是一個攸關專案管理解決方案成敗的衡量指標。雖然曾試圖把該項衡量指標轉換成金額，但是由於這麼做既不精確又不可信，因此在報告中把顧客滿意度當成無形的利益。

如何分析無形的衡量指標？

在界定每一項無形的衡量指標時，一定要有可以顯示該衡量指標與專案管理解決方案相關的證據。然而，許多的情況是，除

了把回應加以列表之外，大多會預先安排進行特別的分析。早期為了把無形資料加以量化，有時會因此捨棄整個流程，更別說做進一步的分析了。有些時候，為了把專案管理解決方案的影響分離出來，會使用到一或多個方法，我們會在第十二章就這些方法提綱挈領的介紹。當有必要知道無形的衡量指標中有哪些改變與解決方案有關聯時，就不能省略這個步驟。改進往往可以藉由無形的資料反映出來。不過，不論是精確的或與解決方案有直接關聯的改進數量，通常必須有清楚的界定。由於投資報酬率的計算中並不包括這類無形資料的數值，一般來說，無形的衡量指標並不會用來做為解決方案額外經費的調整，或是否繼續執行的依據，因此在分析上不必太仔細。無形的利益被視為解決方案成敗的額外證據，並以輔助性的質化資料來呈現。

衡量員工的滿意度

員工的滿意度是非常重要的無形衡量指標。許多專案管理解決方案若是團隊成員或營業單位的經理認為的確有提升工作滿意度，就是成功的解決方案了。在這裡，我們簡短介紹一些最重要的員工滿意度衡量指標。

工作滿意度

許多組織都會做一些調查，以判定員工對組織、工作、主管、同事及一些其他議題的滿意度。與員工的工作滿意度最有關聯的是曠職和流動率，而兩者有時又與專案管理解決方案息息相關。有些調查的項目會鎖定在與專案有直接關聯的議題上，如對工作設計上的改變、流程的再造或薪資的調整等方面的滿意度。

找出專案管理解決方案的無形衡量指標

當態度調查中提到一些與解決方案有關的特定議題時，所得的資料通常都會與專案管理解決方案有關聯。

由於態度調查通常一年進行一次，因此結果或許無法與專案管理解決方案的時間同步。當工作滿意度成為眾多目標之一時，有些組織會在專案結束後再進行調查，並且針對專案的議題設計調查的工具。

組織的承諾

衡量組織承諾的這個衡量指標，可能比了解員工士氣來得重要。組織承諾這套工具與態度調查類似，都是用來判定員工與公司的目標、價值觀、理念及實務的一致性有多高。組織承諾的衡量指標通常和生產力與績效有關，因此是一項重要的無形衡量指標。假如某項專案的目的是為了提升員工士氣，在調查資料中顯示出一些組織承諾的改變，就可能意味著某個專案管理解決方案是成功的。問題在於組織並沒有定期追蹤這類的無形衡量指標。

工作氛圍

有些組織會進行氛圍的調查，以反映在溝通、開誠佈公、信任、回饋及其他領域中工作氛圍的改變。氛圍調查與態度調查類似，只是更為一般性，而且通常把重點放在某一範圍的職場議題上，以及環境的促成因子與抑制因子上面。在管理解決方案的執行前後都進行氛圍調查，有助於確定專案對造成這些無形衡量指標的改變程度有多大。

員工的抱怨

有些組織會把員工提出的抱怨做成記錄和報告。因為員工的

抱怨減少，可能與專案管理解決方案有直接關係；以團隊建立的專案來說，抱怨的程度就會被當成無形的衡量指標，用來衡量該解決方案的成敗。

員工壓力的減輕

有時，把介入的重點放在工作和技術的改進上，會提高員工的效率，減輕與工作相關的壓力。減少緊張與焦慮連帶造成壓力減輕，可能與介入的事務有直接關聯。

衡量職業疲勞

當員工的滿意度降低到對工作或組織都產生職業疲勞的現象時，不論是永久或暫時的現象，結果都會非常慘痛。有些職業疲勞的衡量指標，像是曠職、流動率及要求調職等，或許與專案管理解決方案有關。

員工流動率

員工流動率可能是職業疲勞衡量指標中最嚴重的一個。流動率是一個成本耗費極高的變數，過高時可能造成組織非常慘痛的後果。許多專案的目的，都是為了降低某些工作單位的員工流動率，而且通常會使用第十三章將談到的一些方法，把流動率換算成金額。然而，由於這樣的做法耗費很大，加上其中的假設牽涉到數值的計算，因此在這種情況下，有些組織寧願把流動率的降低當成無形的利益，以反映專案的成敗。

找出專案管理解決方案的無形衡量指標

員工曠職

不是預先計畫好或預先安排好的曠職,是另一個非常耗費成本的變數。過多的曠職會破壞顧客服務及與顧客聯繫的功能,進而危及顧客的忠誠度。有些專案的目標鎖定在降低曠職率,而且會精確地指出專案管理解決方案對曠職的影響。雖然曠職的成本可以計算,但對某些受眾而言,這個換算流程的可信度並不高。在這樣的情況下,報告中有關曠職率的改變會當成無形的效應。

調職的要求

要求調職,是另一個非常花錢的職業疲勞衡量指標。一般而言,這類要求是對目前的狀況不滿的明顯徵兆。提出調到其他部門的要求,不但會使提出要求的員工及其主管或經理同時倍感壓力,也會讓整個團隊產生不自在的氣氛與生產力降低的現象。與流動率或曠職不同的是,員工雖然期待調職,但仍然每天上班。這個衡量指標的成本計算,會比流動率或曠職更困難;因此,通常會把這類的衡量指標當成無形的衡量指標。

衡量顧客服務

由於建立及改進顧客服務相當重要,因此基本上,為了追蹤專案管理解決方案的成效,會對若干相關的衡量指標進行監測和報告。直接影響這些衡量指標產生的顧客服務專案有好幾種,但由於要把這些改變換算成數值非常困難,因此有時會把結果當成無形的利益。以下介紹的是其中的一些衡量指標。

顧客滿意度／不滿意度／印象

調查顧客的滿意或不滿意度，是最重要的衡量指標之一。這些經由調查得到的數值，做成報告時會當做絕對的數據或指數，而且是可以用來決定顧客服務專案成敗的重要資料。把調查資料換算成金額的技術雖然有，但絕大多數的情況是並沒有將其轉換的意圖，而各項改進都會當成無形的利益加以報告。

顧客訴怨

大多數組織對顧客訴怨都會密切注意，詳細記錄每一次的抱怨及其意向，需要多少的時間才能解決，以及為了解決該項抱怨所需的成本。有些專案往往就是為了減少或預防顧客訴怨的增加而設立的。由於很難把訴怨精確地換算成金額，因此大多當成一個重要的無形衡量指標。

回應顧客的時間

對大多數組織而言，提供迅速的顧客服務是極重要的課題。因此，組織會對回應顧客特定的服務要求、訂單或問題所需的時間進行監測。雖然縮短回應的時間可能是某個專案的目標，但通常不會把這類的衡量指標換算成金額。因此，顧客回應的時間就被當成一個重要的無形衡量指標。

其他的顧客回應

還有許多顧客回應的事項是可追蹤的，像是有創意的顧客回應，對成本與定價等議題的敏感度，以及顧客忠誠度等。當解決方案會影響到某些特定的變數時，監測這些變數可以提供更多有

找出專案管理解決方案的無形衡量指標

關專案結果的證據。由於很難把這些事項以數值表示，通常會當成無形衡量指標加以報告。

衡量團隊的效能

要評估組織內部團隊的成敗，需要監測好幾個重要的衡量指標。雖然通常會把衡量團隊合作的產出與品質視為硬性資料，並且換算成金額，但是其他人際方面的衡量指標，也都會分別進行追蹤及報告。這裡針對一些衡量指標加以介紹。

團隊合作

對致力於改進績效的組織而言，多重功能、高績效的虛擬團隊是非常重要的資產。有時候，會在專案執行的前後對團隊成員進行調查，看看團隊合作的默契是否越來越好。團隊合作越來越好所換算成的金額，鮮少當成一個衡量指標；相反的，通常都會視為無形利益。

合作／衝突

團隊的成敗經常取決於團隊成員的合作精神。有些工具可用以衡量專案執行前後的合作程度，但是由於很難把這類的發現換算成金額，因此在報告中，這類的衡量指標一向當成無形的衡量指標。

在某些團隊環境中，也會衡量衝突的程度。衝突的減少可能代表專案管理解決方案的成功。大多數的情況是，不會把這類衝突的減少換算成金額，而是當成無形的利益加以報告。

計分卡

決斷力／決策

團隊會做一些決策，而決策過程的適宜性及品質，往往成為重要課題。決斷力通常是以做出決策的速度衡量。調查這類的衡量指標可能反映出團隊的認知，又或者，在有些情況下，是可以精準地監測出做決策的速度。決策的品質也同時反映出其價值。有些專案的目的就是要影響這類的過程，而所獲得的改進通常視為無形的利益。

團隊溝通

對團隊而言，溝通是極為重要的。有好幾種工具可用以質化及量化團隊溝通。因為某一專案使溝通的技巧或對技巧的理解所產生的正面改變，通常不會換算成金額，而是當成無形的利益。

結語

無形的衡量指標是反映專案管理解決方案成敗的重要關鍵。而無形的利益則是用來發展本書所介紹的專案管理計分卡的第六個衡量指標。雖然無形的衡量指標並不具備實際的投資報酬率計算或業務影響硬性資料的分量，但仍然是評估整個專案解決方案中非常重要的一部分。因此應該加以界定、探究、檢視及監測，以便找出與專案管理解決方案有關的改變。整體而言，它們為專案管理計分卡增添了一個非常獨特的面向，因為大多數的專案——即使不是所有的——都會產生無形的利益。雖然本章探討了一些最常見的無形衡量指標，但畢竟無法涵蓋所有的無形衡量指標。實際上，無形衡量指標的範圍是無限的。

找出專案管理解決方案的無形衡量指標

延伸閱讀

Bacon, Frank R., Jr. and Thomas W. Butler, Jr. *Achieving Planned Innovation: A Proven System for Creating Successful New Products and Services.* New York: The Free Press, 1998.

Campanella, Jack, ed. *Principles of Quality Costs: Principles, Implementation and Use.* Milwaukee: ASQ Quality Press, 1999.

Denton, Keith D. *Quality Service: How America's Top Companies Are Competing in the Customer-Service Revolution . . . and How You Can Too.* Houston: Gulf Publishing, 1989.

Heskett, James L., W. Earl Sasser, Jr., and Leonard A. Schlesinger. *The Service Profit Chain: How Leading Companies Link Profit and Growth to Loyalty, Satisfaction, and Value.* New York: The Free Press, 1997.

Howe, Roger J., Dee Gaeddert, and Maynard A. Howe. *Quality on Trial: Bringing Bottom-Line Accountability to the Quality Effort,* 2nd ed. New York: McGraw-Hill, 1995.

Keen, Peter G.W. *The Process Edge: Creating Value Where It Counts.* Boston: Harvard Business School Press, 1997.

Naumann, Earl and Kathleen Giel. *Customer Satisfaction Measurement and Management: Using the Voice of the Customer.* Cincinnati: Thomson Executive Press, 1995.

Silverman, Lori L. and Annabeth L. Propst. *Critical Shift: The Future of Quality in Organizational Performance.* Milwaukee: ASQ Quality Press, 1999.

Slaikeu, Karl A. and Ralph H. Hasson. *Controlling the Costs of Conflict: How to Design a System for Your Organization.* San Francisco: Jossey-Bass, 1998.

第十一章

監測專案解決方案的實際成本

本章要探討的是成本的累積值與列表的步驟，並概略介紹為了計算投資報酬率必須取得的特定專案解決方案成本。決定把哪些成本包括在專案解決方案的成本計算中，是本章的重要挑戰之一。然而，為了保守起見，這裡會把所有成本計算在內，包括直接成本與間接成本。本章還涵括一些可以輔助這項工作的檢核表及準則。

為何要監測專案解決方案的成本？

由於專案成本是投資報酬率公式中的分母，因此監測專案成本是計算投資報酬率的必要步驟。留意成本和注意專案的結果與利益是同等的重要。然而實際上，各項成本的取得往往比計算專案各項利益來得容易。

要持續不斷地監測各項成本，才能控制開支，讓專案不致超出預算。監測成本的行動不但能顯示各項開支的狀況，也可以讓

整個專案團隊在看得到支出的情況下，錢花得更謹慎。當然，比起試圖以事件重建的追溯方式取得成本，以持續不斷的方式進行成本的監測更容易、更精確，也更有效率。

如何計算成本？

監測成本的第一個步驟是，定義與討論成本控制系統的諸多議題。下面介紹其中一些關鍵議題。

成本至關重要

取得成本是一項挑戰，因為所得的數字必須精確、可靠且確實。雖然大多數組織在發展成本方面，遠比把各項利益換算成金額容易得多，然而就算再容易的專案，實際成本的數字仍難以捉摸。通常找出直接費用並不難，但是要確定專案的間接成本就困難得多了。幸好，對大部分的專案而言，大多數成本在一開始時就知道了，而且通常會記錄在專案企畫中。但一般而言，與專案有關的隱藏和間接成本往往並不是很詳細。若要發展出合乎實際的投資報酬率，各項成本就必須精確、完整而且可信；否則，煞費苦心地把專案利益換算成金額的努力，將因為成本的不適當或不精確而徒勞無功。

總體成本

若是使用保守的方式計算投資報酬率，我們的建議是，專案解決方案的成本最好是採用總體成本。利用這種方式，即可找出所有的成本，而與專案解決方案有關的成本也都包括在內了。其中的道理很簡單：就分母而言，即使是在成本方面有所疑問，仍

計分卡

應包括在內（例如對是否應將某項成本納入有所疑問，即使是按照組織的成本準則並不需要此一成本，也建議納入）。在計算投資報酬率並且向受眾呈報時，整個過程在精確度與可信度方面，必須經得起最嚴格的檢驗。而符合這項檢驗的唯一方法，就是確保所有的成本都包括在內。當然，從實際的角度看，若是掌控者或財務長堅持不把某些特定的成本納入，那麼也只有捨棄了。

只論成本、不計利益的危險

只對專案管理解決方案的成本進行溝通卻不提專案的利益是很危險的。不幸的是，許多組織多年來都掉入這樣的陷阱中。譬如，專案管理的訓練成本很容易蒐集，然後呈交給管理階層。儘管這類的成本或許很有用，但若是沒有提及利益，卻可能會造成大困擾。大多數主管在檢視專案管理訓練成本時，心中都會產生一個合乎邏輯的疑問：這樣的訓練有什麼好處？這是管理階層典型的反應，尤其是當他們認為成本非常高時。也因為如此，有些組織已經發展出一套政策：除非能夠獲得利益方面的資料，而且能和成本一起呈報，否則不呈遞專案成本的相關資料。即使利益是主觀且無形的，都應該和成本一起納入報告中。這對維持這兩個議題的平衡有很大的幫助。

成本準則的發展與運用

對大多數專案團隊而言，訂定成本的詳細政策以做為專案經理或其他負責監測、報告成本者的準則，會有很大的幫助。詳細的成本準則，會明確地把專案的成本類別，以及如何獲取、分析和報告資料包括在內。各種的標準、單位成本的指導原則和普遍接受的數值，都會包括在準則中。成本準則的範圍可以短到只有

監測專案解決方案的實際成本

一頁，也可以是對複雜而龐大的組織高達數百頁的文件。不過基本上，方式越簡單越好。

成本準則擬妥之後，應該加以檢討，並且經過財務與會計人員的同意。這份最終文件就成了成本蒐集、監測及報告的指導方針。在算出投資報酬率且呈報時，要以摘要表或表格的形式將各項成本包括在內，至於成本準則，就用附註或是附錄的方式以供參考。

成本追蹤的議題

在專案管理解決方案中界定出確切的成本，可謂是最重要的任務。這項任務涉及專案團隊所做的各項決策，而且這些決策通常都要經過客戶的核准。如果適當，可能需經由客戶的財務和會計人員審核這份清單。

成本的來源

有時，將成本的來源列為專案解決方案的首要考量是很有幫助的。成本的來源可分為三大類，如表11-1所示。其中專案管理公司的費用和開支是成本的最大類別，而且會直接轉嫁給客戶。這些成本通常會列在規費與開支的類別之下。成本的第二大類是客戶的組織產生的開支——包括直接與間接的。儘管許多專案並未明確指出這些成本，但仍然會反映在專案的成本上。第三類則是指因為專案而必須支付給其他組織的款項，包括直接支付給專案指定的設備及服務的供應商費用。財務與會計記錄必須能夠追蹤並反映這三大不同來源的成本。本章中介紹的流程，同樣能夠追蹤這些成本。

表11-1　成本的來源

成本來源	成本報告的議題
1. 專案管理組織： 規費與開支	A 這類成本通常很精確 B 或許會低估其變動費用
2. 客戶的開支： 直接與間接	A 直接費用通常不夠完整 B 鮮少將間接費用包括在成本中
3. 其他費用： 設備和服務	A 有時陳述不夠如實 B 可能缺乏會計責任

按比例分配vs.直接成本

　　通常的做法是，先取得與專案解決方案有關的所有成本，並且算做專案的費用。然而，有些成本是在一段長時間中按比例分配的。設備的購買、軟體的開發和收購及培訓計畫的展開，這些成本都很高，而且即使在專案結束後或許還繼續發揮功效。因此，這些成本的部分應該按比例分配在專案中。

　　有一種較為保守的方法可資利用：確認專案解決方案的預期壽命。有些組織認為一個簡單的專案解決方案的作業時間，應該為期大約一年，有些則認為三到五年比較適當。假如對按比例分配的方式中時間週期的確定仍有疑問，就有必要向財務和會計人員請教，或擬訂並遵循適切的準則。

　　接下來以一個簡短的例子，進一步說明按比例分攤成本的方式。有家大型電訊公司進行一項成本為九萬八千美元的專案管理培訓計畫，預期三年，然後才需要進行大規模的修正。估計這個三年到期所採取的修正，大約將耗費原始開發成本的一半，即四萬九千美元。同時，該公司也利用投資報酬率計算為期三年的回

監測專案解決方案的實際成本

收期。由於此次的專案管理培訓在三年到期時，還有一半的剩餘價值，因此三年的培訓期間應該只有一半的成本註銷。也就是說，在投資報酬率的計算中，四萬九千美元——原始開發成本的一半——用來做為開發的成本。

員工福利因數

員工的時間很寶貴，當他們需要花時間在某項專案解決方案上時，所計算的成本必須很完整（像是整體薪酬，包括額外津貼以及福利）。通常組織對這類的數字都很清楚，並會用在其他的成本計算公式中。這類的數字代表所有的員工福利成本，並以佔薪資總額的百分比表示。對某些組織而言，比例高達50~60%。有些組織卻可能低到25~30%。全美的平均比例為38%（*Nation's Business*, 1999）。

主要的成本類別

表11-2顯示的是，在使用保守方法估計整個成本時，建議採用的成本分類方式。以下逐一說明。

初步分析與評估

用來決定專案管理解決方案是否恰當的初步分析與評估，是最常被低估的成本項目之一。就一個全面性的專案來看，其中包括資料的蒐集、問題的解決、評估及分析。在某些專案解決方案中，會因為專案沒有進行適當的評估，致使這類成本趨近於零。然而，隨著專案經理越來越重視需求評估與分析，這個項目在未來勢必成為重要的成本項目。

表11-2 專案的成本類別：按比例分攤或費用類

	成本項目	按比例分攤	費用類
A	初步分析與評估		✔
B	解決方案的開發		✔
C	解決方案的取得		✔
D	執行與應用		✔
	專案成員投入專案的薪資／福利		✔
	投入專案協調工作的薪資／福利		✔
	專案成員的薪資／福利		✔
	專案的各項材料		✔
	硬體／軟體	✔	
	出差／住宿／餐費		✔
	設施的使用		✔
	資本支出	✔	
E	維修與監測		✔
F	行政支援與經常費用	✔	
G	評估與報告		✔

因此應該盡最大的可能取得所有與分析和評估相關的成本，包括專案的花費時間，直接費用及分析中使用到的內部服務和支援。所有成本通常會分攤在整個專案期間。

解決方案的開發

針對專案設計與開發出各項解決方案的成本，是很重要的項目之一。這類的成本包括專案在設計與開發上所花的時間，以及與解決方案有直接關係的必需品、技術與其他材料等的購買。和需求評估的成本一樣，設計與開發的成本通常全部算在專案的帳上。然而，在某些情況下，大部分的開支可能會按照比例由好幾個專案分攤。

取得成本

許多組織不把錢花在開發上，而是從其他來源購買解決方案直接使用，或經過修正再利用。這類為特定專案所花的取得成本包括：購買價格、輔助材料及授權合約。許多專案則是取得成本與解決方案開發成本兩者兼具。

應用與執行成本

通常，與執行和達成有關的成本是專案解決方案中最大的一部分。以下就執行成本的八大類別進行探討：

1. **專案團隊成員投入專案的薪資和福利**。包括專案團隊領導人直接分配給專案的所有費用。這類成本代表的是成員花在專案上特定的時間費用。這些費用通常是直接由專案組織分配的費用，或是按照time-log軟體中記錄的內部專案人員所花的費用。

2. **負責專案協調與組織者的薪資和福利**。這應該包括負責執行專案解決方案的人的薪資。這些人通常來自組織中各個單位，擔任協調者的角色，但不一定是專案團隊成員。假如協調者參與的專案不只一個，應該經過詳細檢視，確定他花在某個特定專案上的時間。假如是聘用外部的引導員，則專案管理解決方案應包括他的所有開支。重點是要知道內部人員或外部提供者直接花在專案管理解決方案上的所有工作時間，而且每一次的直接勞力成本都應該包括他們的福利因數。此一因數是個被廣泛接受的數值，通常由財務和會計人員計算出來，大約30~50%。

3. **專案團隊成員的薪資和福利**。成員的薪資加上員工福利是應該包括在內的開支。這類的成本可以用基本工作類別中的薪資平均值或中間值估計。當某項專案是以計算投資報酬率為目標時，成員就可以直接提供他們的薪資資料（當然是以保密的方式進行）。

4. **專案的材料和軟體**。除了授權費、使用費及權利金，像是田野筆記、指示說明、參考指南、案例研究、各項調查與專案團隊成員的工作手冊等的專案材料，也都應該包括在交付成本中。此外，輔助軟體、光碟機和視訊設備也都應該納入。

5. **硬體**。包括所有直接為了這次專案任務而購買的設備。假如有硬體也用於其他的專案，則由各項專案根據每次的使用按比例分攤成本，可能比較適當。

6. **出差、住宿及餐費**。專案團隊成員、引導員、協調者與發起人為了專案而出差的成本都應該包括在內；出差及介入期間的住宿和用餐費用也是；介入期間的招待及茶點費用同樣要包括在內。

7. **設施**。應包括專案解決方案各項設備使用的直接成本。以外部會議為例，直接費用來自於會議中心、旅館或汽車旅館的費用。假如是在公司內舉行，會議室的使用對組織而言也是一項成本——即使在其他的報告中將設施成本包括在內很少見——應該估計並包括在內。這個議題應該採取常識性的做法。若是場地費用過高或收費間隔時間太短，即可反映出這個方式的不合理，凸顯出對正式準則的需要。

8. **資本支出**。重要的投資支出，像是一些設施的大規模改建、大樓的購買及大型設備的購買等，都應該登錄為資本支出，並且按照期間的長短分攤。假如設備、大樓或設施也用於其

監測專案解決方案的實際成本

他專案，此成本應由各項專案分攤，而且個別的任務也都僅佔其中部分的分攤。

在發展專案管理解決方案成本的剖面圖中，應該考慮到上述的所有成本。

維修與監測

維修與監測牽涉到專案中執行解決方案的維修與操作的例行費用。有了這些持續不斷的成本，新的解決方案才得以持續運作。這類的費用可能包括人員的薪資和福利、額外的設備和修理費用，以及後續追蹤的過程。對某些專案而言，這類成本可能非常高。

支援與經常性費用

支援與經常性費用的成本是另一筆費用。在前面的計算中，並沒有把經常性費用這個類別計入任何專案成本中。這個類別的基本項目包括事務支援的成本、電信費用、辦公室費用、業務經理的薪資及其他固定成本。有些組織會估計一整年中進行某一專案的總天數，然後估算出每天所需的支援與經常性費用，藉此估計出成本的分攤，而估計的結果會成為計算中的標準值。

評估與報告

通常，整個評估的成本會包括在專案解決方案成本中，以便計算出總體成本。投資報酬率成本則包括發展評估策略、工具的設計、資料的蒐集和分析、報告的準備和分發，以及結果的溝通等成本。成本的類別則包括時間、材料、購買的工具或調查。有

計分卡

些情況會把評估的成本按比例分攤給數個專案，而不是全部算在某個專案的帳上。譬如，準備在三年期間進行好幾個類似的專案，而接下來的專案選定是投資報酬率的計算，那麼投資報酬率的一些成本是可以合理地由多個專案按比例分攤。初步的投資報酬率分析，則應該反映出這些專案產生的一些成本（如指示說明的設計及評估策略等）。

成本的累計與估算

將各項專案成本分門別類的基本方法有兩種。一是按照支出的性質，如勞力、材料、供應、出差等，這些都是屬於費用帳目（expense-account）的分類。另一種方法則是，按照專案流程或功能分類，如初步分析與評估、解決方案的開發及執行與應用等。

根據這些帳目的性質所建立的帳目類別，以及按照流程／功能的類別累計成本的方法，都是很有效的監測成本系統。許多系統都會在第二個步驟暫停一下。雖然在第一個分類的步驟時，已經充分地提供了整個解決方案的成本，卻不足以與其他計畫、流程及解決方案進行比較，也就是說無法藉由相對比較，提供哪些領域的成本可能超過的資訊。

成本分類矩陣

在上述的兩種分類中，成本都是不斷累積的。這兩種分類顯然有相關，其中的關係則視組織而定。譬如說，專案管理解決方案中的初步分析與評估階段所包含的特定成本，就可能因為不同的組織而有很大的差異。

在帳目分類系統中界定出成本的類別，是分類過程中一個重

監測專案解決方案的實際成本

表 11-3 成本分類矩陣

費用帳目分類	流程／功能類別					
	初步分析與評估	解決方案的開發	取得成本	執行與應用	維修與監測	評估與報告
01 薪資與福利：專案領導人	X	X	X	X	X	X
02 薪資與福利：專案人員	X	X		X	X	X
03 餐費、出差與雜支：專案領導人	X	X	X	X	X	X
04 餐費、出差與住宿：專案人員		X		X	X	
05 辦公用品與材料	X	X		X	X	X
06 專案的材料與用品		X	X	X	X	
07 印刷與捺貝	X	X	X	X	X	X
08 軟體與電子材料	X		X	X	X	
09 外部服務	X	X	X	X	X	X
10 硬體／設備費用分攤					X	
11 硬體／設備－租借					X	
12 硬體／設備－維修					X	
13 規費／授權費／權利金				X	X	
14 設施費用分攤				X	X	
15 設施的租借				X	X	
16 一般的經常費用	X	X	X	X	X	X
17 其他雜支	X	X	X	X	X	X

計分卡

要的部分，而且這套方法通常是應用在流程／功能類別這方面。表11-3是一個矩陣，顯示的類別是組織中所有專案成本的累計。這些成本通常是流程／功能類別中的一部分，利用這個矩陣來檢核。每位客戶的成員都應該知道，如何收取適當的費用（像是租用設備供某一專案執行之用）。這項成本是應該全歸屬於執行的費用，還是只有某些部分？或者這項成本應該歸屬於維修與監測的費用？這項成本多半都會根據每個類別使用到該項目的程度，按照比例分攤。

成本累計

　　一旦清楚界定出費用帳目的分類，並確定好流程／功能類別之後，就很容易追蹤各個專案的成本。只要利用一些特別設定的帳號及專案編號就可以做到。以下例子可說明這些編號的使用。

　　以三位數的專案編號代表某一項特定的專案。譬如：

□銷售部門的再造　　　　　　　112
□新團隊領導人的工作設計　　　315
□統計品管專案　　　　　　　　218
□文化審核　　　　　　　　　　491

　　按照流程／功能的各個分類編上數字。以前面所提到的例子來說：

□初步分析與評估　　　　　　　1
□解決方案的開發　　　　　　　2
□解決方案的取得　　　　　　　3
□執行與應用　　　　　　　　　4

監測專案解決方案的實際成本

| □維修與監測 | 5 |
| □評估與報告 | 6 |

在表 11-3 中，是在帳目分類編上兩位數字以完成一套會計制度。譬如，假設針對再造專案製造光碟機，並在專案執行期間使用，則其正確的編號應該是 08-4-112。最前面兩位數字代表帳目分類，接下來的一位代表流程／功能的類別，最後三位數字就是專案的編號。這套制度不但可以快速地累計各項的專案成本，而且可以加以監測。而總成本則可以用以下方式表示：

□根據專案。
□根據流程／功能類別（譬如執行）。
□根據費用帳目分類（譬如軟體與電子材料）。

重點在於設計出一個制度，能夠很容易確定專案管理解決方案的所有成本。

成本估計

上一節介紹了將與專案解決方案有關的成本分類和監測的程序。監測持續產生的成本，並且拿來與預算或預計的成本做比較是很重要的。然而，預測未來專案的成本，是追蹤成本的一個重要原因。通常是利用該組織特有的正式成本估計方法，來達成這個目標。

有時候，成本估計工作表對確定所提出的專案之總成本有很大的幫助。表 11-4 就是一個成本估計工作表的例子，藉由專案功能的各個領域，譬如執行，來計算成本。這類的工作表包含一些公式，讓成本估計更容易。除了這些工作表，各項服務、用品及

計分卡

表11-4　成本估計工作表的範例

	專案公司	客戶的公司
初步分析與評估成本		
薪資與員工福利：專案領導人（專案領導人人數×平均薪資×員工福利因數×投入專案的時數）	————	————
薪資與福利：專案人員	————	————
餐費、出差及雜支：專案領導人	————	————
辦公用品與材料	————	————
印刷與拷貝	————	————
軟體、電子材料	————	————
外部服務	————	————
硬體／設備費用分攤	————	————
一般經常費用分攤	————	————
其他雜支	————	————
初步分析與評估總成本	═══	═══
解決方案的開發		
薪資與員工福利：專案領導人（人數×平均薪資×員工福利因數×投入專案的時數）	————	————
薪資與福利：專案人員	————	————
餐費、出差及雜支：專案領導人	————	————
餐費、出差及雜支：專案人員	————	————
辦公用品與材料	————	————
專案的材料與用品	————	————
印刷與拷貝	————	————
外部服務	————	————
硬體／設備費用分攤	————	————
硬體／設備：租借	————	————

監測專案解決方案的實際成本

表 11-4　成本估計工作表的範例（續）

	專案公司	客戶的公司
一般的經常費用分攤		
其他雜支		
解決方案的開發總成本		

取得成本

薪資與員工福利：專案領導人（人數×平均薪資×員工福利因數×投入專案的時數）		
餐費、出差及雜支：專案領導人		
專案的材料與用品		
印刷與拷貝		
軟體、電子材料		
外部服務		
硬體／設備費用分攤		
一般的經常費用分攤		
其他雜支		
取得總成本		

執行與應用

薪資與員工福利：專案領導人（人數×平均薪資×員工福利因數×投入專案的時數）		
餐費、出差及雜支：專案領導人		
餐費、出差及雜支：專案人員		
辦公用品與材料		
專案的材料與用品		
印刷與拷貝		
軟體、電子材料		

表 11-4　成本估計工作表的範例（續）

	專案公司	客戶的公司
外部服務		
硬體／設備費用分攤		
硬體／設備：租借		
規費、授權費及權利金		
設施費用分攤		
設施租借		
一般的經常費用分攤		
其他雜支		
交付總成本		

維修與監測

	專案公司	客戶的公司
薪資與員工福利：專案領導人（人數×平均薪資×員工福利因數×投入專案的時數）		
薪資與福利：專案人員		
餐費、出差及雜支：專案領導人		
餐費、出差及雜支：專案人員		
辦公用品與材料		
專案的材料與用品		
印刷與拷貝		
軟體、電子材料		
外部服務		
硬體／設備費用分攤		
硬體／設備：租借		
規費、授權費及權利金		
設施費用分攤		
設施租借		

監測專案解決方案的實際成本

表 11-4　成本估計工作表的範例（續）

	專案公司	客戶的公司
一般的經常費用分攤		
其他雜支		
維修與監測總成本		
評估與報告成本		
薪資與員工福利：專案領導人（人數×平均薪資×員工福利因數×投入專案的時數）		
薪資與福利：專案人員		
餐費、出差及雜支：顧問		
辦公用品與材料		
印刷與拷貝		
外部服務		
一般的經常費用分攤		
其他雜支		
評估總成本		
專案總成本		

薪資等的目前費率也可以加以利用。不過，這些資料很快就會過時，而且通常是定期準備好以做為輔助。

　　追蹤專案各階段——從初步分析階段到評估與報告階段——產生的實際成本，以分析之前產生的成本，是預測成本最適當的基礎。利用這種方法就有可能看出整個專案的花費，以及在各個不同類別中的費用。在取得足夠的成本資料之前，可能還是必須使用工作表進行詳細的分析，以便進行成本的估計。

計分卡

結語

　　成本很重要，而且在投資報酬率的計算中應該很完整。從實際的觀點看，有些成本甚至要依據組織的準則和哲學做出選擇。然而，由於投資報酬率的計算需要巨細靡遺的檢查，因此我們的建議是把所有成本都納入其中，即使這麼做超過政策的要求。

參考書目

Annual Employee Benefits Report, *Nation's Business*, January 1999.

延伸閱讀

Cascio, Wayne F. *Costing Human Resources: The Financial Impact of Behavior in Organizations*. Kent Human Resource Management Series. New York: Van Nostrand Reinhold Company, Richard W. Beatty (Ed.), 1982.

Donovan, John, Richard Tully, and Brent Wortman. *The Value Enterprise: Strategies for Building a Value-Based Organization*. Toronto: McGraw-Hill/Ryerson, 1998.

Epstein, Marc J. and Bill Birchard. *Counting What Counts: Turning Corporate Accountability to Competitive Advantage*. Reading, MA: Perseus Books, 1999.

Friedlob, George T. and Franklin J. Plewa, Jr. *Understanding Return on Investment*. New York: John Wiley & Sons, 1991.

Fuller, Jim. *Managing Performance Improvement Projects: Preparing, Planning, and Implementing*. San Francisco: Pfeiffer, 1997.

Hronec, Steven M., Arthur Andersen & Co. *Vital Signs: Using Quality, Time, and Cost Performance Measurements To Chart Your Company's Future*. New York: Amacom/American Management Association, 1993.

Langley, Gerald J., Kevin M. Nolan, Thomas W. Nolan, Clifford L. Norman, and Lloyd P. Provost. *The Improvement Guide: A Practical Approach to Enhancing Organizational Performance*. San Francisco: Jossey-Bass Publishers, 1996.

第三篇

衡量指標的
關鍵議題

第十二章

把專案管理
解決方案的影響分離出來

在某項專案管理解決方案執行後,若發現專案績效有顯著的改進時,可能會有兩個事件看似有所關聯。某位主要的經理可能會問:「這樣的改進,有哪些是因為這個專案管理解決方案產生的?」在提出這個有點尷尬的問題時,答案鮮少是精確且可信的。雖然績效的改變或許與該專案有關,但通常其他與專案無關的因素也對這些改進有所貢獻。本章要探討的是把專案管理解決方案的影響分離出來的一些很有用的技術。有些極為成功的組織已經利用這些技術,來衡量專案管理解決方案的投資報酬率。

為何這個議題至關重要?

幾乎所有的專案管理解決方案都會產生諸多影響,造成業務衡量指標有所改變,這正是專案目標要達成的影響。由於這些影響是多重的,因此衡量各種因素所產生的實際影響是必要的。若是將業務影響衡量指標的所有改變都歸因於正在執行的專案管理

解決方案，結果將是不正確且誇大的。但如未能將專案管理解決方案的影響分離出來，影響的研究會被視為毫無價值而且沒有結論。對要把專案的實際價值與其他因素加以比較的專案經理而言，這是極大的壓力。

基本議題

專案解決方案與績效之間的因果關係可能非常混亂，而且難以證明，但通常可以用一個可接受的精確度顯示。重點在於在流程的初期，要發展出一或多種特定的技術，把專案管理解決方案的影響分離出來，通常這被視為評估計畫的一部分。若能在一開始就注意到這個問題，就能確保用最低的成本和最少的時間運用適當的技術。下面所述，則是把專案管理解決方案分離出來的一些最重要議題。

影響鏈

在討論這些技術之前，先檢視在評估的各個不同層次中的影響鏈會有相當的幫助。專案團隊成員應該把各種專案管理流程及技能應用在工作上。依照這個邏輯，成員就必須從專案解決方案上學習新技能或獲得新知識，這類的衡量屬於層次二的評估。因此，就業務影響的改進而言（即層次四的評估），此一影響鏈包含對可衡量而且是工作上的應用與執行有所了解（層次三的評估），以及所學到的新知識與技能（層次二的評估）。缺乏這類基本的證據，就很難把專案管理解決方案的影響分離出來。換言之，假如在工作上缺少學習或應用，要論斷任何層次四的績效改進是因為專案解決方案而產生的，實際上是不可行的。

從實際的觀點看，這個議題需要在四個層次中進行資料的蒐集，以利投資報酬率的計算。假如蒐集的是業務影響資料，則在其他的評估層次也應該蒐集這類資料，以確定專案解決方案對企業營運成果是有幫助的。雖然這樣的要求是把專案解決方案影響分離出來的先決條件，但並無法證明其間有直接的關聯，也無法精確指出有多少改進是因專案解決方案而產生的。這只能顯示，在之前的層次中若沒有任何的改進，就很難把最終的成果與專案解決方案連結在一起。

第一步：確認其他的因素

把專案解決方案對組織結果的影響分離出來的第一步是，確認所有可能對組織結果有所貢獻的主要因素。包括與相關的利害團體進行溝通，請教他們有哪些其他因素曾經對結果產生影響，並強調專案並非改進的唯一來源。因此，改進可歸功於數個可能的變數和來源，這個方法多半會受到專案的主要利害關係人的重視。

有好幾個可能的來源可以找出主要的影響變數。假如解決方案是在被要求的情況下執行，利害關係人或許可以確認出那些會影響產出變數的因素。專案的利害關係人通常會注意到其他可能影響結果的行動方案或因素。

參與解決方案執行的專案團隊成員，通常會注意到的是其他可能對組織績效造成改進的影響。畢竟，這是他們受到監督與衡量的集體努力之影響。許多的情況是，他們見證了之前績效衡量的各項行動，而且可以精確地指出改變的原因。

參與流程的專案領導人，則是另一個確認影響結果變數的來源。雖然需求分析通常會發現這些影響變數，但是當專案領導人

把專案管理解決方案的影響分離出來

在專案中處理這個議題時，基本上會就這些變數進行分析。

在某些情況中，專案團隊成員的直屬經理（也就是其工作單位的經理），或許也能夠確認出那些影響到組織績效改進的變數。尤其是當成員是一群受勞動法規約束、採時薪制的員工（即工人）時，他們或許對於可能影響績效的變數不是很了解，這就特別有幫助了。

最後，中階和高階管理階層或許能夠根據他們對整個情況的經驗和了解，確認出其他的影響因素。他們或許在之前就監測、檢視並分析過這些變數。這些人本身的權威性往往會提昇資料的可信度。

花些時間把注意力集中在可能會影響績效的變數上，可以增加整個流程的精確度與可信度。這已超越了在呈現結果時不提及其他的影響因素的情況——一個往往會摧毀專案影響研究可信度的情況。界定出為了顯示專案管理解決方案影響而必須分離出來的變數，也替本書中所介紹的技術提供一個基礎。此時要注意的是，由於這個流程或許已經界定出先前未曾考慮到的變數，若是在這個步驟後將流程暫停，對解決方案的影響將留下許多未知因素，並可能留給管理階層一個負面印象。因此，我們的建議是，專案經理不能只停留在這個初步的步驟，要利用一或多個技術，把解決方案的影響分離出來，下面就是有關這方面的探討。

控制組的運用

利用類似實驗設計流程中採用的控制組，是把專案管理解決方案的影響分離出來最精確的方法。這個方法是運用一個對專案解決方案有經驗的實驗組，以及一個沒有經驗的控制組。兩個小

計分卡

組的結構（工作類型、經驗等）應盡可能一樣；然而，兩個小組的人員應該做到隨機安排。一旦做到上述的要求，然後讓兩個小組受到同樣的環境影響，則績效上的差異就可歸因於專案解決方案了。

如圖12-1所示，控制組與實驗組並不一定要具有專案前的衡量指標。衡量是可以在專案完成之後再進行，而兩個小組之間的績效差異，則代表有多少的改進與該專案有直接的關聯。

要小心的是，在運用控制組時可能產生專案經理在營造實驗室環境的印象，對某些主管而言可能會引發問題。有些組織為了避免這樣的污名，會把專案團隊成員當成實驗組，進行一個試驗性計畫，然後選擇一個並未參與此計畫的相似配對控制組，並且不告訴他們有關該專案的任何訊息。

這種控制組的方法的確存在一些根深蒂固的問題，實際應用時可能很困難。第一個主要的問題是小組的挑選。理論上，要有一模一樣的控制組與實驗組根本不可能。會影響到員工績效的因素很多，有些因素是獨立的，有些則有先後關係。實際上要處理這個議題，最好是選擇四到六個對績效最具影響力的變數。譬如，一個以提高大型零售連鎖店的直接銷售為目標的專案，挑選

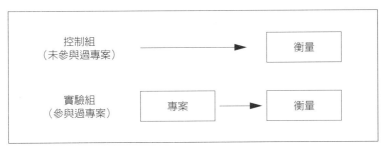

圖12-1　控制組與實驗組衡量時間表

把專案管理解決方案的影響分離出來

了其中的三家店面，然後將其績效與其他三家店面——也就是控制組——比較。這兩組零售店面是根據店長認為對所有零售店的銷售績效最具影響的四個變數挑選出來的，也就是：實際的市場區域、店面大小、顧客的流量，以及零售店之前的績效。儘管還有其他的因素會影響到績效，卻只用這四個變數做為選擇的依據。

另一個問題是污染，當專案組（即實驗組）中的專案團隊成員與控制組中的成員有所交談時，就可能產生這樣的問題。有時候，情況正好相反，也就是控制組的成員會模仿實驗組的行為。不論是哪種情況，當專案的影響因素傳染給控制組，這項實驗就受到污染了。把控制組與專案組安置在不同的地點，值班的時間不同，或是同一大樓的不同樓層，就可以將這個問題降至最小。若是做不到，則向兩組人員解釋，其中有一組人員現在正參與該專案，另一組會在日後才參與，或許有些幫助。同樣的，對參與專案的小組成員以責任感為訴求，要求他們不要與其他人分享資訊，也不無幫助。

當兩組人員在不同的環境影響中工作時，也會發生問題。這通常是因為兩組人員位於不同的地點。有時候，組員的挑選有助於預防這類問題的產生。另一種做法是，採用比必要組數更多的小組，以摒除一些環境方面的差異。

由於運用控制組是把專案管理解決方案影響分離出來的有效方法，因此在計畫一個大型投資報酬率影響研究時，應該把這套方法當成值得考慮的技術。碰到這類的情況，最重要的是以較高的精確度把專案的影響分離出來，而控制組流程的最主要優點就是精確。

計分卡

趨勢線分析

另一個概算專案解決方案影響的很有用技術，就是趨勢線分析。這套方法是以之前的績效為基礎，畫一條趨勢線以預測未來。在執行專案解決方案的同時，比較實際的績效與趨勢線的預測。如此一來，趨勢線預測的任何績效上的改進，都可以合理地歸因於專案。雖然這不是一個確切的過程，卻也對專案的影響提供一個合理的估計。

圖12-2所示，是一家大型圖書經銷商的裝運部門利用趨勢線分析的例子。圖中的百分比代表的是實際裝運與預定裝運相比之程度，並顯示七月份在執行某項專案解決方案前後的資料。如圖所示，在執行該專案解決方案之前的資料是一個上升的趨勢。儘管該專案解決方案對裝運的生產力顯然有很大的影響，但是根據

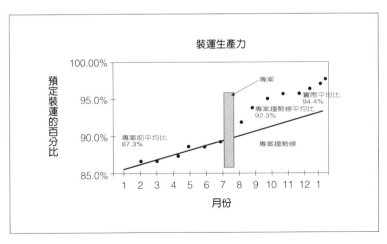

圖12-2　趨勢線分析範例

把專案管理解決方案的影響分離出來

之前已經確定的趨勢，不論有沒有這項專案解決方案，趨勢線都會顯示持續改進的現象。而衡量改進的方法是，把執行專案前的六個月平均裝運（87.3%），與之後的六個月平均裝運（94.4%）相比，得到7.1%的差異。然而，若是把執行專案後的六個月平均裝運與趨勢線（92.3%）相比，所得的數值會更精確。就這個例子來說，差異為2.1%。採用這個較為謹慎的衡量方式，可以增加把專案解決方案的影響分離出來的過程之精確度與可信度。

精確度是趨勢線方法的一個主要缺點。這套方法的假設是，除了專案解決方案的執行之外，那些在執行專案解決方案之前會影響績效變數的事項，執行專案之後仍維持不變（像是在專案解決方案執行之前所確定的趨勢，仍然繼續朝同樣的方向改變），並假設在執行專案的期間，沒有任何新的影響力介入。但實際情況並非總是如此。

簡單且成本低廉，是這套方法最主要的優點。假如能夠取得過去的資料，即可迅速地畫出趨勢線，並估算出差異。儘管不是很確實，卻能迅速地提供專案的影響評估。

預測的方法

利用預測的方法預測績效變數的改變，是屬於比較分析式的趨勢線分析。這種方法是屬於一種趨勢線分析的數學詮釋，用於專案執行出現其他變數時。利用這個方法，可以根據在專案任務執行或評估期間已經產生改變的其他變數之影響，預測出該專案任務鎖定的產出衡量指標，再比較衡量指標的實際值與預測值，其差異即代表專案解決方案的貢獻。由於這種技術使用的機會很小，因此不在本書討論的範圍中（Makridakis, 1989）。

計分卡

專案團隊成員對影響的估計

　　就分離出專案管理解決方案的影響而言，在過程中直接從專案團隊成員那兒獲得資訊，是一個很容易執行的方法。它的功效取決於一個假設：成員有能力確定或估計與專案解決方案有關的績效改進有多少。由於成員的行動產生一些改進，因此他們對這個議題的意見，可能具有高度的精確性。他們應該知道有多少改變是因為執行專案解決方案導致的。雖然只是估計，但由於管理階層知道成員是這些改變或改進的中樞人物，因此會認為他們提供的數值可信度頗高。在說明了改進之後，詢問成員表12-1中一系列的問題，以取得他們的估計。並請參見表12-2的一個專案團隊成員的估計範例。

　　沒有就這些問題提供任何資訊的專案團隊成員，在分析中應予以排除。同樣地，錯誤、不完整及極端的資訊也應該在分析之前排除。為了保險起見，可以把信心百分比納入，做為這些數值的估算因素。所謂的信心百分比是實際上估計誤差的反映。也就是說，80%的信心程度代表潛在的誤差範圍是±20%。利用這套

表12-1　針對專案團隊成員估計所擬訂的問題

- 此次的改進有多少比例可以歸功於專案的執行？
- 此一估計的基礎為何？
- 有哪些其他因素對此次的績效改進也有所貢獻？
- 你對此一估計有多大的信心，請用百分比表示？
  （0%＝毫無信心；100%＝信心十足）
- 還有沒有其他人或小組能夠估計此一百分比，以確定有多少改進是歸因於其他不同的因素？

把專案管理解決方案的影響分離出來

表12-2　一位專案團隊成員的估計範例

影響改進的因素	改進的%	以%表示信心度	調整過的改進%
專案	60%	80%	48%
系統的改變	15%	70%	10.5%
環境的改變	5%	60%	3%
薪酬的改變	20%	80%	16%
其他	__%	__%	__%
總計	100%		

方法，把估計值乘上信心程度，並採用範圍較低的那一邊。在這個範例中，該位專案團隊成員所估計與專案有關的改進是60%，信心度為80%。將估計值乘以信心百分比，即獲得一個有用的專案因素值48%。然後將實際的改進數量（即執行專案後的數值減去執行專案前的數值），乘上這個調整過的百分比，把可歸因於專案的部分分離出來。現在這個改進已經調整過，最後再換算成金額，用於投資報酬率的計算。

　　雖然只是估計，但是這套方法確實具有相當高的精確度及可信度。以下是一種保守的做法，把五項調整有效地應用在專案團隊成員的估計上：

1. 未能提供有用資料的專案團隊成員，就假設他們未曾體驗到任何改進。

2. 對極端的資料，以及不完整、不實際且未經證實的主張，分析中都要排除，不過可能可以將之納入無形利益中。

3. 就短期的專案而言，假設在執行專案解決方案的第一年無法獲得任何利益；就長期的專案而言，則假設專案解決方案可能要經過好幾年才能獲得利益。

計分卡

4. 依據與專案解決方案有直接關聯的數量調整改進的數量，並以百分比表示。

5. 將改進值乘上以百分比表示的信心程度，以降低因為可能的誤差而影響到的改進數量。

在向資深管理階層呈報時，影響研究結果會被認為是對成功解決專案的一個保守的陳述，所提供的資料與整個流程也應該是可信且精確的。因此不妨要求專案團隊成員的直屬管理階層對其估計加以審核，做為這套方法的加強輔助。

下面舉例說明專案團隊成員估計的整個流程。一家連鎖餐廳推動一項績效改進的專案，目的是利用各種工具為員工建立可衡量的目標，提供績效回饋，衡量達成目標的進度，並採取確保達成目標的行動，以改善營運績效。每位店經理則針對改進擬訂一套行動計畫，做為該專案解決方案的一部分，同時學會如何把可衡量的改進換算成該餐廳的一個經濟價值。行動計畫可以把焦點放在任何改進領域上，只要他們認為符合該專案的內容，而且可以把改進換算為成本的節省或餐廳的利潤即可。這包括庫存、食物的腐壞、現金短缺、員工的流動率、曠職以及生產力等改進的領域。

每一份行動計畫都要仔細地製成文件，以量化的角度顯示結果，也就是換算成金額，屬於後續評估的一部分。然後根據行動計畫計算每位專案團隊成員的每項改進的年度金錢價值。由於店經理了解其他因素也會影響改進，因此會要求他們估計有多少百分比的改進可直接歸因於該專案解決方案（即貢獻估計）。店經理很清楚有哪些因素會影響成本和利潤，而且通常都知道有多少的改進可歸因於某一特定的專案解決方案。每位經理都被要求保

守一點，而且要對上述的貢獻估計提供一個信心估計（100% ＝信心十足，0% ＝毫無信心）。結果請參見表12-3。

利用調整解決方案的貢獻及調整貢獻估計的誤差等保守方法，可以計算專案解決方案影響的估計。譬如，勞力節省的年度值為5,500美元，經過認為的專案貢獻加以調整（即$5,500 × 60% ＝ $3,300），再經過對此數值的信心度調整（$3,300 × 80% ＝ $2,640）。利用這套保守的方法得到的整體改進為$68,386。第五位專案團隊成員並沒有繳交一份完整的行動計畫，因此在分析中予以排除，不過其成本依然包括在投資報酬率的計算中。

表12-3　專案團隊成員對專案影響的估計

參與者	年度改進總量（金額）	基礎	經理人的貢獻估計（參與者）	店經理對估計的信心（參與者）	呈報較保守的數值
1	$5,500	勞力節省	60%	80%	$2,640
2	15,000	流動率	50%	80%	6,000
3	9,300	曠職	65%	80%	4,836
4	2,100	短缺	90%	90%	1,701
5	0	—	—	—	—
6	29,000	流動率	40%	75%	8,700
7	2,241	庫存	70%	95%	1,490
8	3,621	程序	100%	80%	2,897
9	21,000	流動率	75%	80%	12,600
10	1,500	食物腐壞	100%	100%	1,500
11	15,000	勞力節省	80%	85%	10,200
12	6,310	意外	70%	100%	4,417
13	14,500	曠職	80%	70%	8,120
14	3,650	生產力	100%	90%	3,285
總計	$128,722				$68,386

另外，自這類的分析中也發現一個有趣的現象：比較三個最大改進值的平均數與三個最小改進值的平均數，即可發現與潛在投資報酬率相關的重要資訊。假如所有參與這項解決方案的店經理都鎖定在最具影響的改進上，就有可能達成相當高的投資報酬率。此一資訊對管理團隊大有幫助，而他們的支持通常是專案成功的關鍵。雖然一個令人印象深刻的投資報酬率讓人振奮，不過一個潛在的更大投資報酬率卻更傑出。

這套流程有些缺點。由於只是估計，因此精確度並不符某些專案利害關係人的期望。同時，由於有些專案團隊成員無法提供這類的估計，因此輸入的資料可能不夠可靠。他們可能根本不知道到底有哪些因素會影響結果。

不過話說回來，其中仍有吸引人的優點。它的流程很簡單，大多數專案團隊成員及其他檢視評估資料的人都很容易了解。加上成本低廉、不需耗費太多時間及分析簡單，因此在評估的流程上格外有效率。同時，這些估計是來自一個可靠的來源：那些造成改進的人，專案團隊的成員。

這套方法的優點似乎彌補了它的缺點。要絲毫不差地把專案管理解決方案的影響分離出來是永遠做不到的，然而對大多數利害關係人和管理團隊而言，這樣的估計或許夠精確了。當專案團隊成員是由經理人、主管、團隊領導人、銷售服務人員、工程師及其他專業人員或技術人員組成時，這套流程就相當適合。

經理人對影響的估計

除了專案團隊成員的估計之外，或許還可以要求成員的經理就專案解決方案在績效改進方面所扮演的角色有多重要，提供他

把專案管理解決方案的影響分離出來

們的意見。在某些情況下，成員的經理對其他會影響績效的因素或許更熟悉，因此更有資格提供對影響的估計。至於在說明由專案管理解決方案造成的改進之後該詢問經理人哪些問題，請參見表12-4。

表12-4的問題，基本上與前面提到對專案團隊成員的問卷是一樣的。應該以分析成員估計的同樣態度分析經理人的估計。為了更保險起見，還是要利用信心百分比調整實際的估計。若是同時也蒐集了成員的估計，則決定採用哪種估計就成了一個問題。如果有某個能令人信服的理由，認為某項估計比其他的更可信，就應該採用該項估計。最保險的做法是採用最低的數值，而且附上適當的解說。另一個可能較適當的做法則是，了解到每個來源都有其獨特的面向，因此給予兩個意見相同的加權指數，然後取其平均數。假如做得到，我們的建議是最好同時從成員及其經理那兒獲得意見。

在某些情況下，可能會由較資深的管理階層估計有多少比例歸因於專案。在考慮過其他可能對改進也會有貢獻的因素，如技術、程序及流程的改變等之後，管理階層會用主觀因素表示有多

表12-4　針對經理人估計所擬訂的問題

- 此次績效衡量指標中的改進，有多少比例是歸功於該專案？
- 此一估計的基礎為何？
- 有哪些其他因素對此次的成功也有所貢獻？
- 你對於此一估計有多大的信心，請用百分比表示？
  （0%＝毫無信心； 100%＝信心十足）
- 還有沒有其他人或小組知道這次的改進，他們是否能估計出改進的百分比？

少部分的結果是歸因於專案。雖然很主觀，但是這樣的意見通常都會被接受，而且可能依此撥款給該專案。有時候，他們對該流程的自在程度，反而成了最重要的考量。

這套採用管理階層估計的方法，和專案團隊成員的估計有同樣的缺點。像是非常主觀，而且可能遭到資深管理階層的質疑。同時經理也可能不願意參與，或沒有能力提供精確的影響估計。在某些情況下，他們或許並不知道有哪些其他因素對改進有所貢獻。

這套方法的優點也和專案團隊成員的估計類似。簡單，成本低廉，以及因為是出自於直接參與該專案的經理，使得其可信度得以被接受。若是能加上專案團隊成員的估計，可信度必然大幅提昇。同時，若能再把信心程度計入，自然就能更進一步地增添價值。

顧客就專案管理解決方案的影響提供意見

對某些目標焦點極為集中的情況而言，直接請求顧客就專案管理解決方案的影響提供意見，是另一個很有用的方法。在這類的情況下，顧客會被問及為什麼選擇某個特定的產品或服務。此外，也會要求他們對產品或服務已受到專案管理解決方案中的某些人或制度影響的做出反應，並加以說明。這項技術通常是把焦點直接放在解決方案要改進的事物上。譬如，在進行一個利用電子設備改進顧客服務的專案之後，市場調查資料會顯示，與施行之前的市場調查比較，有多少比例的顧客對回應時間縮減5%並不滿意。既然回應時間是因為該專案而有所縮減，又沒有其他因素的影響，顧客對縮減5%的時間不滿意，就可以直接歸因於該

專案管理解決方案。

要直接從顧客身上蒐集他們對某個全新或經過改善的產品、服務、流程或程序的評價的反應，例行的顧客調查提供一個絕佳的機會。在專案前後蒐集資料可以顯示，哪些改變是因為解決方案造成的。

蒐集顧客的意見時，最重要的就是把這類資料與現有的資料蒐集方法連結起來，並且盡可能地避免建立調查或回饋的機制。此一衡量流程不應該附加在資料蒐集系統中。

顧客的意見或許是最有力、最令人信服的資料，前提是這類的資料必須完整、精確而且有效。

專家對專案解決方案影響的估計

有時候，組織會利用內外部的專家來估計有多少結果可歸因於專案解決方案。在採用這項技術時，必須根據專家對於流程、計畫與情況的了解慎選專家。譬如，品質衡量專家就有能力估計出，在品質衡量指標中有多少的改變可歸因於專案解決方案，又有多少的改變可歸因於其他因素。

當然，這套方法也有缺點。除非專案解決方案及進行估計的情況與討論中的專案非常類似，否則就會不精確。再者，由於估計是來自於外部，可能不需要與參與流程甚深的人有所交集，以致於毫無可信度。

這套流程有個優點：可信度往往取決於專家的聲譽。一位聲譽卓著的專家，是獲取意見的快速來源。有時候，管理高層對外部專家的信心遠甚於內部員工。

計算其他因素的影響

雖然並不適合所有的情況，計算影響部分改進的其他因素（專案管理解決方案之外的），然後把剩餘的部分歸功於解決方案，有時還是計算得出來。在這套方法中，未知或無法歸因於其他因素的改進，都屬於專案管理解決方案的功勞。

下面的例子可以說明這套方法。一家大型銀行推動一項消費貸款改進專案，專案完成後貸款數額有顯著的增加。其中部分貸款是因為此次的專案管理解決方案而增加的，其餘的則是同一時期其他因素的影響。可確認的另外兩個因素是：行銷與促銷的加強及利率的降低，導致消費貸款的增加。

就第一個因素——行銷與促銷的加強——而言，消費貸款的數額也跟著增加。這個因素所佔的數量，是徵求行銷部門的幾位內部專家的意見估計後得來的。至於第二個因素則是利用產業資料，估計所增加的消費貸款數額與利率降低之間的關係。將這兩個估計加起來，計算出大約佔增加的消費貸款數額多少的百分比。剩餘的改進部分就歸因於該專案。

當其他的因素很容易辨識，而且計算它們對改進的影響的適當機制也就緒時，就很適合採用這套方法。當估計其他因素的影響與估計專案解決方案的影響一樣困難時，就不利於這套方法。假如用來把其他因素的影響分離出來的方法可信，則這整個流程就非常可信。

把專案管理解決方案的影響分離出來

技術的運用

　　若是具備所有分離出專案管理解決方案影響的這些技術，要從中選出一個最適當的可能很難。有些技術的優點是簡單、成本低廉，有些則可能比較耗費時間、成本頗高。在決定選擇哪一種技術時，應該考慮以下幾個因素：

□該項技術的可行性。

□該項技術提供的精確度。

□該項技術對目標受眾而言可信度有多高。

□實施該項技術的成本有多高。

□該項技術在實施時，會干擾到一般工作活動的狀況有多嚴重。

□該項技術需要專案團隊成員、員工及管理階層投入的時間。

　　俗語說得好，三個臭皮匠勝過一個諸葛亮，因此在資料輸入這方面應該考慮採用多種技術或多個來源。若是採用多個來源，在綜合意見時，建議使用較保守的方法，理由是：一個較為保守的方法比較容易被接受。整個流程及其中牽涉的各種主觀因素，一定要對目標受眾說明。多個來源可以讓組織試驗各種不同的策略，並對某一特定的技術建立信心。譬如，假使管理階層關切的是專案團隊成員估計的精確度，不妨同時運用成員的估計與控制組的安排，即可檢查出整個估計流程的精確度。

　　一項專案有極高的投資報酬率並非不尋常。即使有部分改進歸因於其他因素，但許多的情況是，所得到的投資報酬率數字仍令人印象深刻。不過，目標受眾應該了解，雖然是盡力把影響分

計分卡

離出來，仍然是無法完全精確的數字，誤差難免。這只代表在一定的限制、條件及資源的情況下所能獲得的最佳影響估計。不過，比起組織其他部門常用的種種方法，這套方法通常比較精確。

把專案管理解決方案影響分離出來的捷徑

這個議題不容忽視、省略或不予理會。至少要採用某種技術，把專案管理解決方案的影響分離出來。然而就規模較小、低成本的專案而言，是一定要用到估計，而且在這類情況下，通常是可以被接受的。問題在於能否利用本章提到的技術，以最可信且最精確的方法蒐集各項估計。假如客戶想採用更複雜的方法，就可能會應用到其他技術中的一個。只不過，這勢必耗費更多的時間和努力，或許還需要專案利害關係人給予額外的補助。

結語

本章討論的重點是，各種可以把專案管理解決方案影響分離出來的技術。這些技術是處理這個議題最有效的方法，而且也受到一些最先進組織的青睞。可惜的是，往往在呈報結果，並把結果與專案連結起來時，全然沒有考慮到把可以完全歸因於專案解決方案的部分分離出來。假如專案管理領域的專家在盡責地獲取結果之餘，想致力於改善他們的形象，就必須在所有大型專案執行其解決方案的流程初期，率先處理這個議題。

參考書目

Makridakis, S. *Forecasting Methods for Management*, 5th ed. New York: Wiley, 1989.

Tesoro, Ferdinand. "Implementing an ROI Measurement Process." In *Action: Implementing Evaluation Systems and Processes*, Jack J. Phillips, ed. Alexandria, Va.: American Society for Training and Development, 1998, 179-192.

延伸閱讀

Fetterman, David M., Shakeh J. Kaftarian, and Abraham Wandersman (Eds.). *Empowerment Evaluation: Knowledge and Tools for Self-Assessment & Accountability*. Thousand Oaks, CA: Sage Publications, 1996.

Gummesson, Evert. *Qualitative Methods in Management Research*. Newbury Park, CA.: Sage Publications, Inc., 1991.

Hronec, Steven M. and Arthur Anderson & Co. *Vital Signs: Using Quality, Time, and Cost Performance Measurements to Chart Your Company's Future*. New York: Amacom/American Management Association, 1993.

Langdon, Danny G., Kathleen S. Whiteside, and Monica M. McKenna (Eds.). *Intervention Resource Guide: 50 Performance Improvement Tools*. San Francisco: Jossey-Bass/Pfeiffer, 1999.

Phillips, Jack J. *Handbook of Training Evaluation and Measurement Methods*, 3rd ed. Boston: Butterworth-Heinemann, previously published by Gulf Publishing, 1997.

Rea, Louis M. and Richard A. Parker. *Designing and Conducting Survey Research: A Comprehensive Guide*, 2nd ed. San Francisco: Jossey-Bass Publishers, 1997.

第十三章

把業務衡量指標換算成金額

對專案管理解決方案而言,把資料轉換或換算成金額,是計算投資報酬率的必要步驟。許多專案評估都僅止於業務績效的列表,儘管這很重要,不過若能將正面的成果換算成金額,並根據該專案管理解決方案的成本加權衡量,就更有價值了。這個步驟對發展五個層次的評估架構中的最後一個層次是必要的。本章將探討積極的專案經理如何不滿於只是把業務績效列表,而把它們轉換成金額,運用在投資報酬率的計算中。

為何要把資料換算成金額?

有些專案經理對這個問題的答案並不清楚。就算只是依據業務影響資料顯示有多少改變與專案解決方案有直接關聯,而沒有採取把業務績效換算成金額,該專案管理解決方案也可能會被歸類為成功的。譬如,品質、週期時間、市場佔有率或顧客滿意度的某項改變所造成的大幅改進,可能是與某項管理解決方案有直

接關聯的。對某些專案解決方案而言，這或許就夠了。然而，假如利害關係人想利用實際的金錢利益與成本之比較計算投資報酬率，則把資料換算成金額的額外步驟就勢不可免。此外，利害關係人可能需要更多有關業務影響資料的數值資訊。有時候，對利害關係人而言，知道解決方案的金錢價值比只知道該解決方案造成多少改變更具衝擊性。譬如，若每個月顧客抱怨都能減少十個人，依此認定該專案是成功的，似乎意義不大。然而，假如能夠確定一位顧客的抱怨價值三千美元，而把每個月的改進換算成金額，就至少有三萬美元——一個令人印象更深刻的改進。

把資料換算成金額的五個重要步驟

在探討把硬性和軟性資料轉換成金額的一些技術之前，先介紹把資料轉換成金額時必須先完成的五個一般步驟。

1. **焦點放在衡量指標的單位上**。首先要做的是，界定出衡量指標的單位。就產出資料而言，衡量指標的單位是指生產的項目、提供的服務或完成的銷售。時間的衡量指標則可能包括完成某項專案的時間、週期時間或顧客回應時間，而且這些單位通常以分鐘、小時或天數表示。品質是個一般性的衡量指標，其單位是依據某一項目的錯誤、退貨、不良品或重做來界定的。軟性資料的衡量指標非常多樣化，改進的單位會以曠職、流動率的統計資料，或顧客滿意度指數中某一點的改變等表示。

2. **確定每一單位的數值**。在步驟一中，就是要把所界定的單位設定出一個數值（以「V」表示）。對生產、品質、成本和時

計分卡

間的衡量指標而言，這整個流程是相當簡單的。大多數組織都保存一些能夠準確描述某單位產量或不良品的成本記錄或報告。要把軟性資料換算成金額就比較困難。譬如，要確定某位顧客的抱怨值或員工態度上某種改變的數值，通常是很困難的。本章介紹的技術將提供一系列可以進行這類轉換的方法。當所獲得的數值不只一個時，通常會採用最可信或最低的數值用於計算中。

3. **計算績效資料中的改變**。經過把專案管理解決方案的影響分離出來的步驟，已經確定其影響之後，接下來就是計算產出資料的改變。這個改變（以「Δ」表示）指的是績效的改進，衡量的是與專案管理解決方案有直接關聯的硬性或軟性資料。這個數值代表的可能是個人的、一個小組的專案團隊成員，或好幾個小組的成員的績效改進。

4. **確定一整年的改變量**。用一整年的Δ值發展出至少一年的績效改進資料中的總改變（以「ΔP」值表示）。對想取得專案利益的組織而言，採用年度值已經成為一個標準方式，儘管這些利益在一整年中或許並無法維持一成不變；而且就算解決方案所產生的利益會超過一年，也只採用第一年的利益。這種方式被認為是比較保守的做法。

5. **計算年度的改進值**。討論中小組整體的單位值（V）乘以年度績效的改變值（ΔP），就得到改進的總值。譬如，要評估的是某一組參與解決方案的專案團隊成員，則總值將包括該小組中所有成員的整體改進。然後將這個年度的專案利益值與專案解決方案的成本比較，通常是用投資報酬率的公式做比較。

五個步驟如何運作？

以下我們利用一家製造廠的一項減少申訴專案，說明這五個將資料換算成金額的步驟。這項經過初步需求評估與分析之後發展並執行的專案，揭露了員工申訴案件之所以過多，在於缺乏了解、團隊工作及合作精神。因此，在申訴流程四步驟中，步驟二所解決的申訴實際案件，將成為產出的一個衡量指標。表13-1所示，正是採取這五個把資料換算成金額的步驟後，所得到的整體

表13-1　把資料換算成金額的步驟範例

背景：一家製造廠的團隊建立專案

步驟一　**焦點放在衡量指標的單位上**
也就是申訴解決流程四步驟中進入第二個步驟的申訴案件。

步驟二　**確定每個單位的數值**
請內部的專家（像是勞工關係人員），就時間與直接成本來考量，估計出一件申訴案的平均成本為六千五百美元。（即V = $6,500）。

步驟三　**計算績效資料中的改變**
在專案完成的六個月後，每個月進入第二個步驟的總申訴案件已經減少十件。而且經由主管的確定，減少的十件中有七件是因為專案（這就是「把專案的影響分離出來」）。

步驟四　**確定一整年的改變量**
利用這六個月中每個月所減少的七件申訴案數量，算出年度改進值為八十四件（即ΔP = 84）

步驟五　**計算改進的年度值**
年度值＝ΔP × V
　　　　＝ 84 × $6,500
　　　　＝ $546,000

專案影響為五十四萬六千美元。

把資料換算成金額的技術

　　把資料換算成金額的技術有許多種。有些只適用於特定的資料種類，有些則基本上適用於所有種類的資料。對專案經理而言，其中的挑戰是選擇一個最適合當時情況的策略。接下來，我們就以最為可信的方法開始一一介紹。

產出資料的換算

　　當產出是因為某一專案管理解決方案而產生變化時，通常可以從組織的會計或營運記錄中確定增加的產出值。由於組織營運以利潤為基礎，因此基本上，這個產出值等於是生產或服務的一個額外單位所產生的邊際利潤。譬如說，一家大型家電製造商的某個團隊，在執行一個全面性專案後，提高了小型冰箱的產量，其所改進的單位就是一部冰箱的邊際利潤。對許多寧可以績效而不是利潤為導向的組織而言，此一額外的產出值通常代表：同樣的投入，產出單位卻增加時所累積的成本節省。這就好比政府機關的簽證部門，在成本沒有增加的情況下，卻多處理了一個簽證的申請案。也就是說，產出的增加被詮釋為成本的節省，就等於是節省了一件簽證申請流程的單位成本。

　　至於要採用哪些公式和計算方法以衡量此一貢獻，則取決於組織的形態，及其檔案保存狀況。大多數組織都有績效監測與目標設定的標準值，經理人通常會用邊際成本報表及敏感度分析，指出與產出改變有關的數值。假如無法取得這類的資料，則專案

把業務衡量指標換算成金額

團隊必須協調如何發展出適當的數值。

　　以某家商業銀行的案例來說，其消費貸款部門因為某項專案使消費貸款的數額增加。要衡量此次專案的投資報酬率，就必須計算額外增加的消費貸款數值（也就是所謂的利潤貢獻）。根據銀行的記錄，要計算出來是相當容易的。表13-2列出計算時要注意的幾個要素，請參見。

　　第一個步驟是根據銀行的記錄確定所增加的收益。接下來，就是根據貸款計算資金成本與收益之間的平均差額。譬如，該銀行可以從存款戶獲得平均5.5%的資金，其中包括分行的營運成本。而達成貸款的直接成本都是從此一差額中扣除的，像是廣告經費及直接參與消費貸款的員工薪水。依照過去的記錄，這些直接成本佔貸款額度的0.82%。為了涵蓋企業其他部門的經常性支出，還要從這個數值中扣除1.61%。剩下的平均貸款值1.82%，代表該銀行在一項貸款中獲得的邊際利潤。在這樣的情況下利用這套方法的好處是，最重要的資料項目都計算出來了，並且是以標準值來呈報的。

表13-2　貸款獲利分析

利潤要素	單位值
平均貸款額度	$15,500
貸款的平均收益	9.75%
資金的平均成本（包括分行成本）	5.50%
消費貸款的直接成本	0.82%
企業的經常費用	1.61%
每筆貸款的淨利潤	**1.82%**

計分卡

計算品質的標準成本

　　對大多數的製造商與服務商而言，品質與品質的成本無疑是非常重要的議題。由於許多專案解決方案是以提高品質為目的，專案團隊必須對一些特定的品質衡量指標設定出一個改進值。就某些品質衡量指標而言，這項任務相當容易。譬如，假設是以不良率做為品質的衡量指標，則其改進值就是修正或退換產品的成本。品質不良造成的最明顯成本，無疑就是因為錯誤產生的廢品或浪費。不良的產品、壞掉的原料與被丟棄的文件，全都是品質不良造成的。廢品及各種浪費都可以直接換算成金額。譬如，在生產環境中，不良品的成本等於一旦確定錯誤所導致的總成本減去殘餘價值。

　　因為員工的錯誤及失誤導致必須重做，所產生的成本可能會很高。成本最高的重做，莫過於產品已經送到顧客手上卻被退貨，必須修正。重做成本包括勞動成本及直接成本。某些組織的重做成本可能高達營運費用的35%。

　　以一家石油公司為例，有一項以調度人員提供的顧客服務為重點的專案。調度人員要做的是處理訂單，以及排定運送燃料到各服務站的時間表。其中派發班車次數的多寡是品質的一個衡量指標。當運貨車無法一次把一個服務站的一張燃料訂單運送完成，就必須多增加一車次：運貨車必須返回總站，依據訂單以補添不足的數量。這基本上等於是重做的事項。利用實際列表班車的成本，我們可以計算出每一班車的平均成本。列表中的元素包括貨車司機所花的時間、利用運貨車載運補充油料的成本、使用總站的成本，以及估計的行政費用。所得之數值就是接下來完成

把業務衡量指標換算成金額

該專案的可接受標準。

　　組織在設定品質成本的標準值方面，已經有很大的進步。品質成本可分為四大類別：內部的失敗、外部的失敗、鑑定及預防（Campanella, 1999）。

1. **內部的失敗**。內部的失敗是指在運送產品或進行服務之前察覺到的問題之相關成本。典型的成本包括重做及重新測試。

2. **外部的失敗**。外部的失敗指的是在運送產品或是進行服務之後察覺到的問題。典型的項目包括技術支援、抱怨調查、補救升級及修理。

3. **鑑定的成本**。鑑定成本是指與確定某特定產品或服務的狀況有關的費用。典型的成本包括測試及相關的活動，像是產品品質的審查。

4. **預防的成本**。預防的成本包括避免製造出無法被接受的產品或服務的品質所做的努力。這些努力包括服務品質的管理、檢查、流程研究及各項改進。

　　顧客和客戶感到不滿意，大概是品質不良中成本最高的元素。在某些情況下，嚴重的錯誤甚至會導致失去生意。顧客的不滿意度很難量化，甚至不可能利用直接的方法換算成金額。業務經理、行銷經理或品質經理的判斷與專業知識，往往是衡量不滿意度影響的最佳資料來源。越來越多的品質專家利用市場調查衡量顧客和客戶的不滿意度（Rust et al., 1994）。然而，本章討論到的其他策略，可能更適合這項任務。

　　知道顧客滿意度衡量指標與另一項容易換算成金額的衡量指標的關係，是另一個很有用的技術。圖13-1所示，就是顧客滿意度和顧客忠誠度之間的關聯，以及其最終與利潤的關係（Bhote,

計分卡

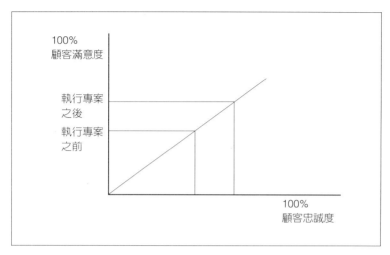

圖 13-1　顧客滿意度與顧客忠誠度之間的關聯

1996）。如圖所示，顧客滿意度與顧客忠誠度之間有很強的關聯。許多組織都能夠證明這兩個衡量指標的關係很密切。此外，顧客滿意度（可定義為顧客的維繫或流失）與每位顧客的實際利潤之間，通常都有很密切的關聯。將這兩個變數連結起來，即可利用顧客滿意度與其他衡量指標的連結，估計出顧客滿意度的實際值。稍後，本章將就這項技術做更深入的探討。

利用薪酬把員工的時間換算成金額

減少人力或員工花費的時間，是許多專案的共同目標。就團隊而言，專案或許能夠讓團隊用更少的時間或人力完成任務；大型專案甚至可能減少數百名的員工。就個人而言，專案的目的可能是在幫助專業人員、業務人員、主管人員及管理人員減少日常任務的執行時間。所節省的時間值就是一個很重要的衡量指標，

而且要確定其金錢價值也相當容易。

　　最明顯的時間節省，則是在執行同樣的工作量下減少人工成本。將每小時的人工成本乘上所節省的時數，即可算出節省的金額。比方說，在參加一項個人時間管理的專案之後，專案團隊成員估計，他們平均每天節省了七十四分鐘，等於每天節省31.25美元，每年節省了7,500美元。節省時間的金額計算，是根據專案團隊基本成員的平均薪資加上各項福利。

　　對大多數的計算而言，平均工資加上員工福利的部分就已足夠。然而，員工的時間可能更值錢。譬如，平均人工成本的計算中，可能就包括雇用一名員工的許多額外成本（辦公的地方、傢具、電話、水電、電腦、文書支援及其他經常性支出）。因此，平均工資率上升的速度會很快。在大規模減少員工人數的趨勢下，計算額外的員工成本，可能會更接近所顯示的數值。然而，就大多數的專案而言，我們還是推薦採用薪資加上員工福利這種比較保守的方法。

　　時間節省除了可以降低每小時的人工成本，還能產生其他效益，像是改善服務、避免專案延遲產生的罰款，以及增加獲利的機會。利用本章討論到的方法，都可以估計出這些數值。

　　不過，計算時間節省時，還是小心謹慎為上。唯有將之轉換成成本降低或利潤貢獻，節省的時間才有其實際價值。即使專案節省的是一名經理的時間，也必須是該名經理把多出來的時間用在增加生產力上，才具有金錢價值。假如某個以團隊為基礎的專案，創造了一個可以讓每天的工作減少好幾個小時的全新流程，則實際的節省就要根據人員的減少或加班薪資的減少計算。因此，計算時間節省的一個重要初步步驟就是，確定所期望的節省是否屬實。

計分卡

採用記錄中的歷史成本

有時候，歷史記錄會包括衡量指標的數值，並且反映出改進單位的成本（或價值）。這個策略取決於適當的記錄定義，以及正在討論的事項之實際成本項目列表。譬如，一家大型營造商推動一項改善安全專案。由於該專案的執行，改善了好幾個與安全相關的績效衡量指標，從政府的罰鍰到整個勞工的賠償費用。藉由查核該公司一整年的資料記錄，即可算出每一項安全衡量指標的平均成本。

通常，大多數硬性資料都有歷史成本的資料。可惜的是，軟性資料往往付之闕如，因此必須運用本章提到的其他技術，把資料換算成金額。

採用內部與外部專家的意見

在換算軟性資料項目時，若是碰到缺乏歷史成本的情況，不妨考慮在過程中採用專家的意見。內部專家可以提供的是改進單位的成本（或價值）。對情況了解甚詳以及這方面很熟悉的管理階層，通常都是專家意見的最佳人選。也就是說，他們除了必須了解整個流程且願意提供估計，還必須能夠做出達成估算所需的各項假設。大多數專家都有自己一套計算這些數值的方法，因此在要求他們提供意見的同時，解釋所需的整個範疇並盡可能地提供詳細的說明是很重要的。

以減少申訴專案的那個例子來說，該公司除了實際的和解費用及直接的外部支出之外，並沒有可以反映出整個申訴成本的記

錄（也就是說並沒有一件需要解決申訴案件當時的資料），因此需要專家的估計。負責勞工關係的經理人，不但深受資深管理階層的信賴，對申訴流程也瞭如指掌，無疑是提供成本估計的最佳人選。他根據每輸掉一件申訴案的平均和解金、與申訴有關的直接成本（仲裁、法律訴訟費用、印刷品、研究等）、估計主管與員工耗費在這上面的時間，以及造成士氣低落等因素進行估計。雖然此一內部估計數字並不精確，用來分析卻已綽綽有餘，更何況還深受管理階層的信賴。

當缺乏內部專家時，就必須尋求外部專家的協助。外部專家的選擇必須根據他們對該衡量指標單位的經驗而定。幸好，專攻一些重要衡量指標——如員工態度、顧客滿意度、流動率、曠職及申訴等——的專家不在少數。他們通常都很樂意提供這些無形衡量指標成本（或價值）的估計。由於這類估計的精確度和可信度與專家的信譽息息相關，他們的信譽正是關鍵所在。

採用外部資料庫的數值

就某些軟性資料而言，根據其他機構的研究來估計成本（或價值）可能更為合適。這種利用外部資料的技術，包含把焦點鎖定在資料項目成本研究及調查的專案。許多資料庫都包含各種與專案有關的資料項目之成本研究，而且其中大多數都可以上網取得。可取得的資料包括流動率、曠職、申訴、意外，甚至是顧客滿意度等成本。困難的是，如何找到一個適合眼前專案的研究或調查的資料庫。理想上，資料應該來自相同產業中的類似環境，但不一定做得到。有時候，所有產業或組織的資料皆可用，只需做些調整就能適合手邊的專案。

計分卡

以下舉個例子解說這套流程的用法。某家金融服務公司推動一項以減少分行經理流動率為目標的專案。為了完成評估及投資報酬率的計算，必須知道流動的成本。要計算內部的流動值，又必須先確定好幾種成本，包括招募人才的費用、就業處理、新進員工的指導、培訓新經理人，培訓新經理人期間損失的生產力、品質問題、進度安排遭遇的困難，以及顧客滿意度的問題等。其他還包括區域經理花在處理流動率議題上的時間等額外成本，以及某些情況會產生的法律訴訟、遣散費與失業等額外成本。這些費用顯然都不是小數目。大多數專案團隊成員都沒有時間計算流動的成本，尤其是那種只執行一次的事件，像是評估某一項專案等。以這個例子來說，根據同業對流動的成本研究，流動值大約是員工平均年薪的1.5倍。根據大多數的流動成本研究顯示，流動的成本是基本年薪的倍數。就這個例子而言，管理階層決定採取比較保守的做法，將流動值降到等於分行經理的平均基本薪資。

與其他的衡量指標連結

當標準值、記錄、專家及外部研究都無法取得時，把討論中的衡量指標與其他容易換算成金額的一些衡量指標做連結，倒不失為可行的辦法。假如可行，接下來就牽涉到利用一個標準值來確認既有的關係，以顯示該衡量指標與另一衡量指標之間有密切的關係。工作滿意度的提升及員工流動率的關係，就是一個典型的例子。以改善工作滿意度為目標的專案中，需要改變的數值正是工作滿意度指數。藉由預定關係以顯示改善工作滿意度與降低流動率的相互關係，即可把其中的改變直接與流動率連結。接著利用標準資料或外部研究，即可輕易計算出先前提到的流動率成

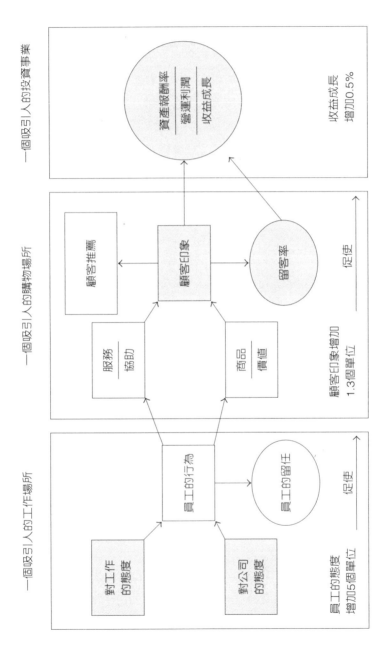

圖 13-2 席爾斯百貨的服務利潤鏈模式（Copyright 1998. President and Fellows of Harvard College, 1998 Used with permission.）

一個吸引人的投資事業

一個吸引人的購物場所

一個吸引人的工作場所

資產報酬率／營運利潤／收益成長

收益成長增加0.5%

顧客推薦

顧客印象

留客率

促使

服務／協助

商品／價值

顧客印象增加1.3個單位

員工的行為

員工的留任

促使

對工作的態度

對公司的態度

員工的態度增加5個單位

計分卡

本；然後藉此把工作滿意度的改變換算成金額，或至少換算成一個近似值。由於可能的誤差及其他因素，此數值或許並不精確，但就把資料換算成金額而言，這樣的估算已足夠了。

在某些狀況中，可能可以建立一個關係鏈，顯示兩個或更多變數之間的關係。利用這個方法，把一個難以換算成金額的衡量指標，依序與其他的衡量指標連結，直到計算出金額為止。最後，這些衡量指標往往會根據利潤來追查出其金額。圖13-2所示是全世界最大的連鎖零售商店席爾斯百貨（Sears）採用的模式（Ulrich, 1998）。該模式把（直接從員工那兒蒐集到的）工作態度與收益成長有直接關聯的顧客服務進行連結。圖中的長方形代表調查所得之資訊，橢圓形則代表硬性資料。陰影的衡量部分則是從席爾斯整體績效指標的表格中蒐集及分類而來的。

正如該模式所示，在員工態度上獲得5點的改進，促使顧客滿意度改進了1.3點，進而促使收益成長增加0.5%。因此，如果某地區店面的員工態度改善了5點，而之前的收益成長是5%，則新的收益成長為5.5%。

這些衡量指標之間的連結，為難以量化的衡量指標換算成金額找到一個好方法。這類的研究實務非常有意義，並且讓客製化的工作有無限的機會。

採用專案團隊成員的估計

在某些情況下，應該由專案團隊成員估計軟性資料改進的數值。適用此一技術的情況是，成員有能力提供因為專案而改善的衡量指標之單位成本（或價值）。在運用這套方法時，應該給予成員清楚的指示，並舉例說明要他們提供的資訊類型。這種方法

把業務衡量指標換算成金額

的優點是，最清楚改進事宜的人往往能夠提供最可靠的估計值。

　　以下舉例說明整個過程。一群主管參與一項大規模的減少曠職專案。若該專案能成功應用，曠職率應該會降低。要計算該專案的投資報酬率，就必須確定該公司曠職的平均值。大多數組織都有相同的狀況，曠職成本的歷史記錄一般都付之闕如。不但如此，還缺乏這方面的專家，而且這個行業的外部研究也非常少。於是公司要求這些主管（即專案團隊成員）估計曠職的成本，而且是以焦點團體的方式進行，要求每位成員回想他們的工作小組中上次無故曠職的員工，並就該次曠職的情況描述有哪些地方需要調整。因為即使是在同一工作單位，各個員工的曠職產生的影響都不同，因此該焦點團體要聽完所有的解釋。在回想員工曠職時採取的行動之後，每位主管都被要求估計該公司曠職的平均成本。

　　雖然有些主管不願提供估計，但是在勸說與鼓勵之下通常會願意。把該焦點團體提供的數值平均後，所得結果正是可用於專案評估的曠職成本。雖然只是個估計值，卻可能比外部研究的資料、利用內部記錄計算出來的結果，或專家的估計更精確。更由於此一估計值來自每天都在應付這個議題的主管，必定更受資深管理階層的重視。

採用管理團隊的估計

　　在某些情況下，專案團隊成員或許無法給予改進一個數值。他們目前的工作可能與該流程的產出沒太大關係，因此無法提供可靠的估計。在這樣的情況下，成員的團隊領導人、主管或經理，或許能夠提供估計。於是，可能會要求他們提供與專案有關

計分卡

的改進單位值。

譬如，一項以減少顧客抱怨為目標的專案，需要客服人員的參與。儘管因為該專案的確使抱怨的數量減少，但為了確定改進值，仍然需要知道單一的顧客抱怨值。客服人員雖然知道一些與顧客抱怨相關的問題，對整體影響卻無從判斷，因此轉而要求他們的經理提供估計值。有些情況則是，要求經理檢視並審核參與者的估計，進而確認、調整或摒棄這些估計值。

在某些情況下，資深管理階層會提供資料的估計值。做法是，要求對專案解決方案感興趣的資深管理階層，根據他們對改進的價值的看法設定改進值。當改進值難以計算，或其他的估計來源付之闕如或不可靠時，即可採用這套方法。

以下以想利用某個特定專案改善病患滿意度的醫院集團為例說明，其中病患滿意度的衡量，是根據一套外部的顧客滿意度指數。唯有先確定改進的單位值（也就是指數上的1點），才能確定該專案的價值。由於資深經理的興趣在於指數的改進，因此可在專案完成之前，要求他們提供關於改進單位值的意見。在定期的主管會議中，要求每位資深經理及醫院的行政人員，就指數的提升對醫院具有什麼意義這個主題加以說明。經過討論之後，假設指數提高1點，再要求每個人估計所增加的金額。雖然資深管理階層一開始往往不願意提供資訊，但給予鼓勵後還是會提供的。接著將所得的數值平均。所得結果就是改進單位值的金額估計，可用來計算該專案的利益。這套流程儘管很主觀，卻來自有利於業主的資深主管的看法——而他們正是審核專案預算的主管。

把業務衡量指標換算成金額

技術的選擇與完成數值的計算

由於可供選擇的技術甚多，因此選擇一或多個適合當時狀況的策略以及可茲利用的資源是一大挑戰。若能將各項數值或技術繪製成一個適合當時狀況的表格或明細表，可能大有幫助。表13-3顯示一種普遍的換算法，這是一家製造廠針對一組產出衡量指標所做的選擇。這套方法不但可以擴展到其他類別，還可以針對組織量身訂作。以下的準則對決定正確的選擇及完成數值的計算，多少都有助益。

表13-3　換算成金額的一般衡量指標與方法

產出衡量指標	範例	策略	附註
生產單位	一個單位的裝配	標準值	幾乎絕大多數的製造單位都有
服務單位	部分做到準時提供	標準值	當這成為基本的服務提供單位時，即可供大多數的服務提供者使用
銷售	收益金額增加	盈利（利潤）	銷售增加的每一塊錢利潤就是個標準項目
市場佔有率	一年增加10%市場佔有率	銷售增加的盈利	成為大多數單位的標準
生產力衡量指標	生產力指數改變了10%	標準值	此一衡量指標是衡量生產或生產力特有的。可能包括每個時間單位

針對資料類型採用適當技術

有些策略是特別針對硬性資料設計的，有些則更適合軟性資料。結果，資料的類型往往決定了採取何種策略。雖然硬性資料總是比較受歡迎，但可遇不可求，而且通常需要用到軟性資料，因此必須採用適合的策略處理。

從最精確的策略開始依序排列到最不精確的

策略的呈現要依照精確度，從最精確的策略開始依序排列。接著，從這份清單依序往下研討，每個策略都要根據當時狀況的可行度考量。假如最精確的策略適合，就一定要選擇最精確的。

考慮到取得的難易度與便利性

有時候，取得某個特定資料來源的難易度會影響到選擇。有些情況則是，技術的便利性可能會成為選擇的一個重要因素。

以最寬廣的角度運用資料來源

在採用估計時，提供估計的那個人必須熟知各種的流程，以及資料數值的相關議題。

如果可行，應採用多種技術

有時候，運用一個以上的技術以取得資料的數值是相當有用的。當有多個來源可用時，應比較這些來源，或當成是提供多一點的看法。而且必須採用一個方便的決策法則，如最低值，把資料加以整合，而且必須採取比較保守的做法。

把業務衡量指標換算成金額

把運用技術的時間降至最少

就像其他流程一樣，把投入在這個階段的時間降至最少是很重要的，如此一來，研究投資報酬率的努力才不會變得多餘。有些技術執行的時間就比其他的來得少，若是在這個步驟上投入太多時間，可能反而降低原本對該流程的熱中態度。

可信度測試的應用

本章介紹的技術，是假設所蒐集的與專案管理解決方案有關的每個資料項目，都可以換算成金額。雖然可以用一或多個策略展開估計，但是把資料換算成金額的過程卻可能會讓目標受眾覺得不可信，而對把這樣的估計用在分析中產生質疑。越是主觀性強的資料，像是員工態度的改變或員工衝突次數的減少，都很難換算成金額。在做此一決定的問題關鍵是：「在把這些結果呈報給資深管理階層時，是否充滿信心？」假如這個流程無法通過可信度的測試，就不應把資料換算成金額，而是列為無形的利益。在計算投資報酬率時，不妨採用其他的資料，尤其是硬性資料，讓主觀性高的資料列在無形的項目中。

檢視利害關係人的需求

資料的精確度及換算過程的可信度，都是需要考慮的重要事項。有時，專案經理會因為這類問題而避免把資料換算成金額。他們寧可呈報解決方案已經把曠職率從6%降為4%，也不願意為該項改進提供一個數值。他們可能以為，客戶會為減少的曠職率設定一個數值。不幸的是，目標受眾對於曠職的成本可能所知不多，而且通常會低估改進的實際價值。因此，應該試著把這樣的

換算包括在投資報酬率的分析中。

要考慮到管理階層可能的調整

當組織採用的是軟性資料，而且不是以很嚴謹的方法算出數值時，資深管理階層有時會給予檢討及審核資料的機會。基於整個過程的主觀性質，管理階層可能會降低該資料影響的比重，如此一來，最終結果的可信度就會提高。一個最好的例子是，李頓工業（Litton Industries）的資深管理階層，對實施自我引導的團隊所提供的利益值所做的調整（Graham, 1994）。

要考慮到調整金錢的時間價值

由於專案只是一段時期的投資，而且要隔一段時間才能回收，有些組織會運用現金流量折現調整專案的利益，以反映金錢的時間價值；也就是調整這段期間獲得的專案的實際金錢利益。不過，若是與專案的基本利益比較，調整的幅度通常都很小。

把資料換算成金額的捷徑

唯有在計算投資報酬率或利害關係人需要知道資料的實際值的情況下，才有必要把資料換算成金額。假如專案規模很小，又需要換算成金額，又或資源非常少，那麼本章提到的一些技術或許派得上用場。這時有幾種做法：(1)找出內部的標準值，(2)尋求內部人員提供估計值，或是(3)聘請外部專家提供估計值。提供估計的人必須具有公信力，而且公認是這個議題的專家。由於絕大多數組織都具備這方面專業知識的人員或部門，因此這通常會被認為是一個合情合理的任務。

把業務衡量指標換算成金額

結語

在執行專案管理解決方案時，金錢是一個非常重要的價值。專案經理對界定專案的金錢利益也會更積極。積極的專案經理不再滿足於只是呈報專案解決方案的企業經營績效結果；反之，他們採取會更多的步驟，把影響的資料換算成金額，並依據專案解決方案的成本加以權衡。藉由這樣的做法，他們達到了評估的最終層次：投資報酬率。本章介紹的幾個把企業營運成果換算成金額的策略，提供了一系列適合各種狀況及專案解決方案的技術。

參考書目

Bhote, Keki R. *Beyond Customer Satisfaction to Customer Loyalty: The Key to General Profitability*. New York: Amacom/American Management Association, 1996.

Campanella, Jack (Ed.). *Principles of Quality Costs*, 3rd ed. Milwaukee: American Society for Quality, 1999.

Graham, Morris, Ken Bishop, and Ron Birdsong. "Self-Directed Work Teams." In *Action: Measuring Return on Investment*, vol. 1., Jack J. Phillips (Ed.). Alexandria, VA: American Society for Training and Development, 1994, 105–122.

Rust, Roland T., Anthony J. Zahorik, and Timothy L. Keiningham. *Return on Quality: Measuring the Financial Impact of Your Company's Quest for Quality*. Chicago: Probus Publishers, 1994.

Ulrich, Dave, ed. *Delivering Results*. Boston: Harvard Business School Press, 1998.

延伸閱讀

Anton, Jon. *CallCenter Management: By the Numbers.* West Lafayette, Ind.: Purdue University Press, 1997.

Heskett, James L., Earl Sasser, Jr., and Leonard A. Schlesinger. *The Service Profit Chain.* New York: The Free Press, 1997.

Hronec, Steven M. and Arthur Anderson & Co. *Vital Signs: Using Quality, Time, and Cost Performance Measurements to Chart Your Company's Future.* New York: Amacom/American Management Association, 1993.

Jones, Steve, ed. *Doing Internet Research.* Thousand Oaks, CA: Sage Publications, 1999.

Kaplan, Robert S. and Robin Cooper. *Cost and Effect: Using Integrated Cost Systems to Drive Profitability and Performance.* Boston: Harvard Business School Press, 1997.

Phillips, Jack J. *Return on Investment in Training and Performance Improvement Programs.* Boston: Butterworth-Heinemann, previously published by Gulf Publishing, 1997.

Stalk, George, Jr. and Thomas M. Hout. *Competing Against Time: How Time-Based Competition Is Reshaping Global Markets.* New York: The Free Press, 1990.

第四篇

挑戰

第十四章

預測投資報酬率：為專案管理解決方案建立業務企畫案

　　何時才是計算專案管理解決方案的投資報酬率之適當時機，往往令人困惑。正如前面幾章提到的，傳統上、也是廣受推薦的方法是，根據解決方案所得之業務績效來計算投資報酬率。計算投資報酬率時，必須有很容易換算成金額的企業經營績效衡量指標（層次四的資料）。有時，這些衡量指標付之闕如，此時通常會認定無法計算投資報酬率。本章將就幾個可能的階段說明投資報酬率的計算——即使是在開始推動解決方案之前都可以。

爲何要預測投資報酬率？

　　雖然對專案經理而言，根據後專案時期的資料計算投資報酬率，是評估及進行投資報酬率計算最精確的方式，然而有時，在最終結果表列之前就知道投資報酬率的預測是非常有價值的。當一些重要議題導致需要預測投資報酬率時，即使是在推動解決方案之前就預測專案管理解決方案的影響，也是非常重要的。下面

就是五大理由。

減少不確定性

利用新的專案管理解決方案減少不確定性，對客戶而言一向有利無害。在完美的狀況下，客戶會希望在採取任何行動之前先知道期望利潤。在現實中，或許無法知道實際的收入；而且從務實的觀點看，這或許也不可行。然而，總是會期望能把公式中的不確定因素排除，並依據所得到最好的資料行事。因此，有時在提供任何資源之前會先預測專案的投資報酬率。有些專案經理對一個不做專案前預測的專案管理解決方案根本不予考慮，他們在提供解決方案任何資源之前，必須有一些預期成功的衡量指標。

做為採取高成本解決方案的支持證據

在某些情況下，一定要先進行分析，檢視可能的投資報酬率，否則連試驗性的專案管理解決方案都行不通。譬如，假設某項專案牽涉到龐大的工作量及成本，對專案經理而言，除非能夠確定有或多或少的正向投資報酬率，否則他不會願意耗費資源，即使只是試驗性質。試驗性解決方案會採取比較低調或較低的成本，其間多少會有些取捨；即使如此，專案前的投資報酬率預測仍然很重要，因為有些客戶要等到知道投資報酬率的預測之後，才會採取堅定的立場。

與後專案時期的資料進行比較

只要是打算為專案管理解決方案應用與執行的成功、影響及投資報酬率，蒐集資料時把實際的結果與專案前的預期比較，會有很大的幫助。理想的狀況是，預測的投資報酬率應該與實際的

計分卡

投資報酬率有明確的關係或非常接近，又或者起碼其中一個投資報酬率經過調整後，可預測另一個。預測投資報酬率的另一個重要理由是，在仔細檢視後專案分析的情況下，我們可以看到原先的預測有多準確。

節省成本

好幾個節省成本的議題，都是促成投資報酬率預測的原因。首先，因為預測本身涉及的是評估及假設，通常是成本非常低廉的方法。其次，假如預測本身變成後專案結果的一個可靠的預測變數，至少在經過一番調整後，預測的投資報酬率或許可以取代實際的。這麼一來，即可省去後專案分析的成本。最後，預測的投資報酬率資料或許可以做為其他領域的比較之用，至少可做為其他類型專案的起點。因此，所做的預測可轉為其他專案所用。

依政策行事

許多組織都在擬訂政策聲明，尤其是在政府機關中，有時甚至會規定從事大規模的專案管理解決方案之前必須預測投資報酬率。譬如，某個組織規定，只要是超過三十萬美元的專案管理解決方案，就必須在獲得核准之前進行投資報酬率的預測。另一個例子是，某外國政府規定，假如投資報酬率的預測是正向的，而且該專案管理解決方案對組織有加分的效果，則專案經理即可獲得部分的退款。這些正式政策及法律架構，是投資報酬率預測越來越風行的原因。

整體而言，這五大理由是促使越來越多的組織檢視投資報酬率預測的原因（或至少在專案進行期間），如此，客戶及專案經理對期望利潤的估計會更有概念。

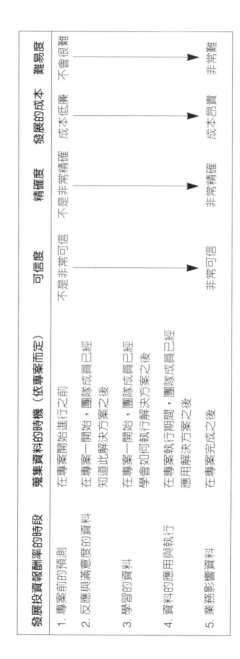

發展投資報酬率的時段	蒐集資料的時機（依專案而定）	可信度	精確度	發展的成本	難易度
1. 專案前的預測	在專案開始進行之前	不是非常可信	不是非常精確	成本低廉	不會很難
2. 反應與滿意度的資料	在專案一開始，團隊成員已經知道此解決方案之後				
3. 學習的資料	在專案一開始，團隊成員已經學會如何執行解決方案之後				
4. 資料的應用與執行	在專案執行期間，團隊成員已經應用解決方案之後				
5. 業務影響的資料	在專案完成之後	非常可信	非常精確	成本昂貴	非常難

圖 14-1　建議發展投資報酬率的時段

預測的取捨

投資報酬率可以在不同的時候、不同的層次進行計算。可惜的是，簡單、方便且成本低廉的投資報酬率預測，卻必須在精確度與可信度上有所取捨。如圖14-1所示，在專案管理解決方案的執行期間有五個不同時段，可以實際計算出投資報酬率。此圖也顯示出可信度、精確度、成本與難易度之間的關係。

這五個時段是：

1. 可以利用專案管理解決方案的影響估計，發展出**專案前的預測**。這種做法缺乏可信度與精確度，卻是成本最低、最容易計算投資報酬率的方法。根據專案前的基礎發展投資報酬率是有其價值的。我們會在下一節就這種方法進行討論。

2. **反應與滿意度的資料**可以延伸到用來發展出預期影響，包括投資報酬率。透過一個簡短的解說或訓練的集會，讓專案團隊成員知道該項解決方案後，開始蒐集這類的資料。在這種情況下，根據專案管理解決方案一旦應用、執行並影響到某些特定的業務衡量指標時，成員即可實際預期其影響鏈。雖然這種做法的精確度與可信度比以專案前為基礎的做法高，但是就大多數的情況而言，仍然不盡如人意。

3. 有些專案解決方案可利用**學習資料**預測實際的投資報酬率。這些資料是在團隊成員學習如何使用解決方案之後才開始蒐集的，通常會跟著一個培訓課程。只有在學習資料顯示學會某些特定的技能或知識，與後來的企業經營績效有關聯時，才運用的到這套方法。一旦知道兩者之間有相關（這樣的關

預測投資報酬率：為專案管理解決方案建立業務企畫案

係發展通常會證明測試有效），測試資料就可以做為預測接下來的績效之用。接著可以把績效轉換成在金錢方面的影響，並計算投資報酬率。由於缺乏可以發展出預測效度驗證法的可能，因此把這套方法當成評估工具的可能性比較低。也因為使用這種預測方法的情況有限制，本章就不再贅述。

4. 在某些特定的情況中，技能以及技能與知識的實際運用次數是至關重要的，此時就可以利用估計，把那些技能或知識的**應用**以及**執行**換算成金額。對於把能力發展成解決方案的重要部分並算出改進能力的數值，這尤其有幫助。因為這類的應用在運用上有其限制，加上比較偏愛使用業務資料，因此我們不做深入探討。

5. 最後，則是可以把**業務影響資料**直接換算成金額，並與解決方案的成本比較，以發展出投資報酬率。這種後專案評估是本書中其他投資報酬率計算的基礎，也是前面幾章所使用的主要方式。這套方法廣受歡迎，但是因為前面提到的壓力，因此在其他的時段以及層次四之外的層次，對投資報酬率計算進行檢視就至關重要了。

本章將對專案前的評估與根據反應計算投資報酬率，進行詳細的討論。本章也會花較小的篇幅，討論如何從學習與應用資料中計算投資報酬率。

專案前的投資報酬率預測

預測專案管理解決方案的投資報酬率，是說服顧客他們可以從專案管理解決方案的投資上受益最有用的步驟之一。除了必須

估計影響的程度及解決方案的預測成本之外，這個流程與後專案
分析非常相似。

基本模式

圖14-2所示，是取得專案前預測所需資料的基本模式。這是
後專案的專案管理計分卡模式的修訂版，只是把原本在不同時段
蒐集的資料，改成預測資料及種種影響因素；也就是把資料的蒐
集改成預期會受到解決方案的影響，估計所造成的業務資料的改
變。由於產出的估計已經考慮到把因素分離出來，因此不會有把
專案管理解決方案的影響分離出來的問題。譬如，在要求某人指
出有多少改進是因解決方案而產生時，就已經考慮到其他影響因
素了。只有在估計的流程中分離出其他因素，解決方案因素才會
變成一個議題。

由於不論專案前後進行的分析，資料項目的檢視都應該一
樣，因此把資料換算成金額的方法也一樣。正因為可以根據之前

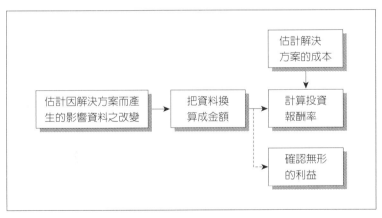

圖14-2　專案前預測取得資料的基本模式

預測投資報酬率：為專案管理解決方案建立業務企畫案

的解決方案為現在設定合理的假設，成本的預期因而變得很容易，因此要估計專案管理解決方案的成本，應該是一個很簡單的步驟。儘管在預測中，預期的無形利益只能當成是推論，仍然可以做為可靠的指標，用來衡量投資報酬率計算內的因素以外的其他影響因素。用來計算投資報酬率的公式也與後專案分析相同。把資料換算成的金額當分子，估計的解決方案成本當分母，算出的本益比可進一步發展成投資報酬率值（以百分比表示）。接下來，我們將就發展這整個流程的步驟進行詳細的討論。

發展專案前投資報酬率的步驟

以下以簡單的方式介紹發展專案前投資報酬率預測的詳細步驟：

1. 擬訂執行（層次三）與影響（層次四）的目標，而且要盡可能地詳細。從初步的需求評估與分析開始發展，這些目標要詳細明訂，專案一旦執行會造成哪些實質改變，並確認哪些業務衡量指標會受影響。假如這些都是未知的，整個預測過程將會非常危險。針對因為解決方案而產生改變的衡量指標必須做評估，並且要有人指出改變到何種程度才可具體化。
2. 估計或預測業務影響資料中的整體改進及每個月的改進。這是指有多少改變與解決方案有直接關聯，並以 P 表示。
3. 利用第十三章介紹的方法，把業務影響資料換算成金額。這些技術與後專案分析的流程中使用的技術是一樣的；所得的數值則以 V 表示。
4. 針對每個業務衡量指標估計其年度影響。基本上，這指的

計分卡

是專案管理解決方案所造成的第一年改進，顯示出與解決方案有直接關聯的業務影響衡量指標的改變值。公式是$\Delta I = \Delta P \times V \times 12$。

5. 如果專案管理解決方案是長期的，就會預測超過一年的改進。在這種情況下，假如除了第一年，專案還有許多使用年限，分析中就要把多出來的那幾年計入考慮。這些數值還會被打些折扣，以反映出利益會在後續幾年中逐漸減少的現象。專案的客戶或業主，應該就他們期望未來的兩、三年內要有多大的改進一事提供指示。不過，從越多的團隊成員身上獲得意見幫助也越大。

6. 利用第十一章提到的成本類別估計專案管理解決方案的總體成本。也就是說，估計並預測解決方案的總體成本，以C表示。當然，所有直接與非直接成本都應包括在計算中。

7. 把預測的整體利益及估計的成本套入標準的投資報酬率公式中，計算出預測的投資報酬率：

$$投資報酬率（\%）= \frac{\Delta I - C}{C3} \times 100$$

8. 利用敏感度分析發展一些可能的投資報酬率值，以及各個層次的改進（ΔP）。當正在改變的衡量指標不只一個時，應該運用試算表進行分析，以顯示各種可能的產出情況與後續的投資報酬率值。

9. 尋求最清楚該專案與解決方案的人的意見，以找出潛在的無形利益。這些都只是一種預期，而且是根據對這類的解決方案的經驗所做的假設。

10. 在告知投資報酬率預測值及預期的無形利益時要小心。對

預測投資報酬率：為專案管理解決方案建立業務企畫案

預測是根據多個假設（要定義清楚）而且這些數值不過是最佳的估計，目標受眾必須清楚的了解。然而，其中的誤差仍然很大。

有這十個步驟，預測投資報酬率就變得可能。整個流程最困難的部分是績效改進的初步估計。接下來要討論的，就是針對此一目的幾種資料來源。

預測／估計績效改進

要估計實際受到專案管理解決方案影響的企業經營績效之改進時，有好幾種資訊來源可以利用。如圖14-3所示，因解決方案而獲得的績效改進可分為兩大類：專案影響衡量指標（與專案改進有直接的關係）與業務影響衡量指標（業務單位的改進直接受到解決專案的影響）。在估計績效改進時，應該針對以下六個重要考量加以探討：

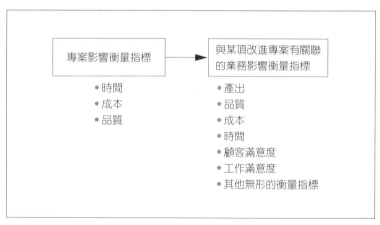

圖14-3　與解決方案有關的業務改進

1. 組織中類似的專案管理解決方案的經驗，對建立估計的基礎或許有幫助。當無從比較時，利用經驗的程度可能就是非常重要的因素。

2. 專案團隊或許在其他組織或情況下，經歷過類似的解決方案。此時，參與解決方案的設計人員、開發人員及執行人員若是有經驗，則回想他們過去的經驗會大有幫助。

3. 在這個領域工作過，或為其他組織處理過類似的專案解決方案的外部專家（通常是指專案管理顧問），意見是非常寶貴的。這些外部專家可能是顧問、供應商、設計師，或是對這類情況的這類解決方案有淵博學識的知名人士。

4. 可以直接從組織中的主題專家（subject matter expert, SME）那兒獲得估計。所謂的主題專家是指對利用解決方案更改、修訂或改善內部流程非常熟稔的人。內部的主題專家這方面的學識非常淵博，有時還是取得保守估計的最佳來源。

5. 也可以直接從專案的客戶或贊助者那裡取得估計，也就是最後決定要不要採購、對與實際的專案管理解決方案有關的衡量指標之預期改變提供資料或意見的人。由於位高權重，使他們成為非常可信的來源。

6. 直接參與專案管理解決方案的人員，通常是指專案團隊，往往比較容易了解衡量指標會因為某種解決方案而產生多大的改變或改進。這些人對受到影響的流程、程序及績效的衡量都有一定程度的認知，極為貼近整個情況使他們具有很高的可信度，而且往往是估計改變量最精確的來源。

整體而言，這些來源提供一連串的可能性，有助於改進值的估計。這與投資報酬率的預測流程最沒有關聯，卻最值得關注。

預測投資報酬率：為專案管理解決方案建立業務企畫案

需要一份包括預測投資報酬率的企畫案的目標受眾，應該很清楚估計的來源，以及由誰進行估計。更重要的是，目標受眾必須認為這個來源是可信的；否則，預測的投資報酬率就不具可信度。

案例

以案例說明如何利用以上的流程來發展投資報酬率的預測，可能更有助於讀者的了解。一家全球性金融服務公司，為了讓專案經理能夠持續追蹤業務與行銷部門進行的專案，而有意採購專案管理軟體。根據需求評估及初步分析，購買軟體有其必要性。這項分析包括實際需求的細目、選擇一套適合的套裝軟體，以及為了執行這套軟體所增加的工作輔助與工作訓練，甚至在必要時進行課堂訓練。然而，在購買軟體之前，有必要進行投資報酬率的預測。該公司選擇一項牽涉到改善顧客聯繫管理的專案，以預測這套專案管理軟體的影響。依照本章前面列舉的步驟，可以確定一個專案影響衡量指標確實會受到軟體的影響（即完成專案的時間），另外有三個業務影響衡量指標則是受到該專案執行的影響：

1. 對現有顧客的銷售量增加了。
2. 顧客對於延誤截止期限、延遲回應及未能完成交易等的抱怨也減少了。
3. 顧客滿意度綜合調查指數提高了。

在檢視這個可能的專案時，有好些人提供意見。一旦顧客聯繫管理獲得改善，客戶關係經理應該就可以因為迅速有效的顧客溝通而受益，並能容易地存取顧客資料庫。為了確定這四個衡量指標的改變程度，必須蒐集四個來源的意見：

1. 具有各種軟體應用程式專業知識的內部專案管理軟體開發人員。由他們針對每個衡量指標的預期改變提供意見。
2. 在專案會成功的假設下，由客戶關係經理針對這些變數的預期改變提供意見。
3. 由有意施行該專案的人，如客戶，針對他們對專案管理軟體的期望提供意見。
4. 最後，經由對專案管理軟體的開發人員的調查尋求意見。

如果意見根據的是估計，可能會與實際結果相差甚遠。然而，即使客戶有意進行的預測是根據非常有限的分析，但是若能佐以最頂尖的專家意見，分析就變得較精準。針對資料取得的難易度進行討論，並檢視把資料換算成金額的技術之後，可以獲得以下的結論：

□ 利用兩個部分，很容易可以把專案時間減少的天數換算成金額：團隊花在專案時間上的整體薪酬成本，和專案提早完成的機會成本（利用估計）。

□ 利用與某項直接應用的特定專案有關的收益的邊際利潤，即可輕易把增加的銷售量換算成金額。

□ 由於顧客抱怨的成本無法完全內化，因此即使是一個被廣為接受的抱怨成本都無法使用，而是當做潛在的無形利益。

□ 就提高的顧客滿意度來說，並沒有所謂被廣為接受的價值，因此顧客滿意度的影響資料會被當做一項潛在的無形利益。

該組織特地為了這個專案進行預測投資報酬率的計算。在檢視過可能的情況之後，確定有節省時間，並增加銷售量的可能。預期會減少的時間大約五到十天，因此針對時間的減少發展出三

種情況：五天、七天半及十天，並把它們用在投資報酬率的計算中。而所增加的銷售量則大約是3~9%。因此，三種狀況就是增加了3%、6%及9%的銷售量。

利用邊際利率，即可輕易把增加的銷售量換算成金額；利用團隊的薪資成本及省下的機會成本或價值，即可輕易把減少的時間換算成金額。依據那些簡略檢視過整個情況的人的意見，即可輕易估算出這套專案軟體解決方案的成本，進而估算出總成本，包括軟體，取得成本，舉行會議所需之設施，因為學習活動、協調及評估所增加的時間。再將這整體的預測成本與利益相比，即可得到某個範圍的預期投資報酬率值。

表14-1所示，是利用兩個衡量指標的報酬發展出的九種可能情況的矩陣。投資報酬率值的範圍從最低60%到最高180%。利用手邊的這些數值，很容易做出是否進行該專案的決定，因為即使是碰到最糟的情況也是非常正向的，而最好的情況，投資報酬

表14-1　不同產出的預期投資報酬率值

可能減少的時間 （天數）	可能增加的銷售量 （現有顧客，%）	預期投資報酬率 （%）
5.0	3	60
7.5	3	90
10.0	3	120
5.0	6	90
7.5	6	120
10.0	6	150
5.0	9	120
7.5	9	150
10.0	9	180

計分卡

率值更增加將近三倍。因此，該組織決定著手進行該專案。正如這個例子顯示的，這套流程必須越簡單越好，利用可取得的最可信資源，迅速為該流程做出估計。不過必須體認到這是個估計，優點是既簡單，成本又低，在發展流程時應該考慮到這些因素。

利用試驗性計畫進行預測

雖然前面列舉的步驟為無法進行試驗或試辦的狀況下，提供一個估計投資報酬率的方法；比較好的方法卻是，發展一個小規模的專案管理解決方案版本，然後根據後專案資料來計算投資報酬率。這種情況牽涉到以下五個步驟：

1. 和之前的流程一樣，擬訂執行（層次三）與影響（層次四）的目標。
2. 省去繁文縟節，以一個非常小規模的樣本做為試驗性專案，來啟動專案管理解決方案。這麼做，可以在不犧牲專案解決方案根基的情況下，以極低的成本進行。
3. 採用試驗性的解決方案，利用一或多個可因該專案管理解決方案受益的典型專案，充分執行此一試驗性的解決方案。
4. 利用專案管理計分卡——前面幾章提到的計分卡——為後專案分析計算投資報酬率。
5. 最後，讓組織上上下下根據試驗執行的結果，決定是否執行該專案管理解決方案。

這個方法以試驗性專案為基礎，提供一個更為精確的分析，並且等到此試驗性研究發展出結果後才開始全面執行。在這種情況下，即可利用本書提到的六種衡量指標發展出資料。

預測投資報酬率：為專案管理解決方案建立業務企畫案

表14-2　回饋問卷的重要問題

預計的改進

當你想在此項專案管理解決方案上發揮所學時，會採取哪些特別的行動？

1. _____
   _____
2. _____
   _____
3 _____
   _____

請指明有哪些事業單位的成果或專案衡量指標，會因為你的行動而產生改變。

1. _____
   _____
2. _____
   _____
3 _____
   _____

請根據以上所預期的改變，估計貴組織在一年之後所獲得的利益（以金額表示）。 _____ $

這項估計的基礎是什麼？請盡可能地詳細說明。

_____
_____
_____
_____
_____
_____

請以百分比顯示你對自己估計的信心程度。（0% ＝毫無信心，100% ＝非常確定） _____ ％

利用反應資料預測投資報酬率

　　通常，在專案團隊成員透過訓練或簡報得知專案管理解決方案之後，即可展開反應問卷調查。如果反應評估包括某項專案管理解決方案計畫要進行的應用，這個重要的資料最後就會用在投資報酬率預測的計算中。藉由詢問成員如何學以致用這類的問題，即可發展出更高層次的評估資訊。表14-2中的問題，說明如何利用反應問卷蒐集這類的資料。成員會被要求詳細陳述如何運用專案管理解決方案，以及預期會達成哪些結果。接著要求他們把計畫達到的成就換算成年度的金額，並說明計算這些數值的基礎。成員可以利用信心指數調整他們的回應，不但可以提高資料的可信度，並可反應出他們對此一流程是否感到不安。若能事先告知和討論這些問題，包括資料使用的說明，鼓勵參與者提供資料，列舉一個簡單的範例，並就完成此一表格需要多少時間做抽樣調查等，即可提高參與率（通常是80~90%）。

　　製作資料表格時，把年度金額乘上信心程度，會讓資料分析中所用到的估計更保險。譬如，假設某位團隊成員估計，專案管理解決方案在金錢方面的影響是五萬美元，但是他的信心程度只有50%，那麼在計算投資報酬率時就以二萬五千美元計算。

　　要製作預期利益的摘要，必須採取以下步驟：首先，排除任何不完整、沒有用、極端或不實際的資料；接著，就像前面提到的，根據信心程度對估計值進行調整；然後，將個別的資料項目加總。最後這個步驟是自由選擇的，也就是根據反映整個流程的主觀性，以及團隊成員無法達成預期結果的可能性之因數，來調整總數值。而且可以由專案團隊估計這個調整因數。有個組織就

預測投資報酬率：為專案管理解決方案建立業務企畫案

把利益除以二，然後把所得的數字用在方程式中。最後，把預期專案管理解決方案所得的淨利益除以解決方案的成本，即可計算出投資報酬率的預測值。基本上，一旦精確調整過信心程度及主觀性之後，這個數值就成為預期的投資報酬率。

　　用實際案例解說整個流程，是最好的方法。大型系統公司（Large Scale Systems Company, LSSC）是專門設計並建立大型通訊商業系統的一家企業。為了改善目前的專案管理程度，他們推動一項針對專案經理與團隊成員所設計的訓練課程。課程重點包括領導力、規畫、工作細分、排程、追蹤、溝通、任務關係、資源及預算，期望專案經理與團隊成員在完成專案管理的訓練之後，能夠改善專案的績效。在訓練課程中，會針對公司的幾個專案及所採用的事業單位績效衡量指標進行討論與分析。在專案管理訓練的最後，團隊成員要填寫一份綜合反應回饋問卷，以探討因為訓練而打算採取的行動項目及其估計金額。此外，成員還要說明估計的基礎，並提供他們對估計的信心程度。表14-3所示的資料，是由第一批參與此課程的人提供的。在二十二名的團隊成員中，只有十八位提供資料，也就是將近80%的參與者提供了資料。訓練的整個成本是三萬五千美元，包括參與者的薪資和按比例分攤的開發成本。

　　預計的改進金額非常高，這反映出專案團隊成員在經過一個非常有效的訓練課程之後，對打算採取的行動懷抱樂觀與熱誠。在分析中的第一個步驟就會把一些極端的項目刪除掉，那些「數百萬」、「無上限」及「相當顯著」的資料也要排除，接著將剩下的每個數值都乘上信心值，然後加總。這樣的調整是為了減少過高主觀性的估計。列表的結果是，總改進值為836,050美元。基於這套流程的主觀性質，要乘以1/2做調整，然後由首席專案

表 14-3　計算投資報酬率所用的層次一資料

參與者編號	估計值	基礎	信心程度	調整過的數值
	$ 80,000	時間的減少	90%	$ 72,000
	100,000	專案品質	80%	80,000
	50,000	節省時間	85%	42,500
	10,000	增加的機會	60%	6,000
	50,000	時間的減少	95%	47,500
	150,000	整個專案成本	75%	112,500
	75,000	團隊的薪酬	80%	60,000
	7,500	成本節省	75%	56,250
	50,000	時間的減少	50%	25,000
	30,000	專案團隊的薪資	80%	24,000
	150,000	專案總成本的減少	90%	135,000
	20,000	事業單位的產出	70%	14,000
	40,000	專案時間的減少	70%	28,000
	75,000	專案的整體成本	90%	67,500
	65,000	整個團隊的報酬	50%	32,500
	無上限	事業單位的產出	90%	—
	2,000	單位的品質	90%	1,800
	45,000	單位的收益	70%	31,500
			總計	$ 836,050

管理顧問提出一個建議數值，而且要獲得專案經理的支持。這個「經過調整」的數值為418,025美元，約等於418,000美元。以下的預測投資報酬率，是根據專案結束後、工作應用前，所進行的回饋問卷得出的：

$$投資報酬率 = \frac{\$418,000 - \$35,000}{\$35,000} \times 100 = 1094\%$$

專案管理顧問在告知執行長這些預期數值時，會提醒他，雖

預測投資報酬率：為專案管理解決方案建立業務企畫案

然已經做過兩次往下修正的調整，但仍要小心這個資料是非常主觀的。他同時會強調，這個資料是由參與訓練課程、想必應該知道自己可以達成的事項的專案團隊成員預測的結果。此外也會提到，已經著手規畫一個後續追蹤的行動，以確定該專案團隊日後達成的實際結果。

在運用層次一的投資報酬率預測時，有件事要特別注意：這些計算非常主觀，而且或許無法全然反映出專案團隊成員為了達成結果竭力發揮所學的程度。在工作環境中的各種影響，都會強化或抑制專案績效目標的達成。在訓練結束時的高度期望，並不保證這些期望可以實現。全球各地的訓練課程經常都有失望的記錄，而且記載在研究發現的報告中。

儘管這套流程很主觀，而且可能不那麼可靠，但的確有其用處。首先，假如評估必須停留在層次一，就解決方案的數值而言，比起從基本的反應問卷上蒐集到的資料，這個方法可以提供更多的洞見。經理人往往發現，這類的資料比報告式的陳述──「40%的參與者給予訓練的評價超過平均水準」──更有用。不幸的是，證據顯示，評估停留在層次一的比例很高。層次一的投資報酬率資料報告，是有關解決方案的態度和感覺方面的報告，而根據這個報告顯示，專案管理解決方案的潛在影響要比替代方案更有用。

其次，這些資料可以變成與其他相同類型專案進行比較的基礎。假設某個解決方案的投資報酬率預測是300%，另一個是30%，這顯示第一個解決方案比第二個更有效。而第一個解決方案的專案團隊成員，自然對解決方案的應用計畫更有信心。

第三，蒐集這些資料的重點是為了提高眾人對解決方案成果的注意。參與該解決方案的專案團隊成員對預期某一種行為會產

計分卡

生的改變，並為組織帶來某些結果一事，會有更清楚的了解。當成員進行結果的預測並換算成金額時，這個議題就會變得非常清楚。即使預測的改進受到忽略，這樣的做法仍具有成效，因為專案團隊已經接收到這個重要的訊息。

最後，假如計畫進一步確定後專案的結果，則層次一評估時蒐集的資料，對用來比較非常有用。所蒐集到的資料可以幫助專案團隊成員計畫解決方案的執行。此外，若是要規畫一個後續追蹤的行動，則成員會對自己預測的估計更保守。

層次一的投資報酬率計算的運用已越來越頻繁。有些組織都是以層次一的資料做為許多投資報酬率計算的基礎。儘管可能非常主觀，這些資料確實有其附加價值，尤其是把它們當成全面評估系統的一部分時。

結語

本章介紹了在四個不同的時段，利用不同層次的評估資料以預測投資報酬率的技術。其中兩種技術對簡單且低成本的專案非常有用：專案前的預測，以及利用學習資料來預測。這兩種技術甚至對短期且低調的專案也相當有用。利用層次二的學習資料與層次三的應用資料做預測則比較少見，而且應該只有涉及相當多的學習事件的大型專案才用得到。

即使並沒有人要求，專案前的預測仍有其必要。因為業務資料是專案管理解決方案的驅動力，從一開始就應該確認出業務影響的衡量指標。估計這些衡量指標的實際改變是很值得推薦且非常有用的行動，可以讓客戶了解專案解決方案的認知價值。這個簡單的行動頂多只要一、兩天的時間。所得之結果對與客戶的溝

預測投資報酬率：為專案管理解決方案建立業務企畫案

通及提供專案經理明確的方向和焦點，有極大的價值。

幾乎每個專案管理解決方案，都會向參與解決方案的專案團隊成員蒐集反應資料。一個值得做的反應資料擴大版，則是增加一些可以讓這些人預測專案實際成敗的問題。在第五章〈如何衡量反應與滿意度〉中討論過這個做法的選擇性，本章則是建議把它當成預測實際投資報酬率的另一個簡單工具。這個事先計畫好的行動，為解決方案的潛在價值提供更多的見解，並提醒專案經理留心，除了解決方案會處理的一些議題以外，還有其他問題或議題。這些增加的題目則是非常簡單，專案團隊成員可以輕鬆地在十五到二十分鐘內做答完畢。為了讓整個流程順利成功而且有用，成員必須全心投入。就本書提到的各種增加回應率的工具進行探討，通常就可以讓成員全力以赴。

正如所料，專案前的預測計算可信度和精確度是最低的，卻具備成本低廉及容易發展的優點。相對的，利用業務影響資料（層次四）計算投資報酬率，可信度和精確度都相當高，成本卻也一樣，而且難以發展。雖然在層次四的投資報酬率計算比較受到歡迎，但是在早期階段利用其他層次的資料計算投資報酬率，是全面性且系統化的專案評估流程的重要部分。

延伸閱讀

Dean, Peter J., Ph.D. and David E. Ripley (Eds.). *Performance Improvement Interventions: Performance Technologies in the Workplace: Volume Three of the Performance Improvement Series: Methods for Organizational Learning.* Washington, D.C.: The International Society for Performance Improvement, 1998.

Esque, Timm J. and Patricia A. Patterson. *Getting Results: Case Studies in Performance Improvement,* vol. 1. Washington, DC: HRD Press, Inc./International Society for Performance Improvement, 1998.

Friedlob, George T. and Franklin J. Plewa, Jr. *Understanding Return on Investment*. New York: John Wiley & Sons, 1991.

Hale, Judith. *The Performance Consultant's Fieldbook: Tools and Techniques for Improving Organizations and People*. San Francisco: Jossey-Bass/Pfeiffer, 1998.

Kaufman, Roger, Sivasailam Thiagarajan, and Paula MacGillis. *The Guidebook for Performance Improvement: Working with Individuals and Organizations*. San Francisco: Jossey-Bass/Pfeiffer, 1997.

Phillips, Jack J. *Return on Investment in Training and Performance Improvement Programs*. Boston: Butterworth-Heinemann, previously published by Gulf Publishing, 1997.

Price Waterhouse Financial & Cost Management Team. *CFO: Architect of the Corporation's Future*. New York: John Wiley & Sons, 1997.

Swanson, Richard A. *Analysis for Improving Performance: Tools for Diagnosing Organizations & Documenting Workplace Expertise*. San Francisco: Berrett-Koehler Publishers, 1994.

第 十五 章

向顧客提供
專案回饋並溝通結果

　　手邊有資料之後,接下來怎麼做?是應該用這些資料來修正專案管理解決方案、改變流程、展現貢獻、證明新專案是有充分理由的、獲取更多的支持?還是建立善意?應該如何呈現這些資料?最糟糕的莫過於什麼都不做。溝通結果與達成結果同等重要。本章將提供有用的資訊,幫助讀者以口頭和書面的報告方式,將評估資料呈報給各個受眾。

爲何溝通結果如此重要?

　　溝通結果是專案管理計分卡一個至關重要的議題。當專案完成時,就達成的結果對感興趣的利害關係人進行溝通固然重要,在整個專案過程中進行溝通也同樣重要。在專案進行期間持續地溝通,可確保資訊的暢通,進而進行調整,讓所有的利害關係人都清楚專案解決方案執行的成本及周遭發生的種種議題。溝通在專案管理解決方案中如此受到重視,理由至少有五個。

缺乏溝通，衡量與評估就不具意義

馬克‧吐溫（Mark Twain）說過：「蒐集資料就跟蒐集垃圾一樣──很快我們就必須去處理它。」假設已就成敗進行衡量，評估資料也蒐集好了，但是若無法盡快將這些發現向適當的受眾溝通，好讓他們知道現況，以及在必要時採取行動，這些發現就不具有任何意義。溝通可以形成一個完整的循環，從專案解決方案的結果，到根據這些結果採取必要的行動。

溝通是改進的必要條件

由於資訊是在流程的不同階段蒐集的，因此對採取行動的各個群組溝通或回饋，是進行調整的唯一方法。溝通的品質及時效性，也因此成為進行必要調整或改進的關鍵議題。即使是在專案完成之後，也必須進行溝通，以確保目標受眾對達成的結果，以及如何利用這些結果強化未來或正在進行的專案，能夠有充分的了解。溝通是在專案各個階段進行重要調整的關鍵。

溝通是解釋貢獻的必要條件

有關專案管理解決方案對六大衡量指標的貢獻，即使以最樂觀的角度看，都是一個令人困惑的議題。必須向不同的目標受眾分別就結果進行詳盡的說明；而包括技術、媒體及整個過程的溝通策略，將決定目標受眾對貢獻了解的程度。即使是向經驗最豐富的目標受眾溝通結果，尤其是有關於業務影響和投資報酬率，都會讓他們很快陷入困惑中。溝通必須有規畫，而且是以確保受眾能夠了解整個貢獻為目標來進行。

溝通是個敏感的議題

溝通是可能引發重大問題的重要議題之一。因為解決方案的結果與組織的政治議題關係密切，溝通時可能會引起某些人不悅、其他人高興。假使某些人沒有接收到這些資訊，或每個群組接收到的資訊不一樣，問題很快就會浮上檯面。這不只是個有關理解的議題，也與公平、品質與政治正確有關，確保能夠建立正確的溝通，並有效地傳達給所有需要這些資訊的關鍵人士。

不同的目標受眾需要不同的資訊

由於需要就專案管理解決方案的成敗進行溝通的潛在目標受眾很多，因此直接根據他們的需要對溝通進行修改是很重要的。不同的受眾有不同的需求，必須經過規畫與努力，確保以正確的方式適時讓受眾接收到他所需要的全部資訊。給所有受眾同一份報告是不恰當的做法。每個團體需要的資訊範疇、多寡、媒體，甚至是不同類型及不同層次的實際資訊都大不相同，因此目標受眾是決定適當溝通過程的關鍵。

整體而言，儘管在專案管理解決方案的評估中，溝通經常會被忽略或低估，以上這些原因卻足以說明溝通是至關重要的議題。本章以這個重要議題為主軸，介紹許多種針對不同目標受眾達成溝通的技術。

溝通結果的原則

有效的溝通結果，所需技巧的微妙與複雜之程度幾乎不亞於獲得結果。就像風格與實體同等重要，不論什麼樣的訊息、受眾

向顧客提供專案回饋並溝通結果

或媒體，多少都可以應用到一些一般性原則，接下來將就這些原則進行探討。

溝通必須適時

通常，一旦知道解決方案的結果，就應盡速溝通。從務實的觀點看，則最好是等到方便的時候——如發佈下一期股東會訊或下一次舉行高階主管會議時——再進行。有關時機的問題有：如同其他可能發生的事一樣，受眾是否準備好接受結果了？他們想知道結果嗎？什麼時候是對受眾產生最大效用的最好時機？是否會有些狀況改變了溝通的時機？

以特定受眾為目標對象

假如能夠以特定的群組為目標，溝通會更有效。訊息應該根據目標受眾的利益、需要及期望量身訂製。

本章將舉一個特別專案的結果，來反映各個層次的成果，包括書中發展出的六種類型資料。其中有些資料是在專案初期就發展出來的，並且在專案進行期間持續地溝通。其他資料則是在專案執行之後蒐集的，並且在後續追蹤的研究中進行溝通。因此，如果以最廣義的角度看待結果，則可能包括質化方面的早期回饋，以及各種量化方面的投資報酬率值。

謹慎選擇媒體

對某些群組而言，有些媒體可能比其他媒體更有效。面對面的會談可能比一些特別公告好，分發給管理高層的備忘錄可能比公司的通訊更有效。正確的溝通方法，對改善整個流程的效益有很大的幫助。

計分卡

溝通應該不存偏見、適度

把事實與虛構，以及精確的陳述與意見分開，是非常重要的。即使各個受眾都接受專案經理的說法，心中可能還是存有疑問，認為他們的意見有偏差。有時，誇大的言論反而會讓受眾失去興趣，使得大部分的內容都聽不進去。看得到及可信的事實遠比極端或煽情的言論更受重視，這樣的言論雖然會引起受眾的注意，卻往往讓他們忽略重要的事實。

溝通必須具備一致性

溝通的時機與內容應該和過去的經驗一致。專案期間在不尋常的時間進行特別的溝通，可能會引發疑慮。同樣的，假如是定期地向某個特定群組——像是管理高層——溝通專案的成果，就應該持續進行——即使得到的結果是負面的。假如故意略過某些結果，可能會讓受眾留下報喜不報憂的印象。

來自受眾尊敬的人的證言更有效

其他人的意見總是有很大的影響力，尤其是那些受尊敬及信任的人。當有關專案結果的證言出自組織中受人尊敬的人之口時，可能就會影響到訊息的效果。這可能與其領導力、地位、特殊技能或知識有關。若證言是出自一位不受尊敬且被認為表現不如水準的人之口，則可能會為訊息帶來負面的影響。

溝通策略會受到受眾影響

意見是很難改變的，若只是純粹地表述事實，即使是專案經理的一個負面意見，也不會改變什麼。然而，事實的表述只能強

化那些已經同意專案結果的人的意見：一方面有助於強化他們的地位，一方面又提供給他們與其他人討論時的辯護。可信度高又受尊敬的專案經理在溝通結果時，可能就比較輕鬆自在。可信度低的話，在努力說服他人時就可能會問題重重。

這些一般性原則對溝通工作的整體成功是非常重要的。專案團隊在宣傳計畫的結果時，應該把這些原則做成一份檢核表。

溝通結果的模式

專案管理解決方案結果的溝通過程，一定要系統化、適時與規畫完善，就像圖15-1所示的模式。這套模式顯示溝通過程的七要件——通常是依序出現。

第一個步驟是最重要的步驟之一：按照溝通的需要分析專案所得的結果。此時可能會確定該專案解決方案缺乏支持，或發現需要改變，或需要持續地支援。可能有必要為該專案解決方案重新建立信心或可信度。不管有沒有這些觸發事件，第一個步驟的重要性在於，提綱挈領地點出溝通專案結果的種種特殊理由。

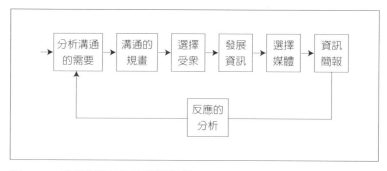

圖15-1　規畫專案結果的溝通過程

計分卡

第二個步驟的重點是一個溝通計畫。規畫非常重要，而且通常會牽連到三種形態的計畫，而不是所有專案都用同一個：

1. 第一個計畫包括所有專案管理解決方案在溝通方面需要處理的眾多議題。
2. 第二個計畫涵蓋特定專案管理解決方案的溝通，程度詳盡到溝通的內容、何時溝通及向哪些群組溝通。
3. 第三個計畫涉及特定種類資料的溝通，像是透過評估流程所產生的結果、結論及建議等。

第三個步驟與選擇溝通的目標受眾有關。受眾的範圍從管理高層到過去的專案團隊成員都包括在內，這些人都有其特殊的溝通需要。溝通策略應考慮到所有群組。要贏得某一特定群組的贊同，必須有一個精心的計畫，鎖定目標的溝通。

第四個步驟涉及擬訂書面資料以說明解決方案的結果。可能的範圍很寬廣，從結果的簡略摘要到有關評估工作的詳細研究報告都包括在內。通常會擬訂一份完整的報告，然後針對不同的受眾，摘選部分的報告或製作一份摘要。

第五個步驟就是媒體的選擇。有些群組對某些特定的溝通方法有較佳的回應。在這方面，專案管理從業人員有許多方法可供選擇，包括口頭與書面。

第六個步驟則是資訊的簡報。以最謹慎、充滿信心及專業的態度提供成品。

最後一個步驟，但並不表示最不重要，就是分析溝通的反應。不論是正面、負面還是沒有意見，都代表資訊被吸收及理解的狀況。就許多情況而言，非科學性的資訊分析比較適當。能夠知道某個特定群組的反應往往就夠了。若是碰到密集且更深入的

向顧客提供專案回饋並溝通結果

溝通情況時，或許需要一個有組織的正式回饋流程。反應可能會導致對同一個專案結果的溝通做出調整，或是對未來的專案溝通調整提供意見。

此一溝通模式並無意把整個過程弄得很複雜。相反的，這是一個保證可以針對適當的受眾提供清楚明確資訊的過程。通常接收到專案管理解決方案評估結果的人不只一個，而且每個受眾都有其特有的需要。除非是非正式的溝通，在發展溝通策略之前，一定要考慮到該模式中的每一項要件，否則，努力溝通得到的所有影響都會減損。本章稍後會就模式中的這幾個步驟進行更詳盡的討論。

分析溝通的需要

由於溝通結果可能有許多其他影響因素，因此應該針對組織量身製作一份清單，並且進行必要的調整。而溝通專案管理結果的理由取決於專案本身、環境及特有的需要。最常見的理由有：

☐ **為了讓專案管理解決方案通過審核，以及進行時間與金錢方面的資源分配。** 初步的溝通包括提出一份企畫案、投資報酬率的預測，或其他可以讓專案通過的資料。此時的溝通所需的資料或許並不多，而是要預測接下來可能發生的情況。

☐ **為了讓專案管理解決方案及其目標獲得支持。** 獲得許多群組的支持是很重要的。此時溝通想做到的是，為專案解決方案的成功建立必要的支持。

☐ **為了在這些議題、解決方案及資源方面形成共識。** 一旦開始進行專案解決方案，所有直接參與該專案的人，對與該專案

有關的重要元素和要求，都必須有共識及了解，這是非常重要的。

□為了替專案管理組織及其技術和完成品建立可信度。 在流程的早期就確定所有參與者對這個方法與專案管理組織的信譽有所了解，而且所有參與的群組都依照這個方法全力以赴，這是非常重要的。

□為了強化專案管理解決方案所採用的流程。 身居關鍵地位的經理人支持該專案，並強化該專案解決方案所採用的各種流程，也是相當重要的。此時溝通的目的就在強化這些流程。

□展開行動改善專案管理解決方案。 早期的溝通就像一個流程改進的工具，目的在影響改變與改進，像是讓許多人發現一些需求，並且提出一些建議。

□讓專案團隊成員打好基礎，準備進行專案管理解決方案。 為了讓專案順利達成，對直接參與專案的成員而言，為各項任務、角色及責任做好準備是必要的。

□為了強化整個專案管理解決方案的結果，以及未來回饋的品質。 此時溝通的目的是為了顯示專案的現狀，以及影響決策、尋求支持，或是對主要的利害關係人就事件與期望進行溝通。此外，當利害關係人看到回饋循環發生作用時，也會同時加強資訊的質與量。

□為了展現專案管理解決方案的全部結果。 這或許是最重要的溝通，也就是把有關六種衡量指標的所有結果，向適當的人士進行溝通，讓他們對專案的成功或缺點充分的了解。

□為了強調衡量結果的重要性。 有些人需要了解衡量和評估的重要性，而且要知道各個衡量指標對一些重要資料的需要。

□為了解說用來衡量結果的技術。 有些參與專案的人及支援人

員，需要了解用來衡量結果的技術。在某些情況下，組織內部可能會把這些技術轉用到其他專案。簡而言之，這些人需要知道所採用流程的妥當性和理論架構。

☐ **為了激發專案團隊成員參與專案管理解決方案的欲望**。理想上，成員應該是希望能參與專案的工作。此一溝通的目的在於激發他們對專案、任務及其重要性產生興趣。

☐ **為了激發對專案管理組織的產品產生興趣**。從專案管理組織的觀點看，有些溝通的目的是在激發所有因為目前的產品或流程所獲得之結果，而對創造出來的產品及服務產生興趣。

☐ **為了對利害關係人的花費展現會計責任**。讓一個受眾範圍廣泛的群組了解需要採行會計責任制的必要，以及專案經理或專案管理組織採用的方法，是非常重要的。這可確保花在專案上的費用具有會計責任。

☐ **為了推銷未來的專案管理解決方案**。從專案管理組織的角度看，建立一個成功專案的資料庫，然後用它說服他人相信這套專案管理流程可以增加價值，這是非常重要的。

由於溝通結果的理由可能還有許多，因此這份清單應該根據個別的組織量身打造。

溝通的規畫

要產生最大成效，任何成功的活動都必須經過謹慎的規畫。這也是溝通專案任務結果的關鍵部分。溝通的實際規畫很重要，重點在於確保每位受眾都能適時接收到正確的資訊，並採取適當的行動。接下來要討論規畫溝通結果時很重要的三個議題。

計分卡

溝通政策的議題

在檢視整個專案的流程時，必須發展出有關溝通結果的政策議題。其範圍從在專案期間提供回饋，到利用影響研究計算出投資報酬率的溝通。政治議題全憑利害關係人和專案經理的決定。就本質而言，利害關係團體會希望擬訂出有關溝通結果的政策，做為專案任務整體政策的一部分；就專案管理組織的立場而言，政策的擬訂應該是整體專案結果取向為方法的一個部分。在擬訂政策時，有七個不同的領域需要特別小心：

1. **溝通的實際內容為何？** 就整個專案的各種資訊進行詳細溝通是很重要的——不只是專案管理計分卡流程所產生的六種資料，連專案的整個進度都是溝通的主題之一。
2. **何時該就資料進行溝通？** 時機是溝通的關鍵。假如專案需要進行調整，就應該盡快告知此一資訊，以便迅速採取行動。
3. **如何就資訊進行溝通？** 這與偏好採用的溝通媒體種類有關。譬如，有些組織喜歡用書面文件當做報告來分發，有些組織喜歡採取面對面的會議，有些則希望盡可能利用電子通訊。
4. **在何處進行溝通？** 有些組織喜歡在靠近專案的地方進行溝通，有些組織喜歡在利害關係人的辦公室，有些則喜歡在外面的場地進行。若以便利性與認知的角度看，進行溝通的地點可能變成一項重要的議題。
5. **由誰就資訊進行溝通？** 應該由專案團隊、某個人，還是利害關係人群組中的某人就資訊進行溝通？這個負責溝通的人必須具有公信力，如此才能讓人相信他所傳達的資訊。
6. **誰是目標受眾？** 要確認哪些目標受眾應該不斷接收資訊，哪

些則只要適時地接收資訊即可。

7. **有哪些需要或希望採取的行動？** 在某些情況下，呈報資訊時並不需要採取任何行動；某些情況則希望有所改變，有時候甚至是要求有所改變。

整體而言，這七個議題正是整個溝通政策的架構。

針對專案管理解決方案進行溝通規畫

一旦專案通過審核，通常就要開始擬訂溝通計畫。計畫中會詳細擬訂如何向各群組溝通特定的資訊，以及預期採取的行動。此外，計畫中也會詳細明訂如何溝通整體的結果、溝通的時間及適合接收訊息的有哪些群組，而且計畫的詳細程度必須經過利害關係人與專案經理的同意。

就影響研究進行溝通

第三類計畫的目的是呈報專案管理解決方案評估的結果：影響研究。當一項大型專案完成，而且知道整個詳盡的結果時，就需要進行這類的計畫。其中一個主要議題是，需要知道這些結果的人是誰、以何種形式進行溝通。由於牽涉到專案的最終研究，因此這類計畫應該比專案的整體計畫更詳細明確。表15-1所示，是針對一項以團隊為基礎的重要專案進行的一個減少壓力的解決方案，所擬訂的溝通計畫。許多正處於高度壓力的團隊，在透過活動及工作的更換之後，壓力開始減少。這套流程也可運用在其他有類似徵兆的團隊上。

針對不同的受眾發展出五種溝通計畫。完整的報告是一份七十五頁的投資報酬率影響研究，做為該專案的歷史文件。這份報

表15-1　專案管理結果的溝通計畫

溝通文件	溝通的目標受眾	發送的方式
附有附錄的完整報告（75頁）	☐利害關係人團隊 ☐專案團隊成員 ☐專案經理	以特殊會議的方式發放及討論
行政摘要（8頁）	☐資深管理團隊 ☐事業單位 ☐資深的公司管理人員	在例行會議上發放及討論
不含實際的投資報酬率計算的一般類總覽與摘要（10頁）	☐專案團隊成員 ☐其他的利益團體	以信函的方式寄發
一般類的文章（1頁）	☐所有員工	刊登在公司的刊物上
強調專案、目標及特定結果的小冊子	☐對專案解決方案 　有興趣的團隊領導人 ☐其他客戶	包括在其他的行銷資料中

告會提供給利害關係人、專案人員，以及參與研究的每個團隊的
經理。一份行政摘要，也就是一份很小型的文件，會提供給一些
高階主管。專案團隊成員收到的則是一份不含投資報酬率計算的
一般類總覽及摘要。並針對公司的刊物發展出一篇一般類文章，
甚至是編製一份小冊子以彰顯專案的成功。這份小冊子用來向內
部其他團隊推銷這套流程，甚至當成該專案管理組織的行銷資
料。這份詳盡的計畫可能包括在專案任務的整體計畫中，但是會
在實際的專案流程中做更精進的微調。

　　整體而言，這三種計畫都是在強調，針對組織中某特定專案
或整個專案管理流程編製一份溝通策略的重要性。

選擇溝通的受眾

在與某一特定受眾溝通時，應該對每個潛在群組提出以下的問題：

☐ 他們對該項專案管理解決方案是否感興趣？

☐ 他們是否真的想收到這些資訊？

☐ 是否已有人承諾會與他們溝通？

☐ 此時是不是與這些受眾溝通的好時機？

☐ 他們對該項專案管理解決方案是否熟悉？

☐ 他們是否比較偏愛溝通結果？

☐ 他們是否認識專案團隊的成員？專案管理組織？

☐ 他們是否會覺得結果很具威脅性？

☐ 哪種媒體最能使此一受眾群組信服？

另外，還必須對每個目標受眾採取以下三個行動：

1. 專案經理應盡其所能地認識並了解目標受眾。

2. 專案經理應該了解受眾需要什麼樣的資訊及個中原因。每個群組對想知道的資訊有其各自的需要。有些群組想的是詳盡的資訊，有些要的則是簡短的資訊。可以根據其他人的意見確定受眾的需要。

3. 專案經理應該盡力了解受眾的偏見。每個人都會有特定的偏見或意見。有些人會很快對結果採取支持的態度，有些人卻可能會反對或保持中立。專案人員對不同的看法應該採取同理心，並試著了解。在了解的基礎下，溝通時就可以針對每

一群組量身打造。尤其是在受眾對於結果可能採取負面的反應時，這麼做就格外重要。

在擬訂溝通結果的計畫時，選擇受眾是相當重要的步驟。處理好上述的議題，可以讓適當的受眾收到適當的資訊。

挑選受眾的基準

可能會接收到專案結果資訊的目標受眾，職位及責任大不相同。決定哪些群組會接收到哪種溝通計畫，以及當某個群組接收到不適當的資訊或另一群組受忽略時，可能會引發的問題，都是需要謹慎思考的。一個挑選適當受眾的健全基準是之前章節討論過的：就溝通的原因進行分析。表15-2所示，是一般常見的目標受眾及選擇這些受眾的基準。

利害關係人大概是最重要的受眾。這個群組（或個人）是專案的推動者，會檢視資料，挑選專案經理，並且衡量專案有效性的最終評估。另一個重要的目標受眾群組則是高階管理團隊。由於這個群組負責分配專案的資源，因此需要一些資訊幫助他們證明這些花費的正當性，以及判斷這些努力的效益。

挑選過的經理群組（或所有經理人）也是非常重要的目標受眾。管理階層對專案管理流程的支持和參與，以及該部門的可信度，都是成功的重要關鍵。若能對管理階層就計畫結果進行有效的溝通，則支持度與可信度就能同步增強。

與專案成員的團隊領導人及直屬經理溝通是必要的。多數的情況是，他們必須鼓勵專案團隊成員去執行專案解決方案。同時，他們經常也會支持並強化專案的目標。一個適當的投資報酬率，不但能夠提昇成員對專案的投入，並且為他們的努力提供了

向顧客提供專案回饋並溝通結果

表15-2 一般常見的目標受眾

溝通的原因	主要的目標受眾
為了讓專案解決方案通過審核	利害關係人,高階主管
為專案解決方案爭取支持	直屬經理,團隊領導人
為了在這些議題上取得共識	參與者,團隊領導人
為專案管理建立可信度	高階主管
為了加強對流程的支援	直屬經理
為了改進而倡導的行動	專案經理
為了專案解決方案,為專案團隊成員打好基礎	團隊領導人
為了強化結果及未來回饋的品質	參與者
為了展現專案解決方案的所有結果	利害關係人團隊
為了強調衡量結果的重要性	利害關係人,專案經理
為了說明用來衡量結果的技術	利害關係人,專案支援人員
為了激發專案團隊成員想參與的渴望	團隊領導人
為了激發對顧問公司的產品產生興趣	高階主管
為了利害關係人的花費展現會計責任	所有人員
為未來的專案解決方案做推銷	未來可能的客戶

可信度。

　　有時候,為了鼓勵參與者對專案解決方案的投入,會向參與者溝通結果,對那些以志願者為主的專案而言,這點尤其重要。這些潛在的專案管理團隊成員是溝通結果的重要目標對象。

　　專案團隊成員需要有整個任務成功的回饋。有些人可能不像其他人那樣順利達成想要的結果。溝通結果所產生的額外壓力,有助於他們在未來有效地執行專案並改善結果。對那些達成卓越

成果的人而言，溝通無疑是對該專案的強化。對成員溝通結果經常會被忽略，以為一旦專案結束，就不需要告知他們專案成敗的訊息了。

專案人員必須知道有關專案結果的資訊。不論是專案經理會知道專案最新情況的小型專案，還是比較大型的專案，整個參與的團隊，包括設計、開發、推動及執行者，都必須獲得專案成效方面的資訊。評估資訊也是必須溝通的資訊，萬一計畫未能如預期般有效，就可以根據此一資訊調整。

支援人員應該知道衡量結果的流程方面的詳細資訊。這個對專案團隊提供支援服務的群組，大都是指執行專案的那個部門的人員。

公司員工及股東就不太可能是目標對象。一般類的新聞故事可能會提高員工的尊敬。對組織的善意和正面的態度，也算是溝通專案結果的副產品。另一方面，股東較關心的是投資報酬率。

表15-2顯示的是一些最常見的目標受眾，不過有些組織也有不一樣的目標受眾。比方說，管理階層或員工會再細分到不同的部門、單位甚或組織的分支機構中。一個複雜的組織，受眾的數目可能很龐大。最起碼，以下四個目標受眾一定會被推薦：資深管理階層群組、專案團隊成員的直屬經理、專案團隊的成員，以及專案人員。

資訊的發展：影響研究

正式評估報告的類型，取決於對各個目標受眾呈報資訊的詳細程度。對某些溝通任務而言，專案結果的簡短摘要並附上一些適合的圖表，或許就已足夠；有些情況——尤其是需要龐大經費

的大型專案——評估報告的詳盡程度就顯得很重要。可能需要一份完整的綜合影響研究報告，做為向特定受眾及媒體的溝通資訊基礎。這份報告可能包括以下幾個部分。

管理／執行摘要

管理摘要是整個報告的一個簡要總覽，說明評估的基礎及重要的結論與建議。是針對忙到無法詳細閱讀報告的人設計的。通常是最後寫好的，卻放在報告的最前面以方便參考。

背景資料

背景資料提供專案管理解決方案的大略描述。如果用得到，不妨摘錄決定要不要執行專案的需求評估。會對專案做完整的描述，包括導致決定要不要執行該專案管理解決方案的事件。能夠對專案提供完整描述所需的其他特定項目也會包含在內。資訊的詳盡程度取決於受眾所需的資訊量。

目標

專案及專案解決方案的目標都會做提綱挈領的介紹。有時候這兩種目標是一樣的，但是可能會分開談。其中的區別，第三章評估流程的規畫已經做了詳盡的說明。這份報告會就研究本身的特定目標做詳盡說明，讓讀者對該項任務或專案想達到的成就有清楚的了解。此外，假如在此一流程中會執行特定的專案管理解決方案，也會在這裡詳盡說明，如根據蒐集的各種類、各層次的資料發展出來的議題與目標。

評估的策略／方法

　　評估的策略會概略說明構成整個評估流程的所有要件。本書曾經就報告中的此一部分，討論過結果取向的模式和專案管理計分卡流程的諸多要件。不但概略地說明評估的特定目的，還就評估的設計與方法進行解說。同時還介紹了用來蒐集資料的工具，並且以陳列的方式展現。任何有關評估設計不尋常的議題也會一併討論。最後，還包括與評估的設計、時機及執行相關的其他有用資訊。

資料的蒐集與分析

　　這部分要說明的，是前面幾章提到的用來蒐集資料的方法。通常，資料蒐集是以摘要的形式出現在報告中。此外，也會就分析資料的方法加以說明。

專案解決方案的成本

　　這個部分要討論專案的成本。包括一個按成本分類的摘要，譬如以分析、發展、執行及評估的成本分類。這部分的報告也會討論成本的發展與分類所做的假設。

反應與滿意度

　　在這個部分，會詳細說明主要的利害關係人的資料蒐集，尤其是參與流程的專案團隊成員，目的是為了衡量對專案的反應，以及對各種議題和流程的某些部分的滿意度。同時也包括其他利害關係人群組對於滿意度的意見。

向顧客提供專案回饋並溝通結果

學習

這個部分是以簡短摘要的形式，顯示用來衡量學習的正式與非正式的各種方法。摘要中對專案團隊成員如何學習新的流程、技能、任務、程序及專案的實務加以說明。

應用與執行

這個部分顯示的重點是，專案如何實際地應用，並說明新技能與知識的成功應用。與應用有關的議題都會加以闡明，包括任何的重大成功、失敗。

業務影響

這個部分談到的是實際的業務影響衡量指標，也就是最初促成專案解決方案啟動的業務需求。就專案執行期間在改進上產生多大的改變進行討論。

投資報酬率

這個部分講述的是實際的投資報酬率計算及本益比。也就是拿來與預期做比較的一個數值，並就實際的算法加以說明。

無形的衡量指標

這個部分的重點是各種與專案有直接關聯的無形衡量指標。所謂的無形是指那些無法換算成金額，或無法包括在實際投資報酬率計算中的衡量指標。

計分卡

障礙與促成因數

這部分會詳盡討論各種影響專案成功的問題與障礙，也會探討執行上的種種障礙。同時，那些對專案具有正面影響的因素與影響力，也會在促成因數中討論。整體而言，它們對未來可能阻礙或強化專案這方面提供很多的洞見。

結論與建議

這部分會根據所有的結果做出結論。假如適當的話，不妨針對如何達成每項結論做簡短的說明。如果可以，不妨提供一份對專案的建議或改變的清單，並就每項建議進行說明。重要的是，所做的結論與建議要一致，並且將上一個部分中提到的發現附帶上去。

這些要件佔了整個評估報告的絕大部分。

撰寫報告

表15-3所示，是一份針對投資報酬率評估的典型評估報告的內容。這份特定的研究是針對一家大型金融機構進行的，其中涉及針對商業銀行業務的一項專案所做的投資報酬率分析。這份典型的報告不但提供了背景資訊，說明了所採用的流程，最重要的是，顯示了結果。

雖然這份報告是以有效專業的方式呈現投資報酬率資料，但是仍有幾點需要特別注意。由於這份文件中有關解決方案的成功報告是由一群員工共同參與的，因此所有的功勞必須歸因於專案團隊成員及其直屬領導人。所有的成功都要歸功於他們的表現。另一個需要注意的重要事項則是，避免誇大結果。雖然專案管理

表15-3 影響研究報告的格式

☐ 一般資訊
　　一背景
　　一研究的目的

☐ 影響研究所採用的方法
　　一評估的層次
　　一投資報酬率流程
　　一蒐集資料
　　一把專案解決方案的影響分離
　　　出來
　　一把資料換算成金額

☐ 資料分析的議題

☐ 成本

☐ 結果：一般資訊
　　一回應量表
　　一目標的達成率

☐ 結果：反應與滿意度
　　一資料來源
　　一資料摘要
　　一關鍵議題

☐ 結果：學習
　　一資料來源
　　一資料摘要
　　一關鍵議題

☐ 結果：應用與執行
　　一資料來源
　　一資料摘要
　　一關鍵議題

☐ 結果：業務影響
　　一 一般意見
　　一與業務衡量指標的關聯
　　一關鍵議題

☐ 結果：投資報酬率及其代表的
　　意義

☐ 結果：無形的衡量指標

☐ 障礙與促成因數
　　一障礙因素
　　一促成因數

☐ 結論與建議

計分卡既精確又可信，其中仍存有一些主觀的問題。對成功的大肆誇耀，可能很快就會讓受眾失去興趣，導致想傳達的訊息受到干擾。

　　最後要注意報告的結構。對於採用的方法及分析中的假設，都應該清楚說明。應該讓讀者很容易看出這些數值是如何發展出來的，又是如何遵照特定的步驟讓整個流程更保險、可信且精確。詳細的統計分析則應該放在附錄中。

計分卡

選擇溝通媒體

就計畫的結果進行溝通而言，有許多的媒體可供選擇。除了影響研究報告之外，最常採用的媒體包括會議、中期報告和進度報告、組織的刊物及案例研究。

會議

如果運用得當，會議是就計畫結果進行溝通的大好機會。所有的組織都會召開各種會議，而且在每個會議中，適當的內容與專案結果正是其中重要的部分。以下就是幾種形式會議的例子。

主管會議

最高層的管理團隊召開例行會議是很常見的。基本上，大都是在討論對他們的工作有所助益的項目。至於專案與後續結果，可在例行會議中一併討論。

分組研討會

雖然不是所有組織都會召開分組研討會，但對顯示問題是如何解決的，這類會議有很大的幫助。一個典型的綜合討論可能包括兩個或以上的經理或團隊領導人，就他們對其他領域常見的問題所採用的解決方法進行討論。若能根據最近某一項專案的結果進行討論，即可提供其他經理一些令他們信服的資料。

最佳實務典範會議

有些組織會召開最佳實務典範會議，討論最近成功與最佳實務的典範。這是學習與分享各種方法和結果的絕佳機會。

向顧客提供專案回饋並溝通結果

業務匯報會議

有些組織已經開始推動針對管理階層的所有成員定期召開會議，在會中執行長會檢討進度並討論來年的計畫。執行長也會提出一些重要的專案結果一併討論，以檢視高階主管對此專案結果的興趣、投入及支持的程度。除了專案結果，還會討論到營業利潤、新設施和設備、新的企業併購，以及下一年度的銷售預測。

只要出席會議的管理團隊成員的人數夠多，就可趁機評估就專案結果進行溝通的適當性。

中期報告與進度報告

雖然這種做法通常只限於大型專案管理解決方案，但是透過中期報告、例行性備忘錄及報告，可以大大提高溝通結果的能見度。可以定期透過企業內部網路來刊登或發送，通常這有幾個目的：

☐告知管理階層，有關專案管理解決方案的現況。
☐就專案管理解決方案所達成的中期結果進行溝通。
☐為了推動需要進行的改變與改進。

進行報告的另一個更微妙的原因是，為了獲得管理團隊更多的支持與投入，並保持專案的完整性。這份報告由專案管理人員擬訂，然後分發給組織中經過挑選的一群經理人。因此，報告的格式與範疇非常多樣化。

組織刊物及標準的溝通工具

要傳達給眾多的受眾，專案經理可以採用公司內部的刊物。

不論是通訊、雜誌、報紙或電子檔案,這些媒體通常都可以接觸到所有員工。假如能夠適當的溝通,資訊就能發揮相當的效用。不過,溝通的範疇應該局限於一般類的文章、宣佈與訪談。

電子郵件與電子媒體

網路上內部與外部的網頁、遍及全公司的內部網路及電子郵件,都是發佈結果、宣傳構想與將專案結果通知員工和其他目標群組的絕佳工具。尤其是電子郵件,更是對大批人員溝通與懇請回應的即時方法。

專案小冊子

一旦專案團隊成員達成卓越的成果,則一份小冊子可能就是持續溝通專案的適當工具。小冊子的內容必須吸引人,能夠就專案做完整的描述,而且假如可能,要有很大一部分談到之前的專案團隊成員獲得的結果。成員提供的可衡量的結果與反應,甚或是直接引用個人的言談,都可以增加小冊子的趣味性。

個案研究

個案研究可以有效地就專案結果進行溝通。因此,不妨把幾個已經在發展的專案,採取個案研究的方式進行。一個典型的個案研究,是描述出當時的狀況,提供適當的背景資料(包括導致介入的事件),呈現用來發展研究的技術與策略,還要凸顯專案的關鍵議題。個案研究敘述的是一個關於如何發展評估,以及一路上確認的問題和重要之事的有趣故事。

對組織而言,個案研究的運用有許多用途。第一,它可以運用在群組討論中,讓一群感興趣的人對教材有所反應,提供不同

表15-4 回饋行動計畫

資料蒐集項目	時機	回饋受眾	媒體	回饋的時機	需要採取的行動
1. 專案前調查 □氛圍／環境 □議題的確認	專案一開始	利害關係人團隊	會議	一週	無
		專案團隊成員	調查摘要	兩週	無
		團隊領導人	調查摘要	兩週	溝通回饋
		專案經理	會議	一週	調整方法
2. 執行調查 □對計畫的反應 □確認的議題	一開始實際執行時	利害關係人團隊	會議	一週	無
		專案團隊成員	調查摘要	兩週	無
		團隊領導人	調查摘要	兩週	溝通回饋
		專案經理	會議	一週	調整方法
3. 執行的反應 調查／訪談 □對解決方案的反應 □建議的改變	執行了一個月之後	利害關係人團隊	會議	一週	意見
		專案團隊成員	研究摘要	兩週	無
		支援人員	研究摘要	兩週	無
		團隊領導人	研究摘要	兩週	支持改變
		直屬經理	研究摘要	三週	支持改變
		專案經理	會議	三天	調整方法
4. 執行的回饋問卷 □反應（滿意度） □障礙 □預測的成功	執行結束時	利害關係人團隊	會議	一週	意見
		專案團隊成員	研究摘要	兩週	無
		支援人員	研究摘要	兩週	無
		團隊領導人	研究摘要	兩週	支持改變
		直屬經理	研究摘要	三週	支持改變
		顧問	會議	三天	調整方法

計分卡

的看法，並對各種方法或技術做出結論。第二，對想了解評估是如何發展、如何運用於組織中的人而言，個案研究可以當成自修的指南。最後，對實際參與案例的人而言，個案研究提供一個適當的體認。更重要的是，他們不但對達成結果的專案團隊成員有所認識，對於讓成員參與專案的經理也有些了解。個案研究的形式已經成為學習專案評估最有效的方式之一。

資訊的溝通

確實地傳達訊息，可能是溝通上的最大挑戰。傳達訊息的方式有很多種，環境的選擇要根據實際上要傳達的目標受眾及為傳達訊息所選擇的媒體而定。其中有三個方法值得多加探討。第一是，如何在整個專案期間提供回饋提供洞見，以確保資訊暢通，如此才能進行改變。第二個方法是，向資深管理團隊呈報影響研究。這對專案經理而言，或許是最具挑戰性的任務之一。第三，與高階主管團隊進行定期及例行溝通。接下來就這三種方法個別地深入探討。

提供回饋

蒐集反應、滿意度及學習資料的最重要原因之一，就是要提供回饋，如此才能在整個專案期間進行調整或改變。就大多數專案而言，資料的蒐集是例行性工作，而且要盡快與許多群組溝通。表15-4所示是一個回饋行動計畫，目的是選擇好多個媒體，以便提供給好幾個回饋受眾相關的資訊。

正如該計畫所示，在專案的四個特定時段蒐集資料，並向至少四組——有時高達六組——受眾溝通。在回饋期間，有時會確

向顧客提供專案回饋並溝通結果

認出需要採取的特定行動。整個流程會變得範圍相當廣泛,需要以主動積極的方式管理。以下推薦的步驟,形成一個回饋與管理回饋的流程,其中許多步驟與議題是依據彼得・博拉克(Peter Block)著名的暢銷書《完美的諮詢》(*Flawless Consulting*, 1981)推薦的。

1. **盡速溝通**。不論是好消息還是壞消息,重要的是讓參與專案的個人盡快獲得資訊。至於提供回饋的時間,通常是建議在得知結果後的幾天內,絕不能超過一或兩個星期。

2. **簡化資料**。將資料濃縮成容易理解、簡明扼要的形式,無需做詳盡的解說及分析。

3. **檢視專案經理及利害關係人在回饋狀況中扮演的角色**。有時候,專案經理就像法官,有時又像陪審團、檢察官、被告或證人。另一方面,利害關係人有時也扮演著法官、陪審團、檢察官、被告或證人的角色。重要的是,要根據他們對資料的反應及需要採取的行動,檢視他們個別的角色。

4. **以建設性的方式運用負面資料**。有些資料會顯示事情進行得並不順利,而且可能會把過錯歸咎於專案管理公司或利害關係人。不論是哪種情況,若能以「讓我們來檢視我們成功的地方」為開端,然後以「現在,我們知道有哪些地方需要改變了」做結尾,整個情勢就會為之改觀。

5. **謹慎運用正面資料**。假如在傳達正面資料時太過熱中,有可能會被誤導而產生過度預期的狀況。在呈報正面資料時應該謹慎——幾乎是要以打折扣的模式呈報。

6. **非常謹慎的選擇會議與溝通時的用語**。要使用描述性、焦點集中、清楚明確、簡短且簡單的用語。避免批判性、空

泛、陳腔濫調、冗長或複雜的用語。

7. **要求利害關係人對資料有所反應**。畢竟，最大的顧客就是利害關係人，最重要的莫過於他們對專案感到滿意，因此他們的反應至關重要。

8. **要求利害關係人提出建言**。對需要做哪些改變以促使專案不偏離目標，或是在偏離目標時把它拉回來，利害關係人可能會有一些很好的建議。

9. **運用支持及對抗時要小心謹慎**。這兩個議題並不一定互不相容。有時候，某一群組同時需要獲得支持及對抗，利害關係人就可能會在支持的情況下，仍然必須對抗缺乏改進或贊助。專案管理團隊則可能因為有些地方已經發生問題而遭到對抗，即使在這樣的情況下，仍需要支持。

10. **對資料做出反應並採取行動**。衡量各種方案及可能性，然後進行必要的調整與改變。

11. **向所有的利害關係人尋求共識**。這是確定每個人都願意進行必要的調整及改變的要素。

12. **回饋流程盡量保持簡短**。不要讓整個流程拖拖拉拉，好像永無止境的冗長會議或長篇大論的文件。果真如此，利害關係人會對這個流程避之唯恐不及，將來碰到同樣的流程更不會願意參加。

遵照這十二個步驟，不但能夠幫助專案向前推動，提供重要的回饋，而且通常可確保調整可以獲得支持，得以進行。

向管理階層呈報影響研究資料

向也是專案解決方案的利害關係人之一的管理團隊呈報影響

向顧客提供專案回饋並溝通結果

研究，可能是一項最具挑戰性且壓力最大的溝通。其中的挑戰在於，如何在有限的時間內凸顯重點，確定經理們能夠了解整個流程，好讓這個具有高度懷疑性及吹毛求疵的團隊相信，已經達成（假設）的結果是相當傑出的。其中有兩個議題特別具有挑戰性。第一，假如結果非常傑出，可能很難讓經理相信資料。另一種情況剛好相反，假如資料是負面的，又很難確保經理對負面的結果不會反應過度，並尋找代罪羔羊。以下的準則可以確保整個流程的計畫與執行的恰當：

☐計畫與資深的團隊成員就第一或第二重要的影響研究，召開面對面的會議。假如他們對整個專案管理計分卡所知不多，就有必要召開面對面會議，以確定他們對該流程有所了解。好消息是，由於他們尚未見識過這類專案投資報酬率的資料是如何發展出來的，因此大都會參加會議。壞消息是，這類的會議會耗時較久，通常要一到二小時。

☐若某個群組已召開過面對面的會議，進行了好幾次的簡報，則一份執行摘要或許就足夠了。因為此時他們對整個流程已有些了解，因此濃縮的版本就很恰當了。

☐即使目標受眾對整個流程已經相當熟悉，可能還是需要一個簡要的版本，大約是一到二頁的摘要，其中附有顯示六種衡量指標的圖表。

☐在準備初次簡報時，不要在會議之前或期間發放有關結果的報告，等會議結束時才發放。這麼做不但可以有足夠的時間簡報整個流程，也能在目標受眾看到實際的投資報酬率數字之前加以因應。

☐要step-by-step地簡報整個流程，以顯示資料如何蒐集、何時

蒐集、由誰提供，又是如何將資料與其影響因素分開，以及如何換算成金額。除了簡報各種的假設、調整及保守方法，還要加上專案的總成本。唯有在知道總體成本的情況下，目標受眾才會開始相信發展實際投資報酬率的整個流程。

□在確實呈報資料後，就要step-by-step地開始呈報結果，從層次一的結果開始一直呈報到層次五，最後以無形利益做為結束。這麼做，可以讓受眾對於反應與滿意度、學習、應用與執行、業務影響及投資報酬率有一定的了解。在討論過投資報酬率代表的意義後，接著呈報無形的衡量指標。對於向適當的受眾簡報每個層次的時間要分配好。如此，對克服受眾對於某個非常正面或負面的投資報酬率值可能產生的負面反應，會有很大的幫助。

□精確地顯示各項結果，如果這是一項議題的話。更精確及有效的反面，往往意謂著更昂貴。一旦有必要，就要針對這個議題加以處理；必要時，須就蒐集更多的資料達成共識。

□針對流程蒐集種種的有關事項、反應及議題，然後依此為下一次簡報進行調整。

整體而言，這些步驟有助於為整個流程中最重要的一場會議做好準備。

與高階管理階層和客戶溝通

就專案解決方案的結果進行溝通而言，高階主管無疑是最重要的一個群組。多數的情況是，這個群組同時也是利害關係人之一。要改善與這個群組的溝通，就必須擬訂一個整體策略，其中可能包括接下來要討論的所有或部分行動。

加強與主管的關係

負責專案解決方案的專案經理，應該與採行該專案的當地高階主管建立一個非正式且富成效的關係。雙方對各項需求與專案結果進行的討論，都應該感到自在。方法之一是經常與主管舉行非正式會議，檢討目前專案的問題，並就組織中其他的績效問題／機會進行討論。坦承公開的討論可提供主管其他地方得不到的見解。同時，這對專案管理組織決定專案的方向有很大的幫助。

顯示何以專案有助於重大問題的解決

就算最近幾個專案的硬性結果能夠讓主管安心，但可以解決眼前問題的解決方案卻更具說服力。這是一個討論可能未來會介入的絕佳機會。

發送專案管理解決方案結果的備忘錄

當專案管理解決方案已經達成重大結果時，要讓適當的高階主管知道。這並不難，只需編製一份簡要的備忘錄或摘要，概述解決方案應該達成的目標、何時執行的、參與該解決方案的人及已達成的結果即可。而且應該是以「報告」（for-you-information）的格式呈現，也就是述說事實，而非意見。一份完整的報告可以在稍後呈報。

所有關於專案、計畫、活動及結果的重要溝通，應該將主管群組包含在內。經常傳達有關專案的資訊，只要不是誇大不實，都能提昇可信度與成就。

要求主管參與檢討會議

要加強高階主管對專案的投入，要求他們加入專案檢討委員會是有效的方法。檢討委員會可以針對各種議題，包括需求、目

前專案碰到的問題及專案評估等議題，向專案人員提供意見與忠告。這個委員會對讓主管知道專案目前達成的結果大有幫助。

就溝通的反應進行分析

管理團隊的投入與支持程度，是解決方案結果的溝通成效的最佳指標。對所要求的資源做分配與高階管理階層的強力投入，是管理階層對結果認知的具體證據。除了這種大程度的反應，專案經理還可以運用一些技術衡量他們溝通的有效性。

每次溝通結果時，就可以監測目標受眾的反應，可能包括非語言的示意、口頭評論、書面意見或間接的行動，來顯示接受溝通的成效。通常在會議中呈報結果時，做簡報的人多少會感覺到對方對結果的接受態度；通常也可以很快地就受眾的興趣與態度進行評估。

進行簡報期間，別人可能會問一些問題，甚或有時候會對所傳達的資訊提出質疑。此外，把這些質疑與問題列表，在未來的溝通中納入這類資訊的評估，會有很大的幫助。有關結果的正面意見，當然是做簡報的人想要的，因此不管是正式或非正式的意見，都應該強調並列表。

專案人員會議是個討論對溝通結果的反應的絕佳場所。意見的來源可能很多，要視其特定的目標受眾而定。將各個成員的意見製成摘要，有助於整體成效的評斷。

在溝通大型計畫各項結果時，不妨對全部或部分抽樣的受眾採用回饋問卷。問卷的目的是用來確定受眾對簡報的資訊了解和／或相信的程度。唯有當溝通的成效對專案管理組織的未來行動有重大影響時，這麼做才有實用價值。

向顧客提供專案回饋並溝通結果

另一個方法是對管理階層群組進行調查，以確定他們對各項結果的認知。而且應該提出與結果有關的特定問題：管理階層對結果的認知為何？這些結果的可信度如何？想多知道哪些有關該專案的資訊？這類調查有助於溝通各項結果時提供一些指導。

對反應進行分析的目的是，在溝通的過程中進行調整——假如有必要調整的話。雖然反應可能包括一些直覺性評價，然而一個更為複雜的分析可提供更精確的資訊以進行調整。最終結果應該是一個更為有效的溝通過程。

向利害關係人提供回饋及溝通的捷徑

雖然本章針對所有類型的專案介紹了所有可能的做法，但若是碰到小型及低成本的專案任務時，採用簡便快捷的方法可能更合適。接下來，我們將用最短的時間講述下面五個議題。

1. 可以做很簡單的規畫，只佔整個評估規畫文件的一小段落。這有助於讓會收到這份文件、閱讀資料的人達成共識。

2. 在專案進行期間提供的回饋應簡化，可採用問卷，接著召開一個簡短的會議，溝通結果。這幾乎可以算是非正式會議，但是應盡可能的處理本章提出的所有議題。最重要的是，應該盡量簡單，如有必要，還應該引導出行動。

3. 應該發展一個影響研究以顯示專案實際成功的情況，最好是把六種資料都納入。假如某些種類的資料已經排除，還是應該運用可取得的資料來發展影響研究，而且在本章提到的適當領域或主題，也應該在影響研究之內。

4. 這份影響研究的結果，應該以面對面的會議呈報給利害關係

計分卡

人；假如主管群組並非利害關係人，不妨也向他們報告。這類的會議通常很容易安排時間，而且利害關係人與專案經理都會認為這是必要的。一個小時的會議就足以呈現專案的結果，並且回應各種的議題。在召開這類會議時，採用本章提到的建議，對這類情況會有很大的幫助。

5. 保留影響研究的資料做為行銷之用。從專案經理的角度看，這是非常棒的行銷資料，可以採用一般的方式說服他人這次的專案是成功的。從利害關係人的角度看，這是一份歷史文件，可為成功留下一個永久的記錄，並做為未來的參考。在溝通過去的研究結果時，應尊重客戶的隱私，並且要保護敏感的資訊。

結語

本章是針對專案的會計責任，探討結果取向的方法之最後步驟。在整個評估流程中，溝通結果是個非常重要的步驟，假如不夠嚴謹，就無法理解結果的整個影響。本章就計畫的結果進行溝通的一般原則為開端，接著提到可以做為任何重大溝通準則的溝通模式。在討論到各種目標受眾時，因為主管群組的重要性而特別強調；同時針對一份詳細的評估報告提供一個建議版本。本章的其他部分則詳細地介紹溝通專案結果時普遍採用的媒體，包括會議、客戶刊物及電子媒體，並列舉許多例子闡明這些概念。

延伸閱讀

Bleech, J.M. and D.G. Mutchler. *Let's Get Results, Not Excuses!* Hollywood, FL: Lifetime Books Inc., 1995.

Block, Peter. *Flawless Consulting.* San Diego: Pfeiffer and Co., 1981.

Connors, R., T. Smith, and C. Hickman. *The OZ Principle.* Englewood Cliffs, NJ: Prentice Hall, 1994.

Fradette, Michael and Steve Michaud. *The Power of Corporate Kinetics: Create the Self-Adapting, Self-Renewing, Instant-Action Enterprise.* New York: Simon & Schuster, 1998.

Fuller, Jim. *Managing Performance Improvement Projects: Preparing, Planning, and Implementing.* San Francisco: Pfeiffer and Co., 1997.

Hale, Judith. *The Performance Consultant's Fieldbook: Tools and Techniques for Improving Organizations and People.* San Francisco: Jossey-Bass/Pfeiffer, 1998.

Kaufman, Roger, Sivasailam Thiagarajan, and Paula MacGillis. *The Guidebook for Performance Improvement: Working with Individuals and Organizations.* San Francisco: Pfeiffer and Co., 1997.

Kaufman, Roger. *Strategic Thinking: A Guide to Identifying and Solving Problems.* Washington, DC: American Society for Training and Development/International Society for Performance Improvement, 1996.

Kraut, A.I. *Organizational Surveys.* San Francisco: Jossey-Bass Publishers, 1996.

Labovitz, George and Victor Rasansky. *The Power of Alignment: How Great Companies Stay Centered and Accomplish Extraordinary Things.* New York: John Wiley & Sons, 1997.

Langdon, Danny G. *The New Language of Work.* Amherst, MA: HRD Press, Inc., 1995.

Phillips, Jack J. *The Consultant's Scorecard.* New York: McGraw-Hill, 2000.

Sujansky, J.C. *The Power of Partnering.* San Diego: Pfeiffer & Co., 1991.

第 十六 章

克服阻力與障礙

　　除非能夠有效地整合在組織中，否則設計再完善的流程、模式或技術，都毫無價值可言。通常，不論利害關係人、專案經理還是專案管理團隊，都會對專案管理計分卡有所抗拒。有些抗拒是因為恐懼及誤解，有些則是因為實際的障礙與藩籬。雖然本書是以step-by-step、有組織及簡單的程序介紹專案管理計分卡的流程，但假使沒有經過適當的整合，組織中必須以之運用在工作上的那些人又未能全盤接受、支持，這套流程也可能會失敗。本章的重點是，在執行專案管理計分卡時，組織及專案管理公司要克服阻力所需處理的關鍵議題。

克服阻力為何值得關切？

　　一旦出現新的流程或改變，就一定會有阻力產生；尤其是在執行計算專案管理計分卡這類複雜的流程時，阻力更是特別大。為何需要一個詳細的計畫以克服阻力，有四個主要的理由。

阻力一直存在

只要碰到改變，就會有阻力。有時，阻力有其正當理由，但通常都是基於錯誤的理由。重點在於把這兩種理由分類，然後努力破除迷思。當法律上的障礙是阻力的主因時，想要把這種阻力減至最小或是移除，都是一大挑戰。

執行是關鍵

就和其他流程一樣，有效地執行是成功之鑰。要把新技術或工具與例行架構整合在一起，執行就是一個很重要的關鍵。若是缺乏有效的執行，再好的流程也終將失敗。一個從未付諸實施的流程，永遠無法被人了解、支持或改善。要設計一個全面性的執行流程，必須具備清楚明白的步驟，才能克服阻力。

必須具備一致性

當各個研究都在實施此一流程時，一致性就是重要的考量。有了一致性，才能達到精確可靠的地步。唯一能夠確保達成一致性的方法是，每一次採用專案管理計分卡時，都遵循界定得非常清楚的流程和程序。正確的執行可確保達成此一目標。

效率

成本控制與效率一直是所有大型計畫的議題，專案管理計分卡也不例外。在執行時，必須確保是以高效率的方式完成任務。這對確保流程成本壓至最低且時間運用得恰到好處，有很大的幫助。

克服阻力的方法

阻力的形態有許多種：批評、評論、行動或行為等。表16-1所示，是一些公開抗拒專案管理計分卡的批評，每項批評代表需要解決或處理的議題。有些批評是根據實際上的障礙，有些則是根據一些必須破除的迷思。有時候，對於流程的抗拒代表一些潛藏但需要關切的重要事項。可能是參與者害怕無法掌控他們的流程，有些人是害怕萬一流程失敗，會因為所採取的行動而身受其害。還有些人則對任何會帶來改變或需要多加學習的流程都憂心忡忡。

本書提到的目標受眾中，有兩個主要受眾會出現抗拒態度。專案管理公司可能會碰到的阻力是，許多專案經理不但會抗拒專

表16-1　專案管理計分卡的典型異議

公開的抗拒

1. 花費太高。
2. 需要投入的時間太多。
3. 是誰要求進行這個專案管理計分卡的？
4. 這不屬於我的職責範圍。
5. 我對這方面沒有意見。
6. 我對這個不了解。
7. 要是結果是負面的，會有什麼樣的狀況？
8. 我們如何和這個專案管理計分卡共存共榮？
9. 這個專案管理計分卡過於主觀。
10. 我們的經理不會支持這個專案管理計分卡。
11. 投資報酬率是一個太過狹隘的焦點。
12. 不切實際。

案管理計分卡，還會公開發表類似表16-1列舉的批評。要說服這些在專案管理公司任職的人，這個流程不但必須做也應該做，而且由他們負責是對他們最有利的，可能需要強力的遊說，並佐以各種有形利益的證據。另一個主要的受眾，則是採行專案組織中的利害關係人，也會體驗到阻力。雖然大多數的利害關係人會希望看到專案的結果，但對於要求他們提供資訊，以及他們的表現會在整個專案評估中被評斷，感到有些憂心。事實上，他們也可能會出現表16-1列舉的恐懼。

其中的挑戰在於，專案管理公司和利害關係人要以有組織且一致性的方式執行流程，如此才能讓這個流程變成一般的商業行為，並內建於專案中的一個例行的標準程序。執行必須克服的阻力包括許多領域。圖16-1所示是本章提到的九大行動，可做為克服阻力的建構基石。它們都是建立適當基石或架構以破除迷思，並且除去或把實際的障礙減至最低的必要行動。接下來，本章將依圖16-1確認的九大建構基石發展出來的策略與技術，逐一討論。我們會同時應用在專案管理公司及利害關係人的組織中，而不是分開討論。在某些情況下，某種策略最適用於專案管理公司，其他的策略則可能比較適用於利害關係人的組織。事實上，在某些特定的狀況下，這九大建構基石對這兩大群組都適用。

制訂角色與職責

針對諸多的阻力因素，把不同的群組和個人的角色和職責界定清楚，並且做詳細的解說，為之後的執行鋪出一道坦途。我們在這個部分，將就四個主要的議題討論。

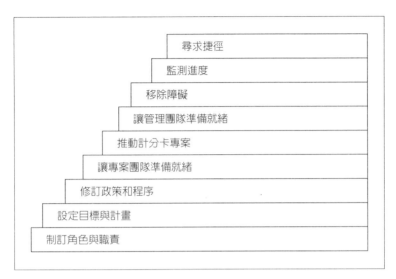

圖16-1　為專案管理計分卡爭取支持的策略

確立一位倡導者

流程一開始，應該指派一或多位人士擔任專案管理計分卡流程的內部領導人或倡導者，就像大多數的變革行動，一定要有人挑起重責大任，以確保流程能夠順利執行。這位領導人就像專案管理計分卡的倡導者，而且通常是由最了解這套流程並知道它可能會產生很大貢獻的人擔任。更重要的是，這位領導人願意教導他人，而且會努力地持續爭取贊助。

這位計分卡領導人不但要是專案團隊的成員之一，而且通常是大型專案管理公司的全職人員或較小型組織的兼職人員。組織本身或許也會指派一位領導人，從利害關係人的立場來實施專案管理計分卡。擔任全職的專案管理計分卡領導人，典型的工作職稱是「衡量與評估經理」。有些組織會把此一責任指派給一個團

克服阻力與障礙

隊，並授權給該團隊來主導計分卡的工作。

培育計分卡的領導人

為了替這項任務打好基礎，通常參與者會接受特別的訓練，以建立專案管理計分卡流程方面的特別技能與知識。計分卡領導人的角色頗為寬廣，並擔負許多專門的職務。如表16-2所示，在某些組織中，計分卡領導人所擔任的角色可能多達十四種。

領導專案管理計分卡的工作是既艱難又富挑戰性的任務，需要建立特殊的技能。慶幸的是，現在有教授這些技能的課程。譬如，有某種課程就是頒給有資格擔任執行計分卡流程領導人角色的合格證書。這份證書的頒發是根據十大與成功執行專案計分卡有關的配套技能。包括：

1. 投資報酬率計算的規畫。
2. 蒐集評估資料。
3. 把專案管理解決方案的影響分離出來。
4. 把資料換算成金額。
5. 監測專案成本。

表16-2　計分卡領導人的角色

技術專家	啦啦隊長
顧問	溝通者
問題解決者	流程監測
推動者	規畫者
設計師	分析師
開發者	說明者
協調者	教導者

6.分析資料，包括投資報酬率的計算。

　　7.呈報評估資料。

　　8.執行專案管理計分卡。

　　9.提供內部的專案管理評估教育及意見。

　　10.教導他人專案管理計分卡。

　　這套流程幾乎無所不包，但或許還需要建立適當的技能以處理這項富挑戰性的任務。

建立任務小組

　　要讓整個流程運作順暢，可能需要採行任務小組的編制。任務小組通常是指一群負責專案管理流程各個部分的人，他們願意為組織發展並執行專案管理計分卡流程。任務小組的挑選可能是採取志願式，也可能是強制參與，端視職責而定。任務小組應該代表為達成所宣稱的目標而組成的必要性跨部門小組。任務小組的另一個好處是，帶領更多的人參與流程，並且讓他們對專案管理計分卡流程感到擁有更多的主導權而加以支持。任務小組的規模必須夠大到足以涵括許多關鍵領域，但又不會過於累贅及難以運作，我們的建議是六到十二個成員。對組織來說，可能也需要用同樣的方法，利用任務小組來評估專案的活動及其他流程。

分派責任

　　確定明確的責任是至關重要的議題，因為當人員不清楚他們在專案管理計分卡中的明確任務時，會變得一團亂。責任應用在兩大方面：第一是整個專案管理團隊的衡量與評估的責任。每個參與專案的人都要負起一些衡量與評估的責任，這一點很重要。

這些責任包括：提供工具的設計、特定評估的規畫、資料分析及詮釋結果等方面的意見。典型的責任包括：

□確定需求評估，包括特定的業務影響衡量指標。
□針對每項專案，發展特定的應用與執行目標（層次三）及業務影響目標（層次四）。
□把專案的內容重點放在績效改進上，確保種種的行動、個案研究及技能運用都與想達成的目標相關。
□讓專案團隊成員一直專注於應用與影響的目標上。
□針對評估的合理性及理由進行溝通。
□協助後續追蹤活動，以取得應用與業務影響方面的資料。
□針對資料蒐集、資料分析及報告，提供技術上的協助。
□針對資料的蒐集與分析，設計各種工具並加以規畫。

　　雖然讓每位成員參與所有的活動可能並不恰當，但是每個人至少都要負起一或多個責任，做為他例行職責的一部分。責任的分派可以預防專案管理計分卡支離破碎，並與主要的專案活動分開。更重要的是，那些直接參與專案的人都要負起會計責任。

　　另一個議題則與技術支援的功能有關。若能集結一群技術專家，提供專案管理計分卡流程方面的協助，會有相當大的幫助，但這又取決於專案管理公司或採行專案的組織的規模。這個小組一旦設立，有一件事必須界定清楚：這些專家並不能分擔其他人的評估責任，而是在於補強技術方面的專業知識。一旦這樣的支援建立，有六個重要領域的責任需要仔細斟酌：

1. 設計資料蒐集的工具。
2. 針對評估策略的發展提供協助。

3. 分析資料，包括專門的統計分析。

4. 就結果進行說明，並提出明確的建議。

5. 擬訂一份評估報告或個案研究，溝通整體結果。

6. 針對專案管理計分卡流程提供全方位的技術支援。

評估責任的分派也是整個評估流程中需要高度關注的議題。雖然專案團隊在評估期間必須有明確的責任，但是要求其他扮演支援角色的人也要負責蒐集資料並非不尋常。在發展某項特別的評估策略計畫，而且獲得核准的同時，這些責任就要界定清楚。

設定目標與計畫

設定目的及目標，對執行至關重要。這意謂著不論是整個流程或個別的計分卡專案，都要有詳細的規畫文件。接下來，我們將針對與目標與計畫有關的關鍵性議題進行探討。

設定評估的目標

根據評估的層次設定特定的目標，是改進衡量與評估的一個重要方法。目標對象可以讓專案人員知道該把焦點放在特定評估層次所需的改進上。在這個流程中，會制訂出每個層次的評估計畫佔整個專案的比例。第一步是評估現狀，把所有專案的件數，包括不斷重複、性質類似的專案，以及每項專案目前進行的同一層次的評估，都加以列表。接下來，利用反應問卷計算出專案的比例，大概是100%。每個評估層次都要重複這樣的流程。

詳述現狀之後，下一步就是要在一定的時間內，決定實際的目標。許多組織都會為各項改變設定年度目標。這個流程應該加

入整個專案團隊的意見，以確保設定的目標是實際的，而且專案人員會全力投入這個流程。假如專案團隊覺得對這個流程沒有主導權，目標終將無法達成。設定的改進目標必須是可達成的，同時又具備挑戰性及激勵性。

設定目標是個重要的執行議題，而且應該在專案團隊全力的支持下，在流程初期就完成。同樣的，假如實際且可行，設定的目標應該經過主要經理人的核准——尤其是資深管理團隊。

針對執行發展一套專案計畫

針對整個執行流程設定時間表，是執行很重要的一部分。這份文件會成為在本章提到的完成各種元素的總計畫書，從分派責任開始，到前面提到的達成目標為止。從實際的角度看，這份時程表就是從現狀轉移到想要的未來狀況的一個專案計畫。這份時程表的項目包括發展特定的計分卡專案、培養人員的技能、制訂政策、教導經理人這套流程、分析資料及溝通結果等，不過項目不限於此。文件的內容越詳細，幫助就越大。這套專案計畫書是一份實施中的長程文件，應該經常檢討，並進行必要的調整。更重要的是，負責執行專案管理計分卡的人一定要對這套計畫非常熟稔。圖16-2的例子，是一家大型石油公司擬訂的一個專案管理計分卡的執行專案計畫。

修訂／制訂政策與準則

規畫的另一個重要部分，就是修訂（或制訂）組織中與專案衡量和評估有關的政策，這通常是專案經理的工作。這份政策聲明包含特別針對衡量與評估的流程所發展的資訊，通常會在取得

	一月	二月	三月	四月	五月	六月	七月	八月	九月	十月	十一月	十二月	一月	二月	三月	四月	五月	六月	七月	八月	九月	十月	十一月
建立團隊	■																						
界定責任		■																					
制訂政策			■	■																			
設定目標				■																			
設置研習會					■	■																	
計分卡專案（A）						■	■	■															
計分卡專案（B）								■	■	■													
計分卡專案（C）										■	■	■											
計分卡專案（D）												■	■	■	■								
專案團隊培訓							■	■															
經理人培訓																				■	■		
開發支援工具			■	■																			
發展評估準則		■	■	■	■																		

圖16-2　專案管理計分卡執行計畫

專案團隊與主要經理人或利害關係人的意見後加以修訂。有時，會在建立衡量與評估技能的內部研習會中處理政策的議題。政策聲明提及的關鍵性議題，會影響到衡量與評估流程的成效。典型的議題包括：採用本書提到的五個層次的架構，某些或所有的專案需要設定的層次三及層次四之目標，以及針對專案的發展來界定責任。

　　政策聲明非常重要：它為專案人員及工作上與專案管理計分卡關係密切的其他人提供準則與方向。若這些人能夠讓整個流程集中焦點，小組人員才能設定評估的目標。政策聲明同時也提供一個依據績效與會計責任就各項基本要求和基本議題進行溝通的機會。最重要的是，它可以做為教導他人學習的工具，尤其是以集體通力合作的方式制訂政策時。假如政策聲明是以孤立的方式

制訂的，將導致專案人員與管理階層無法擁有主導權的感受，則這份聲明對他們而言，既沒有效用也毫無幫助。

衡量與評估的準則，對顯示如何利用工具與技術、指導設計流程、提供專案管理計分卡流程的一致性、確保採用適當的方法，以及強調應該強調的各個領域，是非常重要的。與政策聲明相比，這份準則屬於比較技術性的，而且經常包含顯示如何實際開始及發展流程的詳細程序。其中通常包括推動流程所需的特定表格、指示說明及工具。

讓管理團隊準備就緒

專案經理往往會抗拒專案管理計分卡，視評估為侵犯責任、耗費時間及抑制創意自由的不必要工作。卡通人物波哥（Pogo）說得好：「我們已經見過敵人了，那就是我們自己。」接下來這部分將講述讓專案團隊為執行專案管理計分卡做好準備時，必須處理的重要議題。

專案人員的參與

碰到關鍵性議題或是重大決定時，應該讓專案人員參與該流程。舉凡政策聲明的準備及評估準則的制訂，專案人員的意見是絕對必要的。專案人員很難抗拒有助於設計與發展的事。利用會議、腦力激盪討論會和任務小組的編制，務必讓專案人員參與發展專案管理計分卡架構及其支援文件的每個階段。

把計分卡當成學習工具

專案團隊會抗拒專案管理計分卡的理由之一是，專案的效益

會完全曝露，讓專案管理組織的信譽立即受到挑戰。該組織害怕會失敗。要克服這一點，至少在專案執行的頭幾年，應該清楚地把專案管理計分卡定位成學習而非評估專案團隊表現的工具。專案經理對發展一個可能用來對付自己的流程，是不會感興趣的。

不論成功或失敗，評估者都獲益良多。萬一專案行不通，最好是盡快發現，對其中的問題有第一手的了解，而不是透過他人得知。萬一專案毫無效益，而且沒有產生預期的結果，利害關係人和／或管理團隊就算當時不知情，遲早也會知道的。若是毫無成果，將導致經理們對專案採取比較不支持的態度。假如能夠找出專案的缺點，並盡速調整，那麼不但專案可以發展得更有效，專案管理所獲得的可信度與尊重也會增加。

教導團隊

專案團隊在衡量與評估方面的技能通常不足，因此需要培養流程方面的專業知識。衡量與評估不一定屬於專案經理養成教育中的正式部分。因此，必須提供每位專案團隊成員有關專案管理計分卡的訓練，學習它系統化的步驟。此外，專案經理必須知道如何發展評估策略與特定的計畫，蒐集並分析評估的資料，以及就資料分析來解釋各項結果。有時需要舉辦一至兩天的研習會，建立適當的技能與知識，以便對流程有所了解，認識到流程能為專案經理與組織帶來的好處，明白其中的必要之處，並參與一次成功的執行。

推動計分卡專案

推動一個專案，並把投資報酬率的計算納入規畫中，大概是

專案管理計分卡的第一個具體證據。本節將探討如何找出要執行的專案，並確定它們緊隨目標的關鍵議題。

選擇要推行的專案

選擇一項專案實施計分卡這個議題不但非常重要，而且攸關成敗。為了進行全面性的詳細分析，所選擇的專案應該只限於某些特定類型。選擇專案時，根據分析找出所要執行的專案之基本準則如下：

☐ 需要大批員工的參與。
☐ 與重大的經營問題／機會相關。
☐ 對整體的策略目標非常重要。
☐ 成本很高。
☐ 很耗費時間。
☐ 能見度很高。
☐ 管理階層有意對其加以評估。

專案經理須利用與以上類似的準則，選擇適當的專案實施專案管理計分卡。理想上，管理階層應該會贊同、核准這些準則。

接下來的重要步驟是，決定一開始要進行幾個專案、要在哪些領域中推行。一開始推動的專案件數最好不要太多，大約是兩到三件。所選擇的專案可能代表了企業經營的職能範圍，像是營運、銷售、財務、工程及資訊系統；另一個方法則是選擇代表專案管理職能範圍的專案，如生產力的改進、再造、品質的提昇、技術的實施與重大的變革。重要的是，所選擇的件數必須是可以管理的，如此流程才得以執行。

報告進度

一旦展開專案的發展及計分卡的實施，就應該與適當的團隊成員召開現狀會議，報告進度並討論重要的議題。譬如選擇的是一項與營運有關的專案，則主要的人員要定期聚會，討論專案的現狀。這不但可以讓專案團隊把焦點放在重要的議題上，對特定的問題和障礙之處理也能激盪出很棒的想法，而且為將來介入時能執行更好的評估奠定知識的基礎。有時會聘請一位外部顧問協助這個小組，他極可能是專案管理計分卡方面的專家；有些情況則是請內部的領導人協助。

基本上，這些會議有三大目的：報告進度、學習及規畫。這類會議通常會從報告每一項計分卡的現狀開始，描述自上次會議至今所達成的事項。接下來討論碰到的障礙與問題，其間會插入可能的戰術、技術或工具這方面的新議題。同時，整個小組會討論如何移除障礙，並把焦點放在對接下來的步驟的意見與建議，包括發展特定的計畫。最後就是決定接下來要實施的步驟。

讓管理團隊準備就緒

專案管理計分卡中最重要的群組莫過於管理團隊，他們為了支持專案，必須進行資源的分配。此外，管理團隊經常會提供專案管理計分卡方面的意見和協助。針對管理團隊的訓練及發展所採取的特別行動，在規畫和執行時都要謹慎小心。

開始進行專案前必須處理的一個重要議題是，專案團隊與主要的經理人的關係。要建立一個富成效的夥伴關係，雙方都必須了解對方關切的事情、問題及機會。發展這樣的關係是一個長期

的過程，必須由主要的專案經理慎重地規畫與推動。有時候，決定要不要對某項專案投入資源與支援，是根據此種關係的效能而定的。

專案管理的整體重要性

必須讓經理人相信專案管理是一個主流的職能，而且對現代組織日益重要，影響力也越來越大。對於今日先進的專案管理公司採用的結果取向的方法，他們必須有所了解。經理人應該把專案視為組織中不可或缺的流程，要有能力描述整個流程如何對策略和營運的目標產生貢獻，而且要出示來自組織的資料，以顯示組織中各項專案所佔的範疇。管理高層對流程所承諾的具體證據，則應該以備忘錄、指示或由執行長或其他適當的高階主管簽署的政策等形式呈現。同時也要分享外部資料，說明專案預算的成長及專案管理日益增加的重要性。

專案管理的影響

經理人對專案管理能否成功經常是不確定的。經理人必須有能力辨識出衡量影響的步驟，這裡的影響是指專案管理對重要產出變數的影響。各項報告與研究都應該呈報，以顯示專案採用衡量指標的影響，這裡的衡量指標包括生產力、品質、成本、回應時間及顧客滿意度。如果拿得到，也應該把內部評估報告呈報給經理人，以揭示有關專案管理在組織中造成的顯著不同，做為令人信服的證據。假如沒有內部報告，不妨利用其他組織的成功故事或個案研究。必須讓經理人相信專案管理是成功而且是結果取向的工具──不只有助於變革，還可以達成極為重要的組織目標和目的。

管理專案的責任

確定專案中的哪些領域由哪些人負責，是專案成功的重要關鍵。經理人應該清楚自己的責任，知道他們對於專案管理的影響力，並且了解未來他們必須承擔多大的責任。目前專案管理的多重責任正受到大力提倡，包括經理人、專案團隊成員、成員的主管及專案經理等人的個別責任。有些組織為了反映專案管理的責任，會修訂工作性質。有些組織則是為了凸顯專案的管理責任，設定所謂的與工作相關的重大目標。

積極參與

要強化經理人對專案管理計分卡的支持，最重要的方法之一是，讓他們積極參與流程，承諾將來會以某種方式積極參與。圖16-3所示是某家公司經理人參與的幾種形式，其中的資訊都要呈

下面顯示的是現在和未來專案會涉及的領域。請在你打算參與的領域方格中打勾。

	屬於你的領域	不屬於你的領域
☐ 就專案需求分析提供意見	☐	☐
☐ 擔任專案諮詢委員會的委員	☐	☐
☐ 就專案管理設計提供意見	☐	☐
☐ 做為一個主題專家	☐	☐
☐ 擔任發展專案的任務小組成員	☐	☐
☐ 當你的屬下參與專案解決方案時提供增援	☐	☐
☐ 負責專案解決方案的協調工作	☐	☐
☐ 對專案評估或後續追蹤提供協助	☐	☐

圖16-3　參與專案管理工作的可能性

報給經理人，並要求他們承諾至少參與某一領域。在對這些領域進行詳盡解說與討論後，要求每位經理人選擇一或多種他將來參與專案的方式，還需要他們簽署承諾至少會扮演某種參與的角色。假如運用得當，這些承諾會是管理團隊提供意見及協助的一個豐富來源。有鑑於會有許多人提議參與，因此建議對所有的參與都進行快速的後續追蹤。

移除障礙

一旦開始實施專案管理計分卡流程，就會出現阻滯進度的障礙。本章提到的許多恐懼或許都是有根據的——雖然有些恐懼或誤解並不是。努力破除迷思，並移除或減少障礙、藩籬，都屬於執行的一部分。這些迷思應該在組織中討論及辯論，才能降低其影響，至少專案經理或其他專案支援人員是如此認為。

監測進度

執行流程的最後一個部分是：監測整個進度並進行溝通。它是整個流程經常被忽略的部分，不過只要擬訂一個有效的溝通計畫，就有助於按照目標執行，並且讓其他人知道專案管理計分卡流程為專案管理組織及客戶的組織達到的成就。

這份專案管理計分卡執行的初步時程表，提供許多關鍵事件或里程碑。應該發展出例行的進度報告，以便就現狀及這些事件或里程碑的進度進行溝通。通常是每隔六個月擬訂一份報告，但短期的專案應該更頻繁。專案團隊和資深經理人是進度報告極為重要的兩個目標受眾。應該讓整個專案團隊隨時知道進度，而資

深經理人需要知道的，是專案管理計分卡執行的程度及對組織的影響。

尋求讓計分卡流程順利運作的捷徑

要處理有關專案管理計分卡過度耗費時間與資源的問題，持續尋求讓流程順利運作的捷徑就顯得很重要。本書幾乎每一章都會提到應用和執行專案管理計分卡時，節省時間和成本的捷徑。若能把發展這些捷徑的關鍵性議題編寫成摘要，一定大有幫助。在還未再版之前，立即就這些捷徑進行檢討，或許也有些幫助。此外，在每章最後，都會有一段達成該章目標的捷徑。整體而言，在節省時間與降低成本方面是有許多捷徑，而且不致於嚴重破壞專案管理計分卡的效益。

結語

總括來說，專案管理計分卡的執行是一個非常重要的議題。假如無法以一種有系統、合理而且有計畫的方式執行，專案管理計分卡就無法成為專案管理的一個組成部分，而專案的會計責任也會因此遭受其害。最後這一章提到的各種必須考慮的元素及必須處理的議題，是要確保執行能夠順利完成，進而提供專案管理計分卡的完全整合，這也是專案管理流程中的一個主流活動。

延伸閱讀

Esque, Timm J. and Patricia A. Patterson. *Getting Results: Case Studies in Performance Improvement*. Vol. 1. Washington, DC: HRD Press, Inc./International Society for Performance Improvement, 1998.

Fuller, Jim. *Managing Performance Improvement Projects: Preparing, Planning, and Implementing*. San Francisco: Pfeiffer and Co., 1997.

Kaufman, Roger, Sivasailam Thiagarajan, and Paula MacGillis. *The Guidebook for Performance Improvement: Working with Individuals and Organizations*. San Francisco: Pfeiffer and Co., 1997.

Labovitz, George and Victor Rasansky. *The Power of Alignment: How Great Companies Stay Centered and Accomplish Extraordinary Things*. New York: John Wiley & Sons, 1997.

LaGrossa, Virginia and Suzanne Saxe. *The Consultative Approach: Partnering for Results!* San Francisco: Jossey-Bass/Pfeiffer, 1998.

Langley, Gerald J., Kevin M. Nolan, Thomas W. Nolan, Clifford L. Norman, and Lloyd P. Provost. *The Improvement Guide: A Practical Approach to Enhancing Organizational Performance*. San Francisco: Jossey-Bass Publishers, 1996.

Rackham, Neil, Lawrence Friedman, and Richard Ruff. *Getting Partnering Right: How Market Leaders Are Creating Long-Term Competitive Advantage*. New York: McGraw-Hill, 1996.

Segil, Larraine. *Intelligent Business Alliances: How to Profit Using Today's Most Important Strategic Tool*. New York: Times Business/Random House, 1996.

Redwood, Stephen, Charles Goldwasser, and Simon Street/PricewaterhouseCoopers. *Practical Strategies for Making Your Corporate Transformation a Success: Action Management*. New York: John Wiley & Sons, 1999.

Trout, Jack and Steve Rivkin. *The Power of Simplicity: A Management Guide to Cutting Through the Nonsense and Doing Things Right*. New York: McGraw-Hill, 1999.

建立有效的專案管理文化

羅伯・哈比

富蘭克林柯維顧問公司

專案管理實務、諮詢暨技術部門主任

卡蘿・梅爾（Carol Meyer）

亞培製藥公司

　　獻給那些打算設立專案／計畫管理辦公室，實踐專案管理，或是設立專案卓越中心，以及那些想在組織中建立真正有效的專案管理的人。

　　Just Do It……，對專案管理而言，這可能是最危險的一句話。這句話拜耐吉（Nike Corporation）的廣告宣傳所賜，在1990年代大為風行，但為什麼對那些執行專案的組織而言就不適用呢？很簡單！有些組織砸下數十億美元「Just Do It」，卻在不對的時機以錯誤的方式做一些不對的事。這些組織往往立即埋首於

執行，卻忽略或不了解應該把整個專案管理視為一種實踐，在執行之前必須經過諸多的重要步驟。我們有幸與數百家組織、好幾千人共同執行過有效的專案管理，就看過這種以企業精神為掩飾的錯誤做法。這讓人想起一個專案領導人的故事，他對他的工程師說：「你儘管開始開發，我去問問客戶看他真正需要些什麼。」

要知道有效地執行專案管理，必須具備一些流程、工具及技能的架構，才能不斷給予支持，確保專案管理的成功。再加上清楚地界定任務、願景與策略，做為專案決策的第一道濾網，組織才能跳脫「Just Do It」的心態，而在正確的時機以正確的方式進行正確的專案。這一切都是在把貴組織的價值極大化。

許多費盡周章維持並提昇競爭力、擴展市場的公司，都無可避免地面臨把執行專案管理視為一種實踐。這有許多不同的形態與形式，端視企業的性質及組織的成熟度而定。

有些組織急於設立有效的專案管理辦公室，或只是選派領導人／經理人來管理他們現有責任以外的跨部門專案。不論組織有什麼方法或目標，至少可以這麼說，事實證明，建立一個有效的專案管理文化是一個艱辛的任務。有一件事是可以確定的，未來的十年，所謂成功的組織是指那些能夠有效地執行專案管理，並建立「肌肉記憶」（muscle memory）般慣性反應的專案管理文化——就像騎自行車一樣。

在全球市場快速變遷、顧客的要求越來越高的今天，唯有能夠更有效因應的組織，才能達成最大的財務成功。一旦提到「改變」或「顧客要求」，就等於是為專案管理開啟了大門，因為比起傳統的管理技術，它更能回應一些獨特的顧客要求（不論是內部或外部的）。重點在於，專案管理具備的種種原則、流程及工

具，都是為了滿足或超越顧客的期望所做的各種特別而臨時的努力。最後，就達成顧客的交付成果而言，專案管理實務比較有能力回應，因為所有組織都有三個管理限制：時間、成本與績效，專案管理可以讓你更有效的取捨。

個案研究實例

我在一家財星五百大的大型醫療公司工作超過十九年，經手的專案不計其數，但大都以「Just Do It」的方式執行。在我的組織中，只要是被指派推動專案的小組或個人，都會立即展開執行，努力在期限之前完成，從不顧慮達到成功所需的各項活動與資源。以這樣的方式努力執行專案，並且經歷了許多結果這麼多年之後，我決定找出更好的解決方案。

最近，我被指派負責改善四十多個小型專案的管理工作，其中包括供應歐洲許多不同臨床研究的藥品包裝。在缺乏清楚明確的流程下管理多項專案，就好像在完全沒有設計概念的情況下縫補一床百衲被。每個顧客對藥品的包裝都有不同的需要及要求，而且必須由同一個組織來滿足這些要求。對我而言，事情再清楚不過了，我必須界定出一個專案管理的流程，可是當時我並不知道從何著手。我以為解決之道就是利用專案管理軟體，因此我買了一個套裝軟體，而且還參加訓練課程。

該課程的指導老師在訓練使用軟體的基礎上教得非常好，但每當我問到如何把這套軟體運用在我真實生活中的眾多專案時，她卻無言以對。我回到工作崗位，下定決心要運用這套軟體來解決我的問題，但不久就因為複雜的應用而卡住。我滿懷挫折地找出軟體手冊，找尋顧客支援免費服務專線的號碼。我撥打電話給客服人員，提出一些問題，結果卻更為困惑，我抗議道：「難道

建立有效的專案管理文化

找不到一個了解我的專案的人，然後教我如何運用這套軟體來管理它們？請幫我想個辦法，把這套軟體運用在『真實的世界』中！」

這個要求改變了我管理專案的方法。我不再與軟體公司打交道，轉而向專案顧問集團求助，開始與羅伯・哈比及其夥伴合作。當我們見面時，羅伯做的第一件事就是把那個套裝軟體放在一邊，然後開始教我專案管理的流程。我才曉得我要學的還多著呢！

我們投入專案管理的執行超過十年，與數百家組織合作過，影響的員工也有數千名之多。不論公司的規模如何，私人或是公家，每個企業都有其獨特的需求。在這段期間，我們對組織內的專案管理發展已有些了解，並確認出公司要讓他們的資源使用效果極大化。達到真正有效的專案管理必須經歷三個階段，這些階段似乎是自然發展過程的一部分，無法超越，只能加速，就好比人類「爬、走、跑」的發展。如同人類在會走之前必須先學會爬，會跑之前必須先學會走，儘管有例外，絕大多數的組織在努力建立一個有效的專案管理文化時，都會經歷類似的發展過程。組織可以藉由經驗的「分享」大大受益，不但能夠加速發展，而且可以更快地發揮成效。

下面是我們會碰到的一個典型狀況：組織懷抱著宏大的企業精神開始啟動，並把焦點放在把事情做完──也就是執行。花在專案的推動、規畫、控制及結案上的時間少之又少，所有的努力都放在「Just Do It」。因為專案的件數及參與的人數有限，剛開始似乎還行得通。然而，最終還是會達到一個專案的臨界點：挑戰不斷地增加，並開始危及組織的成功。挑戰會開始出現四種不

同的情況，我們稱之為「四大狀況」：

1. 成本超出。
2. 時間超出。
3. 顧客不滿意。
4. 人員流失／士氣低落。

個案研究實例

在進行新產品開發的專案時，截止期限一向是無法變更的限制。第一個進入市場，意謂著市場占有率，可以讓產品在市場上「創造或破紀錄」的成功。這導致專案團隊將人力資源發揮至極致，努力讓所有活動按照時間表在限期內完成。我們曾經因為這種做法而失去許多人才，最後落得在產品上市時繼續在「想辦法」或開發產品。這是一個在產品推出之後，利用流程改進以降低製造或支援成本的例子，而不是在產品開發的過程中就予以規畫。

一旦組織了解到這些問題的存在，而且發現其中許多問題是因為不良或缺乏專案管理實踐，組織就會開始採取措施。組織努力地想解決這些關鍵議題必須經過的發展過程，可以細分成以下幾個不同的階段：

☐階段一──認知。
☐階段二──接受。
☐階段三──成效。

一般而言，每個階段都集合了過去十年來我們分享諮詢經驗的大成，並描述了由一家家組織找出來的共同點。每個組織都是獨一無二的，因此必須以獨特的方式對待。我們發現已經可以繪

建立有效的專案管理文化

製出一個組織在每個階段為了執行有效的專案管理應該做的工作。因而組織可以找出並加速執行正確解決方案的適當方法，以支援他們達成預期結果所做的努力。

階段一：認知

認知的階段，是指讓組織了解專案管理是一個需要採取行動的議題。基本上，這個階段是單獨由組織中的一個人或一個小組發起的，而且一開始高階主管通常不認為這是一個重要的策略行動方案。專案管理是一個「意外專業」（accidental profession），一個指派給部門人員的任務，通常是部門中被視為專家的人。也由於這些原因，使得他們在執行時既沒有真正的投入，也沒有長久的解決方案。通常會採取一種「急就章」的方式：進行兩天的專案管理訓練，或許針對桌上型電腦購買一套Microsoft Project軟體。基本上，這不但無法獲得長遠的結果，而且主要的挑戰依然存在。

徵候（超越「Just Do It」）

達到專案的臨界值，而「四大狀況」開始部分或全部出現：

1. 確定成本超出得很嚴重。
2. 確定時程表延遲得很嚴重。
3. 顧客抱怨／不滿意度增加。
4. 發生員工衝突、壓力、流失。

典型的解決方案

□急就章式的方法。

□購買排程工具：安裝在桌上型電腦的MS Project（微軟專案軟體）。

□派遣一些人至專案管理概念（PM Concepts）和／或專案管理工具（MSP）受訓。

□採用「打代跑」式的解決方案。

典型的結果

□短時間之內會覺得完成了某些事。

□僅建立一小撮孤島式的專案管理方法。

□缺乏整合：所建立的資料與流程互不相干。

□有些「傑出」的專案經理人才崛起——但問題仍然存在。

□並沒有承諾撥款給專案經理。

個案研究實例

之前我提到的是界定清楚執行專案管理實務的認知階段。供應臨床藥品的小組無法按照期限交貨，也沒有辦法把這些專案列為優先事項。同時，他們也無法為將來的專案做資源規畫。因為這些問題，顧客開始抱怨，他們無法準時完成臨床研究。負責藥品開發的副總裁體認到必須改善藥品的供應，而我則被指派負責「處理這個問題」。擁有十三年跨多個領域的產品開發經驗的我，自認非常有資格處理這項挑戰。

我體認到，要讓所有的專案獲得能見度，必須有一個一致的方法，卻忽略了這不只是專案管理流程的議題。我從未想過專案管理是一種清楚明確的流程或方法，或者可以這麼說，同樣的流程可以應用在各種不同形態的專案上。我以為把一個軟體應用在所有專案上，就可以解決管理上的問題。我能夠把所有的專案都

建立有效的專案管理文化

輸入這套軟體中，但我發現在九月份我需要有二十七名藥品供應中心的員工，才能在要求的期限內完成，立即明白這套軟體根本無法解決我們所有的問題！

階段二：接受

接受這個階段是指，組織已經知道它必須投入資金，不再把專案管理解決方案當成一種「打代跑」式的方法。經過階段一之後，不但獲得一些能見度，高階主管也開始注意到。組織開始尋找管理專案所需的流程。解決方案包括共同檢視流程與工具，然而仍未資助專職的內部資源，以支持專案管理實務。結果是，雖然獲得一些好處，各部門間仍然存在重大的歧異。

徵候（跳過「急就章」方式，朝長遠的結果邁進）

☐專案與團隊的問題依然存在。

☐不一致的方法、工具與流程使得效率盡失。

☐僅界定出幾個零星的專案。

☐需要接受標準的流程與工具。

☐接受專案管理為一種組織實務——獲得主管的贊助。

典型的解決方案

☐找出內部的專案管理倡導者，將他們部分或全部的時間投入標準專案管理流程和工具（即專案管理解決方案）的執行上。

☐專案管理解決方案的定義，依照能滿足其商業的需求量身打造。

☐執行要集中焦點——也就是「從爬到走」的階段。

典型的結果

☐獲得成就感。

☐獲得一些專案管理的利益——在處理「四大狀況」方面的問題獲得初步的進展。

☐為專案、風險及議題創造出能見度。

☐尚未完全整合——孤島仍然存在，有些還倒退。

☐有些很慢才會接受，有些則是標新立異——缺乏用來支持專案工作的獎勵結構和／或回饋機制。

個案研究實例

我們執行了一套專案管理流程以改善臨床藥品供應的交付，發現改善某一套臨床研究的流程（如藥品的供應），對整個臨床研究的流程並無顯著的影響。這只是在較大型的專案中所交付的成果。

自從有了藥品供應流程之後，我們替所有的專案創造了能見度，並且學會管理它們的流程，最重要的是在開始執行、控制及結束專案前就展開規畫，並為各專案訂定優先順序，以符合顧客的截止期限。獲得初步的成功之後，更激勵我處理更大規模的臨床研究專案。我全力投入，並試圖把一套專案管理流程傳授給一個有十二名臨床專案經理的小組。

但我遭到抗拒。這個小組的人員非常滿足於利用個人的方法管理他們的專案。每項專案都不相同，支援不同的產品，而且每項專案的成果全然不會影響到其他專案。專案經理的經驗又各不相同，他們雖然都擁有專案經理的頭銜，但其中許多位卻像是眾多任務或活動的協調者。此外，由於我對專案管理流程的執行相

建立有效的專案管理文化

當熱中，因此建立了一套非常詳細的流程。興趣的缺乏以及欠缺專案管理的經驗，註定是要失敗的。

此外，專案經理也把執行視之為管理階層在個別管理他們進行中的任務的方式。在我們努力執行這個流程時，我也體認到，我的上級主管並不知道如何充分利用我們拿到的資訊。不懂得賞識從執行專案管理流程獲得的利益，也導致上級主管的興趣與支持日漸減少。結果，我們在執行具有一致性的流程方面只獲得部分的成功，能有效利用該流程的專案經理也寥寥無幾。

階段三：成效

在執行專案管理的最後一個階段，即階段三：成效，組織會挹注內部的專職資源來建立並維持一個共同的方法（像是流程、工具、技能及用語），以支持組織的整體任務、願景和策略。高階主管成了專案管理流程的倡導者，而成功的專案經理則被視為組織中的專案管理專業人士。

徵候（朝成為一個有效的專案管理組織邁進）
□問題仍然存在，但已減輕到可以獲得投資報酬率。
□還沒有鍛鍊到如「肌肉記憶」般的慣性反應，但已經開始接受了。
□成為每個人的專案管理——「對我有什麼好處」（What s In It For Me, WIIFM），已被組織的所有層次認同為值得努力的方向。

典型的解決方案
□核准撥款給專案管理（如專案管理辦公室、專案管理實務、

計分卡

卓越中心）。

□建立標準、流程及工具，並加以記錄。

□所有人都可以存取並加以整合。

□界定職責——所有層次的會計責任、職責以及權限都很明確（像是主管、職能管理部門、專案管理辦公室、專案贊助者的專案管理、團隊成員、顧客）。

□把焦點放在整個組織的專案文化上——從「走」進階到「跑」。

典型的結果

□從有效的專案管理中獲得投資報酬——著手處理「四大狀況」的所有面向。

□組織的接受度——從內到外，從外到內。

□獲得的利益——問題減至最低，資源的運用則發揮最大效果。

□產生「肌肉記憶」般的慣性反應——專案管理形成自動化傳輸。

個案研究實例

針對臨床研究專案供應多種產品執行的這套流程有了兩年的經驗之後，我開始為某項藥品的開發採用焦點團體的做法。我接下該藥品開發計畫的管理責任。這是一個執行較大範疇的專案管理流程的大好機會，是一個牽涉到企業中更多部門人員共同參與的複雜專案。

我記取前一個工作的經驗，並嘗試執行從過去成敗中學到的東西。首先，我把重點放在讓我的主管對執行一項新流程全盤接

受，並爭取他的支持。最初，由於我的主管藥品開發經驗十足，對於攸關成功的藥品開發計畫所需的關鍵活動瞭若指掌，因此這項任務變成一項挑戰。他不覺得有執行新流程的必要，但尊重我的能力，願意給我一個嘗試新方法的機會。在說明這套流程如何影響到藥品開發的流程時，與專案顧問集團羅伯合作的經驗，給了我很大的幫助。由於這是我第一次管理如此大範疇的專案，因此我的主管認為教導我有關所有我不熟悉的藥品開發方面的事，會是一個很好的過程。

接下來，我與團隊成員會面，以爭取他們的支持。我向他們解釋，我想在規畫專案上嘗試一種團隊式的做法，以確保他們的每個活動都能界定清楚並加以規畫。加上我是這個專案的新領導人，我也對他們說道，假如我們能有一個充分了解而且彼此同意的整合計畫，我對個別職能的需要就可以給予更好的支持。該團隊迫不及待地想嘗試這套方法，而羅伯與他的團隊指導我，如何安排在一個工作場合以外的地方，舉辦一個兩天的規畫研討會。

羅伯與專案顧問集團的另一位夥伴擔任引導員，在我及該團隊共同合作之下，規畫好整個專案。我們採用親身實踐的方法，讓每個人都能參與流程。我們從專案的範疇及策略討論著手，一旦在範疇方面達成共識，就把主要的交付成果加以細分，每位團隊成員則開始構思他們的活動。我們利用彩色的便利貼發展專案的時程表，並把它們貼滿整個房間的牆壁，還不時利用活動掛圖記錄任何與專案有關的風險和議題。這套共同做筆記的流程，讓所有參與的人都能清楚的看到。

在進行這個流程的期間，我們會穿插一些小型的訓練課程，教導過程中的每個專案管理概念。這個方法對將教導的概念應用在真實生活中非常有效，團隊成員可看到概念應用的立即價值。

計分卡

在兩天課程的最後，團隊對該專案會產生共識。我們知道完成專案的要徑（像是把向美國食品暨藥物管理局〔FDA〕申請的藥品建檔），專案團隊對哪些是專案的最高風險、未來如何管理這些風險也達成共識。我們對未來如何管理該專案，並且在兩年後仍能成功地管理這套整合計畫，已有一個溝通計畫。

有效的專案管理方法與最佳實務典範

我們的「有效的專案管理」方法，目的是為了盡量以最有效率及最大的成本效益，讓專案管理的設計與執行加速通過各個階段。一個有效的專案管理計畫會直接影響到組織的財務報表，而且其速度比其他的方法都快。接下來的內容是根據最佳的十六個個案研究典範。

1. 各階段的執行：「爬、走、跑」

由於團隊成員對新流程並不熟悉，因此若一開始就採用非常詳細的工作細分結構，會很難管理，而且他們會很快失去興趣。我從初次擔任臨床專案經理的經驗中學到，要從簡單的著手，讓成員在管理一份簡單的計畫中嘗到成功的滋味。獲得初次成功之後，我們可以多增加一些細節，並從越來越詳細的管理中獲益。

2. 以人員與流程為先，工具其次

我認為這是我從執行一個有效的流程中學到的最重要的一件事。取得團隊成員及其他利害關係人的信任，是專案成功之鑰。假如團隊對該流程的了解並不充分，就無法界定出何謂有效的專案計畫，也無法利用任何軟體把一個無效的計畫變成有效。

建立有效的專案管理文化

讓每個人都參與也是專案強有力的激勵因素。於是，我們的團隊發展出一種強烈的協同作用，以及一種共同目標的感覺。這同時也是個建立團隊的經驗，讓我們更能有效地合作。

一開始，我們以團隊的方式建立一個專案計畫，並利用牆上貼滿彩色便利貼的方式更新該計畫，我還把這些活動輸入一個專案管理軟體工具，以方便我繼續管理。在專案的某個特定時點，我們在範疇上歷經一個重大的改變，因而必須對專案時程表進行大幅度的修訂。這提供團隊成員一個大好的機會，拿回在軟體工具中屬於他們那部分的專案計畫主導權。他們迫不及待地想這麼做，而且大約在經過專案規畫流程的十八個月之後，藉由軟體工具管理該計畫就變得相當容易。

3. 納入組織中的所有層次：
你需要高階主管及各層次人員的支持

在所有專案的各個階段，我都參與了這套流程的運作，我曾邀請高階主管參與此一流程，要求他們出席規畫會議或旁聽，還曾經讓管理階層對專案的交付成果及風險進行簡報。其中尤其重要的是，要把團隊成員所屬的部門主管和專案的高階主管都納入。我採用高層對專案計畫的觀點來做報告，並且把重點放在專案的主要風險、議題及里程碑上。

4. 把執行有效的專案管理視為一項專案

此次藥品開發專案的成功已然成為一個有效專案管理流程的最佳宣傳。這也使管理團隊對流程的改善產生興趣，並予以支持，開始尋找組織中最佳實務典範。他們發展了一套專案計畫，讓整個藥品開發組織都執行這套流程。這裡我們再次採用「爬、

計分卡

走、跑」的方式，在另外兩個藥品開發的專案中率先執行這套流程，做為該計畫的首次展示，經過一段時間，最後涉及的專案超過三十個。

5. 要做到量身訂作，要有彈性

我們希望依據個人與部門的需求量身訂作這套流程，假如他們願意而且能夠，也希望讓他們親身參與。

我認為此時須體認到一件要事：每項專案都是獨一無二的，雖然可能許多專案都有一些共同的特定活動，但在發展與管理每一項專案計畫時，一定會有風險、限制或需要考慮的其他因素。

若能對一般高層人員的交付成果達成共識，不但對高階主管就各個專案的現況做持續不斷的溝通有所幫助，如果對更詳細的層次也能有彈性，這等於是提供專案團隊一個管理專案各個獨特面向的方法，同時也讓他們有能力對付經驗程度都不相同的團隊成員。

6. 清楚了解組織的任務、願景及策略

就任務、願景及策略達成共識，有助於確保組織撥款資助的每一項專案，都能發揮最高的價值。就藥品開發而言，將我們的投資集中在策略業務經營權上，有助於確定這些具有最高投資報酬率的專案。唯有應用在適當的專案上，優良的專案管理流程才是好的流程。對任務、願景及策略都有清楚的了解，是適時資助適當專案的關鍵。

7. 進行訪談：從所有的利害關係人身上獲取意見

我從經驗中發現，在整個專案管理流程期間蒐集意見，是有

建立有效的專案管理文化

所收穫不可或缺的，更重要的是，要讓所有利害關係人持續地接受此一流程。此外，當專案歷經完成的各個階段，利害關係人也需要有所改變，而流程也必須適應這些改變。對專案經理及團隊成員而言，不論是利用小型的團體討論或一對一的會面來蒐集意見，都應該是一個持續性活動。

8. 即時回饋，並且讓它成為一種互動的流程

這與之前的最佳實務範例是相輔相成的。從利害關係人那兒得到的回饋及團隊成員的意見，都需要加以評估，而且假如有必要，不妨併入專案計畫中，做為改變專案需求的調整。然而，其中一個至關重要的過程，則是確保專案的範疇是在管理的項目之下，而在調整計畫時，其改變仍然要維持在專案的範疇中。這對於把「範疇蔓延」（scope creep）降至最低，以及保持專案不偏離目標，有很大的幫助。

9. 排除累贅的流程與工具，焦點集中在利益上

正如稍早提到的，我有一個很寶貴的學習經驗是，保持流程與工具的簡單，尤其是在執行初期。假如團隊利用流程及工具獲得早期的成功，他們就會將焦點集中在利益上。根據經驗，若能增添一些複雜性，並對該流程擁有更多的主導感，他們會變得更加渴望。

10. 表揚組織中成功的專案經理

當專案完成主要的交付成果，或專案的範疇和預算都在預定的範圍中時，專案團隊及管理組織都應該表揚完成重責大任的專案經理。就我的經驗，獲得表揚與能見度最高的專案經理，總是

計分卡

那些採取救火戰術及英雄行徑以「挽救局面」的人；那些規畫並控制他們的專案免於救火需要的人，卻得不到讚賞。基本上，對專案管理實務與主要的專案衡量標準有一定了解的高階主管，比較能確認出那些成功的專案經理，並且加以表揚。

11. 制訂一套生涯發展階梯，鼓勵專業人才負起專案管理的職責

首先，要體認到專案管理是一種專業，而且可在各部門以及跨組織間調動。創造一個生涯階梯，讓專案管理人才受到賞識，並且讓成功的專案經理可以升遷到責任越來越重的職位，以獲取經驗。讓原本只有某一種職能經驗的專案經理接受挑戰，接手一些他們必須仰仗並提升團隊成員經驗的新領域專案，藉此提供他們成長的機會。

12. 提倡正面的認知：宣傳成功，並對所有層次的人員就所得之利益進行溝通

邀請其他專案的經理人或成員參加團隊會議，並且請運作很成功的團隊規畫研討會。在成立新團隊時，邀請其他經驗更豐富的團隊成員協助召開一場團隊首次會議，幫助該團隊做好準備，或是分享他們對該流程的熱誠。把管理新知匯報當成一個大好機會，就專案管理流程所產生的時間或成本的節省進行溝通。一旦達成主要的交付成果，應表揚及獎賞團隊成員。

13. 明瞭這是個持續改進的流程

不要期望開始實施流程後就一切順遂。若是從最高層面的計畫開始，可能更容易管理，並且隨著時間的演進，可以將這些計

建立有效的專案管理文化

畫修訂得更詳盡。一邊執行，一邊從錯誤中學習並進行各項調整。隨著時間和實踐，該流程會變得越來越容易管理，利益也會跟著增加。

14. 採取非菁英式：
向所有人公開，當成一種職業生涯的提升

確定每個人都有學習流程的機會，而且知道哪裡可以獲得支援及訓練。即使某人的職業生涯目標並不是鎖定在專案管理上，專案管理實務和流程還是可以提升任何的職業生涯發展計畫。應該鼓勵團隊成員在流程與工具方面進修。

15. 努力建造「肌肉記憶」般的慣性反應：
「就像騎自行車一樣」

最近為了在日本開發相同的藥品，我舉辦一個規畫研討會，會中就是以這獨特的需求為重點。由於團隊是由美國、歐洲及日本等各國人員組成，文化與語言的障礙成了一大挑戰，我們發現把彩色的便利貼貼在牆上是跨越這些障礙的一個有效的溝通方法。當一些經驗較豐富的團隊成員出席時，就會利用我們已經採用的流程，自動地開始蒐集資訊。看到這些成員負起他們在流程中的職責，以及這麼做對那些新進成員（來自一個非常不一樣的文化背景）所產生的影響，真的非常令人欣慰。

16. 努力維持文化的一致性：消除孤島式的專案管理，朝整合性解決方案邁進

利用同一個流程發展團隊時，專案現狀的溝通、資源的集中以及利用共同工具支援專案經理等各方面，就會變得更容易。最

初開始與我的團隊執行這套流程時，我不但要教授這些流程，還必須為工具的使用與專案的管理提供支援。自從有了整合性的解決方案，教導與支援的工作就可以由各個團隊分擔，如此一來，專案經理即可專注於各自的專案。參與產品開發團隊的成員原本所屬的職能領域，也可以從一套共用的方法中獲利，對回應要求也會表現得更好。甚至專門術語和語言都變得很一致，進而改善了溝通以及接受程度。

總結

總而言之，我們了解執行專案管理需要應用到良好的專案管理技能。在經過一段時間並累積大量的專案管理經驗之後，我們已經能夠應用並培養最新的專案管理概念，各種訓練的技術，以及最新的科技。我們已經得到一個非常有效而且成熟的方法，利用上述的最佳實務典範，可以在組織建立專案管理文化時加速其發展。

建立有效的專案管理文化

國家圖書館出版品預行編目資料

　專案管理計分卡：評估專案管理解決方案的最佳策略工具／
　Jack J. Phillips, Timothy W. Bothell, G. Lynne Snead 作；
　劉孟華譯 . -- 初版 . -- 臺北市：臉譜出版：家庭傳媒
　城邦分公司發行，2005〔民94〕
　　　面；　　公分
　譯自：The project management scorecard: measuring the
　　　　success of project management solutions
　ISBN　986-7335-24-4（平裝）

　1. 管理科學

494　　　　　　　　　　　　　　　　　　　94001251

羅伯・柯普朗

管理策略大師・平衡計分卡創始者

《哈佛商業評論》推崇大師成就：
「75年來最具影響力的管理思維！」

《平衡計分卡》
——資訊時代的策略管理工具

朱道凱/譯　定價：450元

這是一本探討績效衡量制度的書，它顛覆了傳統績效衡量只聚焦於財務面的短視心態，擴充延伸績效衡量的面向及於顧客面、內部流程面，以及學習與成長面，揭露了前瞻性的非財務資訊，反映了智慧資本及社會責任的重要性。這四個構面共同組成了平衡計分卡的內涵，也是連結策略與行動的介面，藉由設計指標的同時，迫使企業高階管理者澄清並詮釋願景與策略，溝通並連結策略目標與衡量指標，規畫與設定指標並校準策略行動方案，以及加強策略性的回饋與學習。它不僅是管理控制系統的一環，更成為策略控制系統的有力工具。

《成本與效應》
——以整合性成本制度提升獲利與績效

徐曉慧/譯　定價：480元

本書揭櫫兩個重要的概念：精確地衡量作業成本及以持續與間歇性的改良手段來降低成本。使財務的功能由被動的記錄過去，轉換成積極主動的影響未來。書中詳細說明進階作業基礎成本系統的潛力與功能，明確指出作業基礎成本系統並不局限於工廠內，以及衡量與管理製造業的生產成本上。書中提供足夠的實例說明，指引企業如何將作業基礎成本系統的資訊做廣泛應用，讓讀者了解現代成本管理系統如何應用在製造業與服務業，甚至橫跨整個企業作業的價值連鎖體系。

《策略核心組織》
——以平衡計分卡有效執行企業策略

劉珀如/譯　定價：550元

本書是《平衡計分卡》的續集，進一步擴展平衡計分卡的架構與應用方式。企業是否有能力將策略成功的落實到日常執行的層面，平衡計分卡正是這個最佳的轉化與管理工具，再配合策略地圖的應用，不僅把組織的使命和策略化為一套全方位的績效量度，更能清楚明確解釋組織內各層面工作與成果之間的因果關係，讓各層面彼此相輔相成，使策略真正具體落實。此種依策略的需要而運作的新型組織，稱為「策略核心組織」（Strategy-Focused Organization, SFO）。它是21世紀真正能存活，並具有實質競爭力與優勢的組織。

《策略地圖》
——化無形資產為具體成果

陳正平等/譯　定價：580元

將策略成功的付諸實施，需要掌握三個要素：
「突破性的成果」＝「把策略說清楚、講明白」＋「有效的管理策略」
此三個要素的背後哲學，其實是很單純的：
・如果成不能衡量（第二要素），就不能進行管理（第三要素）。
・只要是說不清楚，講不明白的（第一要素），就一定無法加以衡量。
「平衡計分卡」所針對的是第二要素；「策略核心組織」則是針對如何管理策略提出了一套更完整的辦法；至於本書「策略地圖」，則是進一步深入解說，將策略地圖中的目標項目運用因果關係加以連結，藉此把策略具體呈現，成為可眼觀的實物。

（2004年6月15日上市）

《模範領導》

《模範領導》以大規模的研究調查以及與全球各地包括公、民營組織在內的各階層領導人的訪談結果作為基礎。作者歸納整理出領導者的特質，帶領讀者逐步領會模範領導的五大實務要領及十大承諾。只要領導人明白領導統御就是人際關係，願意開始去貫徹五大實務要領時── 包括以身作則、喚起共同願景、向舊習挑戰、促使他人展開行動、鼓舞人心── 他們就更能在自己的個人最佳領導經驗中大顯身手，而成功也終將來到。

詹姆士・庫塞基等/著
高子梅/譯
定價：500元

《策略九說》
──策略思考的本質

累積多年對策略學理與實務的研究，國內策略學專家吳思華博士將策略的本質歸納出九個學說與邏輯：「價值說」、「效率說」、「資源說」、「結構說」、「競局說」、「統治說」、「互賴說」「風險說」、「生態說」；並提出「策略三構面」，將「營運範疇的界定與調整」、「核心資源的創造與累積」、「事業網路的建構與強化」列為策略規劃的三項主要工作。書中收錄二篇專文：〈不確定時代的經營策略〉和〈競技場的動態分析〉，提醒經營者如何因應變動的各個風潮與風險，以「四競技場」說來描繪企業的策略演變與企業間策略互動的動態脈絡，並協助企業決策者在不同層次競技場中解析局勢。

吳思華/著
定價：400元

《管理在管什麼》

《管理在管什麼》內容完整說明管理原理和實際運用方法，是新上任和現任經理人在角色扮演上的最佳軍師。書中提出的基礎知識以管理觀念和理論做為根據，深入探討經理人必須肩負的管理責任：人員、作業、資訊和資源。書中的24堂管理課包含了清楚的學習架構，其中包括：學習目標・情境分析・個案研究・具體範例・隨堂討論・課後練習・職場實習・參考資料。這些內容可以幫助你確認自己是否理解課程內容，更有助於職場上的靈活運用。《管理在管什麼》無疑是身為專業經理人的你，使命必達，創造未來的最佳案頭工具書。

凱特・威廉斯等/著
高子梅/譯
定價：399元

《說故事的力量》

你有什麼故事？你是誰？你來自何方？你要的是什麼？當你試圖影響他人時，就會面對更多這類的問題。不論是提出一項高風險的新投資案，試圖達成一項交易，或領導眾人對抗不公，你都有一個故事可說——說得好，就能在聽者和你之間創造一個具有深刻意義且影響長久的共享經驗。在這本高易讀性及開創性的著作中，安奈特‧西蒙斯提醒我們，最古老的影響力工具也是最有力的——經由文字、姿態、音調和故事的節奏，你可以藉由故事發揮個人特質，以解決問題、制訂決策，並且用你意想不到的方式建立信任感。

安奈特‧西蒙斯/著
陳智文/譯
定價：280元

《如何避免聰明組織幹蠢事》

在這本書裡，批判了目前大多數公司盛行的人事管理措施，暢銷作者和管理專家傑佛瑞‧菲佛告訴我們，許多傳統智慧其實對雇用關係和組織績效具有巨大的破壞力。菲佛提出大量令人折服的證據、分析和實例，證明良好的人力管理與利潤有著直接且不容置疑的相關性。唯有從人力管理中建立的組織文化與能力，才是真實和持久的競爭優勢來源。《如何避免聰明組織幹蠢事》一書中揭示——成功之道在於正視那句經常聽到，也經常被忽視的格言：「人，是公司最重要的資產！」

傑佛瑞‧菲佛/著
朱道凱/譯
定價：350元

《孫悟空是個好員工》

團隊的成長是一個艱難的過程，因為組成團隊的每一分子都是人，而做人似乎從來就不是一件容易的事。在21世紀的今天重讀《西遊記》這部文學名著，你會發現孫悟空身上閃爍著的那種歷久彌新的個性和魅力。在花果山占山為王的孫悟空精力充沛，意志堅決，行動果敢，酷好變化，幹勁十足，愈挫愈勇，儼然是一個天生的創業者。而在去西天取經的路上，他也表現出了一個團隊成員的優秀特質，目標明確，行動迅速，無懼困難，總是能夠找到有效的解決方法。《孫悟空是個好員工》所講述的，其實就是孫悟空從「改變世界」到「改變自我」的一段成長歷程。

成君憶/著
定價：280元

《你的第一份經營企畫案》

《你的第一份經營企畫案》就像一張地圖，它能指出你的事業目前走到什麼位置？該怎麼到達目的地？書中明快的問答手法不僅能避免無謂爭端，還能幫你整合出最完整的經營企畫案，吸引投資者上門，做好準備，迎接未來。這本翔實好用的管理指南有助你：按部就班地寫出完整的經營企畫案；全盤思索自己的策略，平衡事實與夢想之間的差距；抓住貸款業者和投資者的注意與興趣；找到你的獨家銷售優勢，利用優勢來開發市場；提升員工和幹部的技術與經驗。

約瑟夫．卡威羅等/著
高子梅/譯
定價：350元

《領導的24堂必修課》
——日常領導教戰手冊

你知道：信任、教導、有創意的溝通、以耳朵來了解問題、避免成為主要的問題解決者、培養耐力、有效管理時間、保持專業能力、提出願景、處理不適任的人、控制企圖心、激勵部屬、落實授權、適度發怒、尋求並珍惜多元化……30個領導重要基本原則？作者為有志成為想進一步培養和提升領導技巧的管理者製作了一套日常領導教戰手冊，分24堂課傳授，還提供了一套獨特的注意事項檢查清單、指導原則和經驗法則，輔在24堂課的理論以及落實與否。

派瑞．史密斯/著
羅玉蓓/譯
定價：330元

《數字管理的12堂必修課》
——不被會計師牽著鼻子走的第一本書

你是否了解財務報告表上數字的意義？你會不會利用財務報告裡的資訊做出對公司業務有益的決定？在經營公司時，要注意的不只是數字，不過財務報表卻是最重要的因素。財務數字讓你知道公司的狀況，讓你找出問題、分析問題；財務數字可幫助你做有效的規畫，並且評估在執行營運計畫方面的表現。本書以易懂而效果恢弘的獨特方式來幫助你了解公司的財務狀況，了解各個財務數字之間的關聯、數字背後的意義，以及如何利用數字來管理公司。這是一本了解財務數字的最佳入門書。

查克．克里姆等/著
徐曉慧/譯
定價：330元

《經營企畫書完全手冊》

在今天這個嚴苛的商業世界裡，任何企業家或創業家若想戰無不克，經營企畫書是絕對不可少的，它是事業營運的核心與靈魂。為協助你跨出重要的第一步，這本指南將告訴你如何撰寫有效的經營企畫書；如何排除創業時可能遭遇的阻難；如何擴展現有事業的版圖；甚至如何利用你現在的事業賺進更多的錢。本書共分為兩大單元，第一單元是實務篇，講授教戰守則、112個關鍵問題及常見的財務比率與詞彙解釋等等；第二單元則是範例篇，提出各類事業的經營企畫書範例，足供各行各業讀者參考。

約瑟夫・卡威羅／著
高子梅／譯
定價：550元

《顧客不會主動告訴你》

繼《服務行銷新視野》、《服務行銷新策略》兩本暢銷著作之後，哈里・貝克威再次推出新作《顧客不會主動告訴你》，他以一則則見解獨到新穎、舉例生動的短文，幫助你的行銷腦袋New起來，讓你茅塞頓開，成功的銷售任何商品。《顧客不會主動告訴你》能助你調對焦距且牢牢鎖定，並懂得抓住成功的基本準則--把細節做對，讓大處更形完美。面對今日商業戰場，這是你能隨身帶上前線的實戰手冊；無論是進行與客戶第一次接觸或建立品牌，無論從識別設計到敲定一筆生意，書中在在有線索供你參照。

哈里・貝克威／著
劉慧玉／譯
定價：330元

《顧客服務最佳行銷方法》

你的顧客是誰？如何爭取？如何行銷？這裡有數不盡的好方法！無論你是商場新手抑或老字號的服務業，都可能對推銷深惡痛絕，於是你的客戶基礎停滯不前，或者爭取不到最好的客戶。其實你可以在不失去自尊的情況下，為事業注入新的生命，改寫整個結局。這本人氣甚旺的指南書已全部更新，數以百計的現實生活案例、不失尊嚴的策略方法、以及實用練習，悉數收納在這本行動指南中，就連最不願自我推銷的人都能受到鼓舞，發揮原本深藏不露的行銷天份！

李克・葛藍達爾／著
高子梅／譯
定價：550元

臉譜出版
【Business Max系列】

書號	書名	作者	定價
FM0001	別讓猴子跳回你背上：為什麼主管沒時間，部屬沒事做？	威廉・安肯三世 (William Oncken, III)	200
FM0002	兒童能，企業為何不能：從十三種孩童天賦中發掘成長之道	亞倫・葛雷格曼 (Alan S. Gregerman)	240
FM0003	企業迷途返航三部曲：有願景、有士氣、有衝勁、領導大功告成	麥斯・藍思博 (Max Landsberg)	240
FM0005	別找代罪羔羊：你是不是把別人視為麻煩，把工作當成問題？	亞賓澤協會 (The Arbinger Institute)	240
FM0006	姿勢不對，照樣得分：打破21條成功的金科玉律	丹・甘迺迪 (Dan S. Kennedy)	240
FM0007	天才的五種創意方程式：發掘你的創意天分	安奈特・穆瑟-魏曼 (Annette Moser-Wellman)	280
FM0008	別從老鼠身上擠奶：創意人的時間管理	李席柏 (Lee Silber)	250
FM0009	這種事，不必老闆交代：公司的現在就是你的未來資本	鮑伯・尼爾森 (Bob Nelson)	180
FM0010	進取者：一則關於勇氣、決心與承諾的永恆經典	彼得・凱恩等 (Peter B. kyne ect.)	180
FM0011	領導是一種生活方式：你的生活品質就決定了你的領導能力	約翰・霍金斯 (John Hawkins)	240
FM0012	犯錯最多的是最後贏家：最動人的成功往往在失敗邊緣逆轉	理查・法森等 (Richard Farson ect.)	260
FM0013	億萬富翁不願意讓你知道的賺錢祕密	布萊恩・許爾 (Brian Sher)	300
FM0014	你擁有多少錢才夠？個人財富規劃教戰手冊	潘蜜拉・約克・柯萊納 (Pamela York Klainer)	350
FM0015	你可以擁有乳酪又吃得到：一個貓和老鼠合作互利的聰明故事	威廉・柯廷傑 (William Cottringer)	260
FM0016	微利時代億萬富翁的賺錢祕密	布萊恩・許爾 (Brian Sher)	280
FM0017C	咖啡夢：一家小店打敗Starbucks的傳奇故事	萊絲莉・葉克斯等 (Leslie A. Yerkes ect.)	240
FM0018	殺手級任務：一個關於市場爭奪與謀殺的故事	魏格・霍恩 (Terry Waghorn)	280
FM0019	企業雞湯：52個派對式經營處方	麥特・溫斯坦 (Matt Weinstein)	260
FM0020	每個企業，都要表演！贏得顧客與員工滿堂采的最佳策略	史考特・麥肯(Scott McKain)	280
FM0021	說故事的力量：激勵、影響與說服的最佳工具	安奈特・西蒙斯（Annette Simmons）	280
FM0022	擊掌哲學：英雄退位，團隊出場	肯・布蘭佳等 (Ken Blanchard)	230
FM0023	管人一本通：輕鬆解決主管最常見的7大困擾	亞倫・巴克（Alan Barker）	250
FM0024	決策一本通：聰明做決策的6大密技	亞倫・巴克（Alan Barker）	220
FM0025	行銷一本通：打開市場的9把金鑰匙	羅德・戴維等（Rod Davey）	220
FM0026	談判一本通:徹底解決談判最常見的16個問題	馬托克等（John Mattock）	220

【企畫叢書系列】

書號	書名	作者	定價
FP1019	城市人：城市空間的感覺、符號和解釋	詹宏志	200
FP2001C	個人理財手冊：一輩子的規劃指引(精裝)	陳忠慶	350
FP2002C	非凡人生Light My Life (精裝)	陳偉航	250
FP2004C	焦點法則：企業經營的終極策略(精裝版)	艾爾・賴茲(Al Ries)	390
FP2005	創新與創業精神：管理大師談創新實務與策略(平裝)	彼得・杜拉克 (Peter F. Drucker)	380
FP2005C	創新與創業精神：管理大師談創新實務與策略(精裝)	彼得・杜拉克 (Peter F. Drucker)	400
FP2006C	共同基金投資手冊(精裝)	陳忠慶	350
FP2008	網路商機：如何經營虛擬社群	約翰・海格三世等 (John Hagel III ect.)	300
FP2009C	行銷大師法則：永恆不變22誡(精裝)	賴茲&屈特 (Al Ries & Jack Trout)	250
FP2010	白金定律：新世紀人際關係法則	東尼・亞歷山大等 (Tony Alessandra ect.)	300
FP2011	MQ財富智商：開發你的致富潛力	陳忠慶	200
FP2012	收益式管理：分眾時代的市場定價策略	羅伯・柯若思 (Robert G. Cross)	270

FP2013	不朽的領袖：企業領導力的啓示	約翰・柯力蒙 (John K. Clemens)	350
FP2014C	財務危機手冊：面對25個企業致命的錯誤(精裝)	陳輝吉	300
FP2015	談判大師手冊：195則攻防經典	契斯特・卡洛斯 (Chester L. Karrass)	280
FP2016	處處佔上風(I)：談判贏家巧藝	羅伯特・馬耶 (Robert D. Mayer)	220
FP2017	處處佔上風(II)：談判教戰手冊	羅伯特・馬耶 (Robert D. Mayer)	250
FP2019D	花錢也能賺錢：聰明理財，輕鬆致富	陳忠慶	99
FP2020	大金剛法則：投資高科技公司贏的策略	傑佛瑞・墨爾等 (Geoffrey A. Moore ect.)	380
FP2021	魚網式組織	羅伯・強納森等 (Robert Johansen ect.)	300
FP2022	創意人：創意思考的自我訓練	詹宏志	200
FP2023	品牌22誡：行銷大師談品牌建立法則	艾爾・賴茲等 (Al Ries ect.)	220
FP2024	智慧資本：如何衡量資訊時代無形資產的價值	萊夫・艾文森等 (Leif Edvinsson ect.)	280
FP2025	龍捲風暴：矽谷的高科技行銷策略	傑佛瑞・墨爾 (Geoffrey A. Moore)	350
FP2026C	組織的盛衰：從歷史看企業再生	堺屋太一	330
FP2027	平衡計分卡：資訊時代的策略管理工具	羅伯・柯普朗等 (Robert S. Kaplan ect.)	450
FP2028	松下人才學：培育人才的12個觀點	江口克彥	220
FP2029	游擊式廣告：經濟有效的行銷新武器	傑・康瑞德・李文生 (Jay Conrad Levinson)	380
FP2030	領導自己：在知識社會裡培養自我領導力	魏特利 (Denis Waitley)	330
FP2031	對與對的抉擇：你該如何在決定性時刻下決定	約瑟夫・巴德拉克 (Joseph L. Badaracco,Jr)	250
FP2032X	你的管理神奇寶貝：33種創新的強效工具	山姆・迪普等 (Sam Deep ect.)	330
FP2033	數位達爾文主義：網路時代的生存競爭策略	艾文・許華茲 (Evan I. Schwartz)	280
FP2034	領導的24堂必修課：日常領導教戰手冊	派瑞・史密斯 (Perry M. Smith)	330
FP2035	震撼性廣告	喬・馬克尼 (Joe Marconi)	250
FP2036	跨越鴻溝：新興高科技公司如何飆上高速公路	傑佛瑞・墨爾 (Geoffrey A. Moore)	300
FP2038C	大策略家：策略行動綱領	麥克・戴維森 (Mike Davidson)	300
FP2039	1001種留住顧客的方法	唐娜・葛蒸納等 (Donna Greiner ect.)	350
FP2040	行銷基本教練：爲何行銷？如何行銷？	保羅・史密斯 (Paul A. Smith)	380
FP2041	網路品牌法則：網路一夕數變，永恆不變的法則爲何？	艾爾・賴茲等 (A1 Ries ect.)	250
FP2042	未來工作像什麼：來自暫時世界的好消息	芭芭拉・摩西絲 (Barbara Moses)	280
FP2043	成本與效應：以整合性成本制度提升獲利與績效	羅伯・柯普朗等 (Robert S. Kaplan ect.)	480
FP2044X	簡單就是力量：在要求更多、更好、更快世界裡的新競爭力	比爾・簡森 (Bill Jensen)	280
FP2045	斷層線上：傾聽投資者的聲音，重建企業核心優勢	傑佛瑞・墨爾 (Geoffrey A. Moore)	380
FP2046	服務行銷新視野：跳脫迷思與謬論	哈里・貝克威 (Harry Beckwith)	300
FP2047	服務行銷新策略：打開核心四把鎖	哈里・貝克威 (Harry Beckwith)	250
FP2048	控制權革命：新興科技對人類的最大衝擊	安德魯・夏比洛 (Andrew L. Shapiro)	420
FP2049G	大陸股市教戰守策(附CD)	邱一平	250
FP2050	權責制領導：如何運用權責協定	布魯斯・柯萊特等 (Bruce Klatt ect.)	250
FP2052	如何策略思考：9步驟、12項技巧	西蒙・伍頓等 (Simon Wootton ect.)	250
FP2053	數字管理的12堂必修課：不被會計師牽著鼻子走的第一本書	查克・克里姆等 (Chuck Kremer ect.)	330
FP2054	策略核心組織：以平衡計分卡有效執行企業策略	羅伯・柯普朗等 (Robert S. Kaplan ect.)	550
FP2055	管理問題基本教練：徹底解決101個最棘手的管理挑戰	山姆・迪普等 (Sam Deep ect.)	280
FP2056	大構想：重新找尋企業未來的生命力	羅伯・瓊斯 (Robert Jones)	280
FP2057	新差異化行銷：殺手競爭紀元的生存之道	傑克・屈特等 (Jack Trout ect.)	300
FP2058	網路價值：逆向市場上的資訊仲介者	約翰・海格三世等 (John Hagel III ect.)	360
FP2059	認識創業投資：風險性創業的關鍵課題	約瑟夫・巴特 (Joseph W. Bartlett)	360
FP2060	行銷教戰守策：定位、戰略、規劃、推廣，本土行銷最佳實戰	陳偉航	250
FP2061	第一次當經理人的9堂課：晉陞管理生涯最佳暖身讀本	麥可・摩里斯 (Michael Morris)	330
FP2062	新消費者心理學：人們買什麼？爲什麼而買？	大衛・路易斯等 (David Lewis ect.)	330

FP2063	領導人的逆思考：非凡領導能力的祕密	史帝芬・山普 (Steven B. Sample)	280
FP2064	企業如何接受管理忠告：建立接受建議的有效模式	克利斯・艾吉里斯 (Chris Argyris)	350
FP2065C	你的第一份經營企畫案(精裝)	約瑟夫・卡威羅等 (Joseph A. Covello ect.)	350
FP2066	失敗學法則：在失敗中挖掘成功的寶藏	畑村洋太郎	280
FP2067	經營企畫書完全手冊：關鍵問題/撰寫技巧/參考範例	約瑟夫・卡威羅等 (Joseph A. Covello ect.)	550
FP2068	大創意：如何化創意為賺大錢的商品	史蒂芬・史特勞斯 (Steven D. Strauss)	350
FP2069	Email行銷基本教練：個別化服務的最佳工具	漢斯・彼德・勃朗摩 (Hans Peter Brondmo)	380
FP2070	關係是一種策略性資產：RAM關係資產管理的12個法則	湯姆・李察森等 (Tom Richardson ect.)	360
FP2071	顧客不會主動告訴你：人們最愛什麼？如何投其所好？	哈里・貝克威 (Harry Beckwith)	330
FP2072	顧客服務最佳行銷方法：討厭叫賣的人有福了	李克・葛藍達爾 (Rick Crandall)	550
FP2073	鳳凰效應：企業轉型與重建九大關鍵策略	卡特・佩德等 (Carter Pate ect.)	300
FP2074C	模範領導：領導，就是讓員工願意主動成就非常之事(精裝)	詹姆士・庫塞斯等(James M. Kouzes ect.)	500
FP2075	看不見的優勢：創造企業價值的12個無形資產	強納森・羅等 (Jonathan Low ect.)	300
FP2076	策略地圖	羅伯・柯普朗等(Robert S. Kaplan ect.)	550
FP2077	想都想不到的降成本法	大衛・楊 (David W. Young)	300
FP2078	如何避免聰明組織幹蠢事	傑佛瑞・菲佛 (Jeffrey Pfefter)	350
FP2079	還有人在看廣告嗎？	馬克・奧斯汀等 (Mark Austin etc.)	300
FP2080C	管理在管什麼	凱特・威廉斯等 (Kate Williams etc.)	399
FP2082	孫悟空是個好員工：勇闖職業生涯的28個成功箴言	成君憶	280
FP2083C	專案管理聖經：怎樣運用9大知識領域、5大程序成功完成專案	詹姆斯・路易斯（James P. Lewis）	380
FP2085	看財務報表這樣看就對了。108個看報表的關鍵、訣竅與注意事項	約翰・崔西（John A. Tracy）	280
FP2086	顧客第二：一家百年老店蛻變為企業新典範的真實故事	郝爾・盧森布魯等 (Hal F. Rosenbluth)	280
FP2089	專案管理計分卡	傑克・菲利浦等（Jack J. Philips）	450

城邦出版集團臉譜出版事業部

服務專線：(02)2500-7718、2500-7719

訂購傳真：(02)2500-1990～94

劃撥帳號：18966004 城邦文化事業股份有限公司